Chemie mit Licht

Michael Tausch

Chemie mit Licht

Innovative Didaktik für Studium und Unterricht

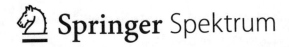 Springer Spektrum

Michael Tausch
Fakultät 4 – Mathematik und
Naturwissenschaften – Chemie und ihre
Didaktik, Bergische Universität
Wuppertal, Deutschland

ISBN 978-3-662-60375-8   ISBN 978-3-662-60376-5   (eBook)
https://doi.org/10.1007/978-3-662-60376-5

Die Deutsche Nationalbibliothek verzeichnet diese Publikation in der Deutschen Nationalbibliografie;
detaillierte bibliografische Daten sind im Internet über http://dnb.d-nb.de abrufbar.

Einbandabbildung: Bildmotiv mit freundlicher Genehmigung von Nico Meuter, Universität Wuppertal
Planung/Lektorat: Rainer Münz

Springer Spektrum ist ein Imprint der eingetragenen Gesellschaft Springer-Verlag GmbH, DE und ist
ein Teil von Springer Nature.
Die Anschrift der Gesellschaft ist: Heidelberger Platz 3, 14197 Berlin, Germany

Vorwort

Die Sonne strahlt jedes Jahr das 100-Fache von der Energie auf die Erde ein, die aus den gesamten Weltreserven an Kohle, Erdöl, Erdgas und Uran verfügbar wäre. Hinzu kommt, dass die Solarstrahlung unserem Planeten kostenlos und über astronomische Zeiträume hinweg zur Verfügung steht. Langfristig führt kein Weg zur Lösung der globalen Probleme Energie, Klima, Ernährung, Wasser und Mobilität daran vorbei, diese sauberste und nachhaltigste aller Energiequellen zu nutzen. Aber sind da nicht in erster Linie die Fachwissenschaften und die Technik, weniger die Didaktik und der Chemieunterricht gefordert? Alle sind gefordert. Dieses Buch will einen Chemieunterricht katalysieren, der dieser Forderung gerecht wird. Die Devise lautet: „Mehr Licht! Auch im Chemieunterricht!" Das ist die *science for future*, für die an den *fridays for future* im Jahr 2019 demonstriert wurde.

„Chemie mit Licht" bedeutet Klimaschutz, Nachhaltigkeit und Wohlstand durch naturwissenschaftliche Bildung und technologischen Fortschritt. Dieses Buch schließt an die gewachsenen und etablierten Inhalte, Methoden und Materialien des Chemieunterrichts und des Lehramtsstudiums an. Es will in mehrfacher Hinsicht Innovationsschübe auslösen und vorantreiben, indem es:

- die zukunftsrelevante Bedeutung, die konzeptionellen Grundlagen und die curriculare Einbindung von Prozessen mit Lichtbeteiligung fachlich begründet und erläutert, didaktisch reduziert und strukturiert,
- ein breites Repertoire an Experimenten und Lehr-/Lernmaterialen in Print- und Elektronikformaten über die assoziierte Internetplattform vernetzt und kostenlos zur Verfügung stellt,
- die Potenziale der „Chemie mit Licht" für die interdisziplinäre und kohärente Lehre in den MINT-Fächern analysiert und dokumentiert,
- Lerneinheiten in Praktika, Workshops, Vorträgen und Lehrerfortbildungen anbietet und
- chemiedidaktische Forschungsfragen und -ansätze der letzten Dekaden aufgreift, reflektiert und für die Diskussion in Seminaren zur Fachdidaktik aufbereitet.

Die Internetplattform http://chemiemitlicht.uni-wuppertal.de ist die digitale Assistenz zu diesem Buch. Sie enthält die E-Book-Version dieses Werkes sowie zusätzliche Experimente, Videos, Filme, Modellanimationen, Unterrichtsbausteine, Kontexte, Anwendungen, Materialienpakete und weitere elektronische Medien für Studium und Unterricht. Im E-Book führen Links zu den jeweils angegebenen Zielseiten auf der Plattform. Diese Seiten können auch aus der vorliegenden Druckversion mithilfe von QR-Codes aufgerufen werden. Sie sind kapitelweise nummeriert und an den Enden der Teilkapitel platziert.

Der Fließtext im Buch wird durch zahlreiche Abbildungen unterstützt, deren Nummerierung in jedem Kapitel neu beginnt. Gleiches gilt für die im Fließtext zitierte Literatur, die jeweils am Kapitelende als Liste vorliegt.

Die Hervorhebungen als *Kursivdruck* im Text kennzeichnen:

- wichtige Fachbegriffe aus den zentralen Inhaltsfeldern dieses Buches (allgemeine Chemie, Photochemie, Chemiedidaktik, Wissenschafts- und Erkenntnistheorie),
- wörtliche Literaturzitate,
- aus anderen Sprachen (Englisch, Französisch, Latein) übernommene Formulierungen.

Hinweise zu den Kapiteln des Buches:

Licht als Phänomen, Energieform, Chemikalie, Kunstelement, religiöse und philosophische Kategorie hat ganze Epochen kulturhistorisch geprägt. Dazu liefert Kap. 1 Beispiele, die Denkanstöße auslösen und Bögen zur Literatur, Geschichte, Physik und Kosmologie aufspannen.

In Kap. 2 wird die Relevanz der Photoprozesse für den Chemieunterricht und die anderen MINT-Fächer hergeleitet. Sie ergibt sich aus einer reflektierenden Rundschau, die den Forschungsgegenstand der Chemie, ihr ambivalentes Bild in der Öffentlichkeit, ihre Rolle als Innovationsmotor sowie die Relevanz von Solarlicht in der Biosphäre, Forschung und Technosphäre beinhaltet.

Im Brennpunkt des 3. Kapitels steht die Chemiedidaktik als Wissenschaft der Chemie-Lehrenden. Verschiedene Forschungsschwerpunkte und aktuelle Entwicklungen werden pointiert herausgestellt. Das eigene didaktische Credo wird allegorisch mit den fünf Sinnen des Menschen untermalt.

In Kap. 4 werden die allgemeinen Schlüsselkonzepte in der Chemie und die in allen Bundesländern gültigen Basiskonzepte des Chemieunterrichts einer kritischen Reflexion unterzogen. Daraus resultiert Diskussionsmaterial für fachdidaktische Seminare im Studium und im Referendariat.

Licht in Kombination mit dem Konzept vom Grundzustand und dem elektronisch angeregten Zustand wird in Kap. 5 als neues Schlüsselkonzept für die Lehre der Chemie vorgeschlagen. Die Kohärenz dieses Konzepts mit den obligatorischen Basiskonzepten, Kompetenzen und Fachinhalten des Chemieunterrichts sowie mit den chemiedidaktischen Kategorien wird begründet.

Die konzeptionellen Grundlagen der Photochemie werden in Kap. 6 anknüpfend an Inhalte der allgemeinen Chemie zunächst für Studierende des Lehramts, Referendare und Chemie-Lehrende aus der Schulpraxis komprimiert. Dabei wird zwischen Photoprozessen ohne und mit chemischer Reaktion differenziert. Es folgen jeweils didaktische Reduktionen der Konzepte für den Gebrauch in der Sekundarstufe II und in der Sekundarstufe I.

Unter der Überschrift „Experimente mit Licht" sind in Kap. 7 zunächst die didaktischen Funktionen von Experimenten im naturwissenschaftlichen Unterricht erläutert und alle photochemischen Experimente von der Internetplattform in einer Tabelle zusammengefasst. Die folgenden zehn Unterkapitel enthalten jeweils Experimente, didaktische Hinweise und Lehr-/Lernmaterialien zu Kontexten, die Themengebiete der Chemie und anderer MINT-Fächer umfassen.

Michael W. Tausch

Wuppertal
im Herbst 2019

Danksagungen

In dieses Werk sind Ergebnisse aus Promotionsvorhaben, Postdoc- und Kooperationsprojekten eingeflossen. Für die kreative und erfolgreiche Zusammenarbeit danke ich allen, die daran beteiligt waren und aktuell in der curricularen Innovationsforschung an Universitäten und Schulen aktiv sind. Ihre Namen nenne ich im Buch jeweils an den Stellen, wo ihre Beiträge eingebaut sind.

An dieser Stelle danke ich Nico Meuter, dem Administrator der Internetplattform http://chemiemitlicht.uni-wuppertal.de, der auch das gesamte Layout erstellt hat und den IT-Support leitet. Darüber hinaus hat er zahlreiche Abbildungen im Buch gefertigt oder überarbeitet.

Der Deutschen Forschungsgemeinschaft DFG danke ich für die Förderung der Forschungsprojekte Photo-Lena (Photoprozesse in der Lehre der Naturwissenschaften, TA 228/4-1) und Photo-MINT (Photoprozesse in der Lehre der MINT-Fächer, TA 228/4-2), im Rahmen derer wesentliche Teile dieses Werkes entstanden sind.

Für die Förderung bei der Entwicklung, Erprobung und Evaluation von Experimentiersets für die Wuppertaler Chemie-Labothek und für Workshops in der Lehrerfortbildung danke ich der Gesellschaft Deutscher Chemiker GDCh, dem Fonds der Chemischen Industrie FCI und der Initiative durch Innovation ZdI für MINT-Nachwuchs.

Der Bergischen Universität Wuppertal danke ich für das Hosting der Internetplattform und die Unterstützung der curricularen Innovationsforschung in der Chemiedidaktik.

Wuppertal   Michael W. Tausch
im Herbst 2019

Inhaltsverzeichnis

Licht und Chemie – kulturhistorische Meilensteine

Inhaltsverzeichnis

Die Suche nach einer eindeutigen Antwort auf die Frage **„Was ist Licht?"** würde uns in ein Labyrinth führen, aus dem wir *den* richtigen Ausgang nicht finden könnten. Auf den Wänden dieses Irrgangs würden wir Bilder und Ideen aus Religionen und Zivilisationen, Geistes- und Naturwissenschaften, literarischen und anderen Kunstwerken erkennen, die in Bezug auf die Frage „Was ist Licht?" spannend und anregend, bildend und aufschlussreich erscheinen.

Doch Vorsicht! Was den Ausgang aus dem Labyrinth anbetrifft, also die endgültige Antwort auf die Titelfrage, wäre jeder dieser Gedanken am Ende unvollkommen und verführerisch. Um uns nicht in diesem Labyrinth zu verirren und dennoch einige seiner interessantesten Stellen zu erkunden, greifen wir diese auf und zoomen sie jeweils heran. Es ist nicht zwingend notwendig, aber sinnvoll, in *historischer Reihenfolge* vorzugehen, handelt es sich doch dabei auch um Meilensteine in der menschlichen Zivilisation (QR 1.1).

© Springer-Verlag GmbH Deutschland, ein Teil von Springer Nature 2019
M. Tausch, *Chemie mit Licht,* https://doi.org/10.1007/978-3-662-60376-5_1

1.1   Licht – eine biblische Urschöpfung

Im Ersten Buch Mose, der biblischen Schöpfungsgeschichte (Genesis), ist gleich am Anfang, in den Versen 3 und 4, zu lesen:

> „Und Gott sprach: ‚Es werde Licht'.
> Und es ward Licht.
> Und Gott sah, dass das Licht gut war."

Demnach waren sich die Schreiber des Alten Testaments bewusst, dass Licht eine jener Urschöpfungen sein muss, die als Voraussetzung für die nachfolgenden Schöpfungen, bis hin zu der von Tier und Mensch, notwendig ist.

Es mag verblüffend erscheinen, aber dies steht in Übereinstimmung mit der heute in den Naturwissenschaften gültigen Hypothese vom Urknall des Universums. Das Licht war kurz nach dem Urknall da und es war und ist entscheidend an der kosmischen, physikalischen, chemischen und biologischen Evolution des Universums beteiligt. Nach dem Urknall vor 13,7 Mrd. Jahren erfolgte die Entkopplung von Licht und Materie bereits 380.000 Jahre später, die ersten Galaxien bildeten sich erst 100 Mio. Jahre nach dem Urknall (Abb. 1.1).

Unser Sonnensystem, also auch unsere Erde, entstanden vor ca. 4,6 Mrd. Jahren, also erst 9,1 Mrd. Jahre nach dem Urknall. Vor etwa 3 Mrd. Jahren hatte es die Evolution auf unserem Planeten bis zu Photosynthese treibenden Pflanzen geschafft. Erst jetzt begann die Einspeisung von Sauerstoff in die Atmosphäre. Sein Anteil von 21 % in der erdnahen Luft ist seit ca. 500 Mio. Jahren annähernd stabil. Seither schreitet die biologische Evolution in rasantem Tempo fort. *Homo sapiens*, der „weise Mensch", existiert seit mehreren Hunderttausend Jahren, also aus vorbiblischen und vorägyptischen Zeiten.

QR 1.1 Kulturhistorische Meilensteine zum Phänomen Licht

Abb. 1.1   Nach heutiger Auffassung besteht das Universum aus heller Materie, die als Galaxien, Sterne und Planeten sichtbar ist, und aus unsichtbarer dunkler Materie, über die man noch nicht viel weiß. Das gesamte Universum driftet mit zunehmender Geschwindigkeit auseinander, es expandiert. (© agsandrew/stock.adobe.com)

1.2   Licht – eine Eigenschaft des Sonnengottes *Re*

Wenn wir in die Tiefen der menschlichen Zivilisationsgeschichte eintauchen, in die vorbiblischen Jahrtausende der ägyptischen Antike, finden wir das Licht als *die* Eigenschaft des Sonnengottes *Re*. Die Menschen am Nil sahen vor etwa 4000 Jahren in der lichtspendenden Sonne selbst den einzigen Gott *Re*. Sie glaubten, dass *Re* täglich in einer Barke aus purem Gold vom östlichen Horizont in den Himmel emporsteigt und zum westlichen Horizont fährt (Abb. 1.2). Dort begibt er sich für die Dauer der Nacht in die Unterwelt, ins Reich der Toten. In der ägyptischen Mythologie folgender Jahrtausende verehrte man zwar mehrere Gottheiten, doch auch unter ihnen nahm *Re* immer noch den höchsten Rang ein.

Während der Herrschaft der großen Pharaonen mehrerer Dynastien, wiederum über mehrere Jahrtausende, glaubte man, dass *Re* jeweils einen Pharao für die Dauer eines Menschenlebens auf die Erde entsandte und ihn nach seinem Tod wieder zu sich zurücknahm, um „mit ihm wieder eins zu werden" – wie THOMAS MANN es in seinem Roman „Josef und seine Brüder" geschichtstreu in der ihm einzigartigen literarischen Kunst auszumalen weiß [1]. Diesen *Re* verehrten die

Abb. 1.2 Der falkenköpfige Gott Re trägt als Kopfschmuck eine Sonnenscheibe, um die sich schützend eine Schlange ringelt. (© Martin Heinz, Karlsruhe, Grab des Sennedjem (TT1), Theben West Neues Reich, 19. Dynastie)

Ägypter in Heliopolis, der „allerseltsamsten Stadt, die Joseph bis dahin gesehen, vorwiegend aus Gold gebaut, wie dem Geblendeten schien, dem Haus der Sonne" [1]. Worauf THOMAS MANN weniger eingeht ist, dass die Ägypter vermutlich auch die ersten waren, die Licht in einem heute als technisch zu bezeichnenden Verfahren nutzten. Bei der Balsamierung der Mumien ihrer Pharaonen setzten sie Öle, Baumharze und schwarzen Asphalt (Bitumen) vom Toten Meer ein. Damit schmierten sie die vorher dehydratisierten Leichen ein und legten sie in die Sonne. Es bildete sich eine wasser- und luftundurchlässige Schicht, die die Leiche über Jahrtausende hinweg vor Verwesung schützten sollte. Heute kennen wir die Reaktionstypen und -mechanismen, nach denen aus den genannten Zutaten im Licht und an der Luft lichtgetriebene Oxidations- und Polymerisationsprozesse ablaufen.

Für die antiken Ägypter und auch für die nachfolgenden Zivilisationen aber blieb das Phänomen Licht noch über Jahrtausende in eine Aura von Mystik und Magie gehüllt.

1.3   Licht – Elixier des Feuers?

„In igne succus omnium, arte, corporum …"

„Im Feuer ist der Saft aller Dinge, der Künste, der Stoffe …" – das war ein Leitspruch der Alchimisten. Diese Vorgänger der heutigen Chemiker prägten eine sehr interessante und produktive Periode in der Geschichte der Naturwissenschaften, wenngleich sie oftmals als „unwissenschaftlich" apostrophiert wird. Als der Hamburger Alchimist und Apotheker HENNIG BRANDT im Jahr 1669 ein geheimnisvolles *kaltes Licht* entdeckte, das der Rückstand aus eingedampftem und weiter erhitztem Urin ausstrahlte, glaubten einige Zeitgenossen, der lang gesuchte „Stein der Weisen" sei endlich gefunden (QR 1.1).

Zur Enttäuschung der goldhungrigen Fürsten, aber bahnbrechend für die Wissenschaft war es „nur" das Element Phosphor. Dass dieses Element aus „lebender Materie" (Urin) gewonnen wurde und dass es an der Luft kaltes Licht aussendet, führte über mehrere Jahrzehnte zu teilweise wilden Spekulationen und Verwirrungen über diesen *phosphorus mirabilis* (geheimnisvollen Lichtträger). Verwunderlich ist das nicht, befand man sich doch im ausklingenden Zeitalter der Alchimie und in der Blütezeit der (QR 1.2) *Phlogistontheorie* der Verbrennung. Erst gut hundert Jahre nach der Entdeckung des Phosphors war für ANTOINE L. LAVOISIER klar, dass sein kaltes Leuchten an der Luft eine Begleiterscheinung bei seiner Oxidation, also Reaktion mit dem Sauerstoff aus der Luft, ist [2]. Man war aber noch weit davon entfernt, das bei der *Chemolumineszenz* erzeugte Licht von dem Licht eines brennenden Feuers zu unterscheiden. Kaltes Licht, das außerhalb und innerhalb von Lebewesen bei Stoffumwandlungen entsteht, blieb weiterhin eine mysteriöse Erscheinung – eben so etwas wie das Elixier des Feuers, also das, was übrigbleibt, wenn man dem heißen Feuer die Wärme entzieht.

QR 1.2 Paradigmenwechsel in der Chemiegeschichte

1.4   Licht – offenbaren Farben sein Wesen?

Farben sind untrennbar an Licht gebunden. Sie faszinieren Menschen seit jeher sowohl aus künstlerischer-emotionaler als auch aus wissenschaftlich-rationaler Perspektive. Für das Universalgenie JOHANN WOLFGANG GOETHE waren beide Sichtweisen der Antrieb, sich über viele Jahre mit dem Wesen von Farbe und Licht sowie mit den psychologischen und chemischen Wirkungen von Farben zu beschäftigen.

Die Ergebnisse seiner Experimente und Gedankengänge veröffentlichte er 1810 in seinem Werk „Zur Farbenlehre" [3]. Über sich selbst schrieb er im Jahr 1815:

> „Auf alles, was ich als Poet geleistet habe, bilde ich mir gar nichts ein…
> Dass ich aber in meinem Jahrhundert in der schwierigen Wissenschaft
> der Farbenlehre der einzige bin, der das rechte weiß, darauf tue ich mir
> etwas zugute, und ich habe das Bewusstsein der Superiorität über viele …"

In dieser Selbsteinschätzung übertreibt GOETHE nicht nur, sondern liegt im Kern falsch. Er vertrat irrtümlicherweise die Meinung, weißes Licht sei „rein", es ließe sich *nicht* in andere Farben zerlegen. Das ist umso bemerkenswerter, als der englische Naturforscher ISAAC NEWTON bereits hundert Jahre vor dem Erscheinen der „Farbenlehre", zu Beginn des 18. Jahrhunderts, in einem für die naturwissenschaftliche Erkenntnis bahnbrechenden Experiment *(experimentum crucis)* genau das Gegenteil herausgefunden hatte (Abb. 1.3).

Das hat GOETHE Zeit seines Lebens stur bestritten und in mehreren polemischen Schriften verpönt. Es ist aber einzuräumen, dass seine „Farbenlehre" auch einige zutreffende Annahmen enthält, beispielsweise die, dass verschiedene Farben unterschiedliche chemische Reaktionen auslösen können. NEWTON gelang es nicht nur, weißes Licht in seine Bestandteile, die Farben des Regenbogens (Abb. 1.3), zu zerlegen, sondern auch, diese mit einem zweiten Prisma wieder zu weißem Licht zu vereinen. Er stellte weiter fest, dass das mit einem Prisma herausgetrennte Licht einer bestimmten Farbe, z. B. grünes Licht, durch ein zweites Prisma nicht

Abb. 1.3 I. NEWTON zerlegte in seinem *Camera-obscura*-Experiment weißes Sonnenlicht mithilfe eines Prismas in die Regenbogenfarben. (© gemeinfrei, https://www.mpg.de/9243406/licht_kulturgeschichte)

weiter zerlegt wird, dass aber zwei Lichtstrahlen verschiedener Farben, z. B. grünes und rotes Licht, in einem weiteren Prisma zu einer neuen Farbe, in diesem Fall rotes Licht, kombiniert werden. Dabei handelt es sich um additive Farbmischung. Aus der Summe vieler Beobachtungen entwickelte NEWTON die *Teilchenhypothese* oder *Korpuskeltheorie*[1] des Lichts [4]. Danach besteht ein Lichtstrahl aus winzigen, sich geradlinig bewegenden Teilchen, die wir heute *Photonen*[2] nennen. Weißes Licht besteht aus einem Mix von unterschiedlichen Photonen. Enthält ein Lichtstrahl nur eine ganz bestimmte Art von identischen Photonen, so hat er eine ganz bestimmte Spektralfarbe – es handelt sich um *monochromatisches* Licht. Weißes Licht ist niemals monochromatisch, sondern immer *polychromatisch*. Licht einer bestimmten Farbe kann – muss aber nicht! – monochromatisch sein. Identische Photonen einer ganz bestimmten Art sind wie die Atome eines chemischen Elements im Periodensystem. Sie können als monochromatischer Lichtstrahl auftreten (entsprechend einem elementaren Stoff, z. B. Wasserstoff) oder in Kombination mit anderen Photonen als polychromatischer Lichtstrahl (entsprechend einer Verbindung, z. B. Wasser).

Wenn es also um die Frage geht, ob eine bestimmte Farbe durch identische Photonen oder durch einen Mix unterschiedlicher Photonen zustande kommt, können Farben, die wir sehen, verführerisch sein. Erst ausgeklügelte Experimente in Vorrichtungen, in denen Licht mit anderen Stoffen als denen aus unserem Auge wechselwirkt und das Ergebnis der Wechselwirkung anders als in unserem Organismus sichtbar wird, können uns bei der Beantwortung dieser Frage weiterhelfen (QR 1.3).

Im Gegensatz zu GOETHE, der von seiner Farbenlehre uneingeschränkt überzeugt schien, war das Verhältnis NEWTONS zu seiner Teilchenhypothese eher skeptisch. FRANK WILCZEK (Nobelpreis für Physik, 2004) beschreibt es so: *„he flirted with it, but did not commit himself to it exclusively"* [5].

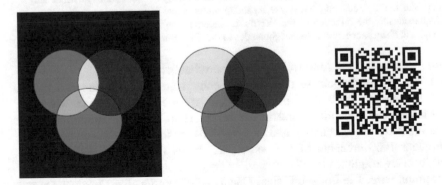

QR 1.3 Additive und subtraktive Farbmischung

---

[1]Wenngleich vielfach von der Korpuskel*theorie* die Rede ist, eignet sich der Begriff *Hypothese* besser.

[2]Der Begriff *Photonen* wurde von NEWTON nicht verwendet; er wurde erst im 20. Jahrhundert eingeführt.

1.5   Licht – Teilchen oder Wellen?

Dennoch beherrschte NEWTONS „Teilchentheorie" des Lichts die Naturwissenschaften bis ins 19. Jahrhundert, als sie zunächst von der „Wellentheorie" überholt wurde um im 20. Jahrhundert mit ihr in der „Quantentheorie" zu verschmelzen. Wie kam es dazu?

Bereits um 1650 hatte CHRISTIAN HUYGENS vermutet, dass Licht sich ähnlich wie Wasserwellen ausbreitet. Diese Vermutung fand zunächst wenig Beachtung, denn NEWTONS Teilchenhypothese zeigte sich bei der Erklärung der meisten Phänomene betreffend die Ausbreitung und Spiegelung von Lichtstrahlen, sowie ihre spektrale Analyse und Synthese (vgl. dazu Abschn. 1.4) als sehr aussagekräftig und erfolgreich.

Erst zu Beginn des 19. Jahrhunderts (zur gleichen Zeit, in der GOETHE seine Farbenlehre entwickelte) führte THOMAS YOUNG Experimente mit Lichtstrahlen durch, die er durch schmale Spalten in Blenden schickte. Auf Schirmen hinter solchen Blenden beobachtete er Muster aus hellen und dunklen Streifen, die mit der Teilchenhypothese nicht erklärbar waren, wohl aber mit der Annahme, dass Lichtstrahlen sich wie Wellen ausbreiten. Wellen werden an Hindernissen gebeugt, d. h., es entstehen neue Wellen und diese interferieren, d. h., sie überlagern sich. Dabei kann es zur Verstärkung oder Auslöschung der Wellen kommen, entsprechend den hellen und dunklen Streifen in Mustern aus den Experimenten. In der zweiten Hälfte des 19. Jahrhunderts schuf JAMES CLERK MAXWELL mit den nach ihm benannten Maxwell-Gleichungen eine theoretische Grundlage für den gesamten Bereich der elektrischen und magnetischen Felder. Dazu gehört nach seinem Verständnis auch das Phänomen Licht:

> „What, then, is light according to the electromagnetic theory? It consists of alternate and opposite rapidly recurring transverse magnetic disturbances, accompanied with electric displacements, the direction of the electric displacement being at the right angles to the magnetic disturbance, and both at right angles to the direction of the ray" (5).

Diese Auffassung ist in Abb. 1.4 grafisch veranschaulicht.

Ob die Teilchenhypothese oder die Wellenhypothese das Phänomen Licht in seiner Gesamtheit am besten erklärt, insbesondere die Art und Weise, wie Licht mit Materie wechselwirkt, stand in der ersten Hälfte des 20. Jahrhunderts im Fokus der Naturwissenschaften und fand eine Lösung in der Quantentheorie.

Im Jahr 1900 erkannte MAX PLANCK (Nobelpreis für Physik, 1918) dass die Energie eines rotglühenden Körpers in winzigen Energiepaketen oder *Quanten* ausgestrahlt wird. Die Energie E eines Quants ist proportional zur Frequenz ν, mit der die Schwingungen aus Abb. 1.5 stattfinden, $E = h \cdot \nu$ (h ist eine Konstante, das Planck'sche Wirkungsquantum). PLANCKS Hypothese von Quanten „zerhackt" die Vorstellung von kontinuierlichen Wellen in diskrete Päckchen von Wellen, ein jedes mit einer charakteristischen Energie. ALBERT EINSTEIN (Nobelpreis für Physik, 1921) veröffentlichte im Jahr 1905 seine Arbeit über den *photoelektrischen Effekt,* wonach nur Quanten bestimmter Energien Elektronen aus Metall-Atomen herausschlagen

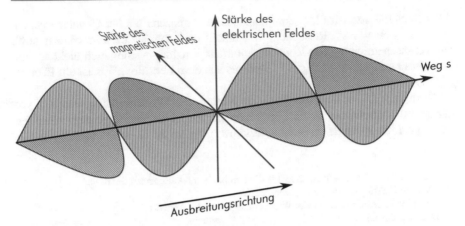

Abb. 1.4 Licht als elektromagnetische Welle nach J. C. Maxwell. Im elektromagnetischen Fluid schwingen das elektrische und magnetische Feld in zueinander senkrechte Ebenen und senkrecht zur Ausbreitungsrichtung des Lichtstrahls, Zeichnung. (© Nico Meuter)

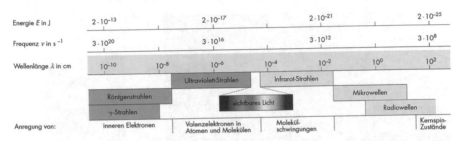

Abb. 1.5 Energieskala zum Spektrum der elektromagnetischen Strahlung. Wellenlänge λ, Frequenz ν und Energie E sind über folgende Gleichungen miteinander verknüpft: $E = h \cdot \nu$ und $c = \lambda \cdot \nu$ (h ist die Planck'sche Konstante mit $h = 6{,}626 \cdot 10^{-34}$ J·s; c ist die Lichtgeschwindigkeit mit $c = 2{,}99793 \cdot 10^{8}$ m·s^{-1}. (© Tausch/von Wachtendonk, CHEMIE 2000+, Gesamtband, S. 286)

können. Nils Bohr (Nobelpreis für Physik, 1922) erklärte 1913 die Spektrallinien in dem von Atomen ausgestrahlten Licht, indem er postulierte, dass Elektronen in Atomen nur bestimmte Energiezustände besetzen können. Beim Wechsel zwischen diesen erlaubten Zuständen absorbieren oder emittieren die Atome Energie wiederum nur in Form von Quanten, den *Lichtquanten* oder *Photonen*.

Was aber ist denn nun ein Photon, ein Licht*teilchen* oder ein *Wellen*päckchen? Nach N. Bohr zeichnen sich Quantenobjekte, zu denen *Elektronen* und *Photonen* gehören, durch eine bizarr anmutende Eigenschaft aus, den *Teilchen-Welle-Dualismus (Komplementaritätsprinzip)*. Danach ist ein Quantenobjekt weder Teilchen noch Welle. Es kann Teilchen- oder Welleneigenschaften zeigen, je nachdem welches Experiment damit durchgeführt wird. Unserer Logik fällt es schwer, für ein- und dasselbe Objekt komplementäre, d. h. sich gegenseitig ausschließende Eigenschaften wie der Teilchen- und Wellencharakter, zu akzeptieren.

Allerdings müssen wir diese komplementären Eigenschaften bei Quantenobjekten zulassen, weil wir sie sonst nicht vollständig charakterisieren können. Als Hilfe zur Veranschaulichung des Komplementaritätsprinzips – wenngleich nicht anhand von Quantenobjekten – mag das Gleichnis aus dem Lehrfilm „Was ist ein Photon" (QR 1.4) beitragen.

Nach dem *tour d'horizont* durch die Kultur- und Wissenschaftsgeschichte von der ägyptischen Antike bis zur Quantentheorie findet die Titelfrage dieses Kapitels „Was ist Licht?" keine einfache und klare Antwort. A. EINSTEIN schrieb im Jahr 1955:

> „Fünfzig Jahre intensiven Nachdenkens haben mich der Antwort auf die Frage
> ‚Was sind Lichtquanten?' nicht nähergebracht.
> Natürlich bildet sich heute jeder Wicht ein, er wisse die Antwort.
> Doch da täuscht er sich."

Wer sich auf philosophische Spekulationen über das Wesen von Lichtquanten einlässt, erkennt früher oder später tatsächlich, dass er ein Wicht ist.

QR 1.4   Szene aus dem Lehrfilm „Was ist ein Photon?"

1.6   Licht – Interpretationen und Arbeitshypothesen

Man kann sich als pragmatischer Chemiker in der Frage „Was ist Licht" auf relativ sicheres Terrain zurückziehen, indem man Lichtquanten im Sinne von MAX PLANCK ganz einfach als kleinste Energiepäckchen elektromagnetischer Strahlung deutet. Salopp ließe sich dann sagen, dass Lichtquanten im „Zoo" der elektromagnetischen Strahlungen das sind, was die Atome, Ionen und Moleküle im „Zoo" der Stoffe sind, eben die kleinsten *Portionen* bzw. die kleinsten *Teilchen*. Weiter kann man davon ausgehen, dass gewisse Lichtquanten von gewissen stofflichen Teilchen geschluckt (absorbiert) oder ausgestoßen (emittiert) werden können. Das ist alles stark vereinfacht, aber anschaulich und dennoch wissenschaftlich konsistent. Diese Interpretationen des Begriffs *Lichtquanten* und seines Synonyms *Photonen* werden im weiteren Verlauf als Arbeitshypothesen zugrunde gelegt.

Was landläufig als „Licht" bezeichnet wird, ist das für uns sinnlich wahrnehmbare sichtbare Licht. Beherzt und kaltschnäuzig, ohne tiefere Hinterfragung kann man behaupten: „Licht ist ein schmaler Ausschnitt aus dem Spektrum der elektromagnetischen Strahlung, also aus einer Existenzform der Materie, für deren größten Teil wir blind sind" (Abb. 1.5).

Erstaunlicherweise reicht die Sonneneinstrahlung in diesem schmalen Bereich des sichtbaren Lichts für uns Menschen aus, um mithilfe der Augen und des Gehirns in der Lage zu sein, alle Farben des Regenbogens in feinster Auflösung (in mehreren Tausend Farbtönen) zu unterscheiden. Von eminenter Bedeutung ist aber die Tatsache, dass dieser schmale Bereich des sichtbaren Lichts ausreicht, um alles höhere Leben auf diesem Planeten anzutreiben.

Die natürliche Evolution hat beides, unser Sehen als wichtigsten Eingangskanal zur Erkenntnis der Welt, in der wir leben, und den energetischen Antrieb der Biosphäre durch das Sonnenlicht, nicht nur möglich gemacht, sondern auch nachhaltig gestaltet. In diesem Sinn von der Natur zu lernen und technisch zu nutzen ist für die Menschheit Herausforderung und Chance zugleich, auf diesem Planeten noch lange zu überleben.

1.7   Licht – vernachlässigte Energie in der Chemie

Es ist paradox, dass Licht heute in der Chemie weniger genutzt wird als Wärme und elektrische Energie, obwohl die Menschen doch seit Jahrtausenden wissen, wie wichtig Licht ist. Das hängt mit der historischen Entwicklung der Chemie zusammen.

Bereits die Alchimisten (QR 1.1) erhitzten alles, was ihnen in die Hände fiel. Seit A. LAVOISIERS Durchbruch in die moderne Chemie [2] bis gegen Ende des 20. Jahrhunderts hat die Wärme im chemischen Denken eine weitaus wichtigere Rolle gespielt als das Licht. JOHN DALTON sah in seiner Atomhypothese von 1808 den „Wärmestoff" als Abstandhalter zwischen den Atomen:

> „Jedes Teilchen (Atom) nimmt den Mittelpunkt einer … großen Sphäre an … und behauptet seine Würde dadurch, dass es alle übrigen … in einer ehrfurchtsvollen Entfernung hält … Diese weit ausgedehnte Sphäre besteht aus Wärmestoff …" [6].

In der Thermodynamik (Wärmelehre), die im 19. Jahrhundert entwickelt wurde und in der MANFRED EIGEN „*das Paradebeispiel einer logisch konsistenten naturwissenschaftlichen Theorie*" sieht [7], ist die Wärme definitionsgemäß *die* Energieform, auf die es ankommt. Tatsächlich bilden die Hauptsätze und Gleichungen der Thermodynamik das theoretische Gerüst, auf dem die Entwicklung von Wärmemaschinen und Motoren ebenso wie die Konzeption von Reaktionsapparaturen im Labor und Anlagen in der chemischen Industrie beruhen. Ganz gleich ob im Labor oder in der Industrie, um Reaktionen zu steuern wurde und wird in den letzten 200 Jahren bis heute in der Regel erhitzt, gekühlt oder elektrische Energie zugeführt.

Allerdings hob der Italiener GIACOMO CIAMICIAN bereits zu Beginn des 20. Jahrhunderts in einem bemerkenswerten Plädoyer für die Erforschung der photochemischen Reaktionen in Pflanzen hervor, wie anspruchslos die Pflanzen bei der

Synthese von organischen Verbindungen im Vergleich zu Synthesen im Labor und in der Industrie sind:

> „organic chemistry … needs … high temperature, inorganic acids and very strong bases, halogens, the most electropositive metals, some anhydrous metal chlorides and halogenated phosphorous compounds…. plants, on the contrary, by using small traces of carbonic acid obtained from the air, small amounts of salts subtracted from the ground, water found, and by exploiting solar light, are able to prepare easily many substances that we can badly reproduce" [8].

Er bestrahlte in Hunderten von Glaskolben Gemische aus unterschiedlichen Ausgangsstoffen im Sonnenlicht (Abb. 1.6) und stellte dabei fest, dass sich oft ganz andere Produkte bilden als beim Erhitzen der gleichen Stoffgemische.

Wenngleich CIAMICIAN bei der theoretischen Erklärung photochemischer Reaktionen nicht weit kam – in Anlehnung an die damals aktuellen Arbeiten von PLANCK und EINSTEIN nahm er irrtümlich an, dass Moleküle unter Lichtbestrahlung zunächst ionisiert werden – bezweifelte er, dass die fossilen Energieträger den Bedarf der Menschheit auf Dauer würden absichern können und äußerte vor 100 Jahren die Vision, dass *„solar radiation may be used for industrial purposes"* [9]. In diesem Sinn hat sich insofern noch nicht besonders viel getan, als für Reaktionen, die in der Industrie mit Licht angetrieben werden, beispielsweise bei Photochlorierungen, Photonitrosylierungen, Photosulfochlorierungen, Photopolymerisationen, Photooxidationen, Vitamin D- und Vitamin A-Synthese, weitestgehend nicht Sonnenlicht, sondern energieintensive elektrisch betriebene Lampen, z. B. UV-Quecksilberlampen und Natriumdampflampen, dienen [10].

Licht darf nicht länger die „vergessene Energieform" bleiben, auch dann nicht, wenn es um die technische Nutzung geht. Um die Entwicklung von nachhaltigen, auf Solarlicht basierenden Verfahren in der Technik zu beschleunigen, gilt die Devise „Mehr Licht! Auch im Chemieunterricht!" Daher muss Licht zu einem (Kap. 5) Schlüsselkonzept in der Chemiedidaktik werden.

Abb. 1.6 G. CIAMICIAN untersuchte auf dem Balkon seines Instituts in Bologna Reaktionen im Sonnenlicht. (© Museo Giacomo Ciamician, Bologna)

Literatur

1. Mann, T.: Joseph und seine Brüder. Fischer, Frankfurt a. M. (1991)
2. Lavoisier, A.L.: Mémoire sur la combustion en general. Mémoires de l'academie francaise, Paris (1777)
3. Goethe, J.W.: Zur Farbenlehre. Cotta, Tübingen (1810)
4. Newton, I.: Opticks Or A Treatise of the Reflections, Refractions, Inflactions and Colours of Light. Royal Society, London (1730)
5. Wilczek, F.: A Beautiful Question – Finding Natur's Deep Design. Penguin Press, New York (2015)
6. Dalton, J.: A New System of Chemical Philosophy. Russel & Allen, Manchester (1808)
7. Eigen, M., Winkler, R.: Das Spiel – Naturgesetze steuern den Zufall. Piper, München (1981)
8. Ciamician, G.: Problemi di Chimia organica, *Sciencia*, *1*, 44 (1907); A. Albini, M. Fagnoni, Green Chemistry and Photochemistry Were Born at the same Time, *Green Chemistry*, *6*, 1 (2004)
9. Ciamician, G.: The photochemistry of the future. Science **36**, 385 (1912)
10. Wöhrle, D., Tausch, M.W., Stohrer, W.-D.: Photochemie, Konzepte, Methoden, Experimente. Wiley-VCH, Weinheim (1998)

Chemie mit Licht – eine didaktische Herausforderung

2

Inhaltsverzeichnis

Was verbindet alle *Chemiestudierenden* miteinander, ganz gleich ob sie das Lehramt, die chemische Forschung oder die Produktion und den Vertrieb chemischer Produkte als Berufsziel anstreben? Außer mit den konkreten Lerninhalten der chemischen Teilgebiete müssen sie sich alle auch mit den folgenden Fragen auseinandersetzen:

- Welches sind die wesentlichen Merkmale der Naturwissenschaft Chemie?
- Welches Image hat Chemie in der Öffentlichkeit und welchen Stellenwert bei der Entwicklung nachhaltiger Technologien für die Zukunft?
- Wie kann Chemie in der Schule und an der Uni begeisternd vermittelt und in der breiten Öffentlichkeit überzeugend kommuniziert werden?

Das sind Fragen, die auch für alle *Lehrenden der Chemie* stets im Focus stehen sollten, nicht nur für die der Chemiedidaktik, aber ganz besonders für die. Unter dem Fokus dieser Fragen wird in diesem einleitenden Kapitel aufgezeigt, dass die Kombination Licht und Chemie günstige Möglichkeiten für Unterricht und Studium bietet, wenn sie didaktisch erschlossen und umgesetzt wird.

2.1 „Chemie ist die Lehre von den stofflichen Metamorphosen der Materie"

... so definierte der Altmeister der Organischen Chemie A. F. KEKULÉ im Jahr 1859 den Gegenstand der Chemie und fuhr fort:

> „... Ihr wesentlicher Gegenstand ist nicht die existierende Substanz, sondern vielmehr ihre Vergangenheit und ihre Zukunft. Die Beziehungen eines Körpers zu dem, was er früher war, und zu dem, was er werden kann, bilden den eigentlichen Gegenstand der Chemie" [1].

Diese Definition ist heute immer noch die allgemeinste und zutreffendste. Im 20. Jahrhundert gab es bedingt durch den Siegeszug der Quantenchemie theoretische Ansätze, die Chemie auf die Physik der Elektronen von den Außenschalen der Atome zu reduzieren versuchten. Diese Sichtweise konnte sich jedoch niemals richtig durchsetzen [2]. Wenngleich Chemie, Physik und andere Naturwissenschaften von einigen gemeinsamen theoretischen Grundvorstellungen ausgehen, ergeben sich wegen der unterschiedlichen Perspektiven, unter denen sie Naturphänomene betrachten, auch unterschiedliche kennzeichnende Charakteristika und theoretische Konzepte. Bezeichnend für die heutige Ansicht darüber, was für die Chemie charakteristisch ist, wird beispielsweise in einem Editorial der Zeitschrift *Angewandte Chemie* die *„Fähigkeit der chemischen Synthese, Materie mit gänzlich neuen Eigenschaften zu schaffen"* genannt [3]. Die Analogie dieses Gedankens mit dem historischen KEKULÉ-Zitat ist offensichtlich. Wir halten also fest: Die „Metamorphosen der Materie", in heutiger Diktion die *Stoffumwandlungen*, also die chemischen Reaktionen, sind das wesentliche Alleinstellungsmerkmal der Chemie unter den Naturwissenschaften.

Demnach sind die chemischen Reaktionen, ganz gleich, ob sie in der belebten oder der unbelebten Natur, ob vom Menschen verursacht oder als natürliche Prozesse ablaufen, auch der wichtigste Forschungsgegenstand der Chemie. Damit aber bestimmte Vorgänge als chemische Reaktionen klassifizierbar werden, müssen Konventionen über charakteristische Eigenschaften der Ausgangsstoffe und der Produkte aus solchen Vorgängen getroffen werden [4], diese Eigenschaften müssen erfassbar gemacht und mithilfe geeigneter Modellvorstellungen erklärt werden. Folglich sind auch die Beziehungen zwischen der Struktur der kleinsten materiellen Teilchen, die für chemische Reaktionen relevant sind (insbesondere Atome, Moleküle und Ionen), und den Eigenschaften der Stoffe, die sich bei chemischen Reaktionen umwandeln, zentrale Gegenstände, die in der Chemie erforscht und gelehrt werden.

Das ist aber noch nicht alles: Bei jeder chemischen Reaktion erfolgt neben einer Stoffumwandlung auch eine *Energieumwandlung*.

Die Beteiligung der Energie an chemischen Reaktionen, von der exothermen Verbrennung eines Gemisches aus Kohlenwasserstoffen bis zum photokatalytischen Abbau von Schadstoffen in einem Solarreaktor (Abb. 2.1) werden in der Lehre und in der Forschung problematisiert und untersucht, vom

Abb. 2.1 Chemische Reaktion – Metamorphose von Stoffen *und* Energieformen: Verbrennung von Ethanol und von Kohlenwasserstoffen (links); Pilotanlage eines Solarreaktors (rechts). (Bilder aus © Stoff-Formel-Umwelt Sek. I, S. 40 und © Tausch/von Wachtendonk, CHEMIE 2000+, Sek. II, C. C. Buchner-Verlag, S. 239)

Chemie-Anfangsunterricht bis zur Promotion und danach. Im Schulunterricht und in der universitären Lehre werden den verschiedenen Formen der Energiebeteiligung an chemischen Reaktionen allerdings sehr unterschiedliche Gewichtungen eingeräumt. *Wärme* und *elektrische Energie* kommen sowohl in Experimenten und Praktika als auch in theoretischen Begriffen und Examina voll zum Zuge. Im Vergleich dazu führt Licht bisher noch ein Schattendasein.

Es ist daher ein Hauptanliegen dieses Buches, für Studierende, Lehrende, Lernende und Forschende in Universitäten und Schulen das didaktische Potenzial aufzudecken, das eine stärkere Fokussierung auf die Beteiligung von *Licht* bei chemischen Prozessen in sich birgt. Chemieunterricht kann dadurch attraktiver und effizienter gestaltet werden, Studierende erhalten Orientierungshilfen für die Auswahl nachhaltiger Forschungsthemen für ihre Abschlussarbeiten und die Akzeptanz der Chemie in der Öffentlichkeit kann verbessert werden.

2.2 Chemie – ambivalentes Bild in der Öffentlichkeit

Was haben Chemie, Mathematik und Musik gemeinsam? Sie bedienen sich jeweils einer eigenen *Zeichensprache*, mit der die Kommunikation innerhalb der Fachgemeinschaft schnell und effizient gestaltet werden kann. Allerdings wirkt die jeweils spezifische Zeichensprache dieser drei Disziplinen wie eine schwer durchlässige Membran zwischen der Fach- und der Außenwelt. Mit H_2O kann Otto

Normalverbraucher zwar noch etwas anfangen, aber die Kritzeleien mit Vielecken, Zickzacklinien und Keilstrichen, durch die sich Organiker verständigen, sind für ihn ebenso fremd wie chinesische Schriftzeichen.

Und wie ist es mit der inneren Grundeinstellung der meisten Menschen zur Chemie? Sie wird oft von Vorstellungen beherrscht, die heute oft nicht anders sind als im Zeitalter der Alchimie. Seit Jahrtausenden wird der *Homo sapiens* durch einige zeitunabhängige psychologische Konstanten geprägt. Dazu gehört beispielsweise der menschliche Hang, jenseits des vernünftig Erklärbaren auch an magischen Phänomenen, mystischen Zusammenhängen und künstlerischer Kreativität besonderen Gefallen zu finden. Dafür bietet die Chemie mit ihren faszinierenden Experimenten, die nicht selten wie Zauberei wirken, hervorragende Beispiele. Solche Experimente werden in Showvorträgen am Tag der offenen Tür oder in Weihnachtsvorlesungen vom großen Publikum begeistert aufgenommen (Abb. 2.2). Diese Art von *Chemophilie* gab es schon immer und es wird sie aus den genannten Gründen auch immer geben.

Große Teile der Gesellschaft werden aber in bestimmten Zeitabschnitten von einer ausgeprägten *Chemophobie* erfasst. Während in den ersten Jahrzehnten nach dem 2. Weltkrieg in Deutschland die Chemie trotz der Naziverbrechen als Sinnbild für Aufbau, Fortschritt, wirtschaftlichen Erfolg und Wohlstand gesehen wurde, verschlechterte sich das öffentliche Ansehen der Chemie in den 1970er- und 1980er-Jahren bis hin zur Chemophobie als Massenphänomen. Unmittelbare Ursachen waren Umweltprobleme in Westeuropa (Eutrophierung von Gewässern, saurer Regen, Ozonloch) und einige tragische Unfälle großen Ausmaßes in der chemischen Industrie (die größten ereigneten sich 1976 im italienischen Seveso und 1984 im indischen Bhopal). Sie mahnten in erschreckender Weise, dass der Umgang mit gefährlichen Chemikalien in der Großindustrie sicher und verantwortungsvoll sein muss. Wenngleich in Sachen Umweltschutz und Sicherheit

Abb. 2.2 Showvorträge mit Chemo-, Photo- und Elektrolumineszenz unterstützen die Chemophilie; die Fotos zeigen v. l. n. r.: Chemolumineszenz von Luminol und Oxalsäureetsren, Elektrolumineszenz im „Magic Ball", einer Leichtreklame, Symbole von Chemiegeräten, geklebt aus fluoreszierendem Papier und das „leuchtende Rasierscherblatt", ein Beispiel von Elektrochemoluminsezenz

seither sehr viel unternommen wurde und die Maßnahmen inzwischen erfolgreich greifen, bleibt die öffentliche Meinung gegenüber der Chemie skeptisch. Das ist auch keineswegs zu beklagen. Es ist sogar begrüßenswert, denn kritische Skepsis ist besser als blindes Vertrauen.

Wenn allerdings bei jedem *Chemieunfall* oder bei durch falsches Menschenverhalten verursachten globalen Umweltproblemen wie das des *Plastikmülls* (Abb. 2.3) die Chemie als Ganzes in Sippenhaft genommen wird, ist das in der Regel nicht gerechtfertigt. Es gehört allerdings zum Alltag in der modernen Medienlandschaft, dass mit reißerischen Schlagzeilen und erschreckenden Bildern zeitweise übertrieben wird. Auch daran lässt sich nicht viel ändern.

Bedenklich ist aber eine andere Dimension der Chemophobie: Sie kommt als Desinteresse und Gleichgültigkeit gegenüber chemischem Wissen zum Vorschein, selbst dann, wenn es sich um elementares Wissen handelt, über das jeder „mündige Bürger einer demokratischen Gesellschaft" verfügen sollte. In den entwickelten Industrienationen beanspruchen und nutzen zwar alle Menschen zivilisatorische Errungenschaften wie gesunde Nahrungsmittel, wirksame Arzneimittel, schnelle und bequeme Verkehrs- und Kommunikationsmittel etc., aber dass die erst mithilfe der Chemie möglich wurden und tagtäglich bereitgestellt werden, wollen viele gar nicht mehr zur Kenntnis nehmen. Das führt beispielweise dazu, dass auch Menschen mit höherer Schulbildung oder gar Studium sich tatsächlich durch Werbeslogans wie „Bio-Brot ganz ohne Chemie" überzeugen lassen oder ihre Unterschrift auf Listen für „atomfreie Zonen" setzen. Sie fühlen sich durchaus bestätigt und in guter Gesellschaft, wenn Prominente aus Medien, Sport und Politik in Talksendungen unter Hinweis auf ihre erfolgreiche Karriere damit protzen, im Chemieunterricht „spätestens bei den Formeln" abgeschaltet zu haben und von Chemie und Physik ohnehin „nur Bahnhof" zu verstehen.

Es ist fachlich absolut unzulässig und tendenziös irreführend für die Öffentlichkeit, wenn die angesehene Wochenzeitung DIE ZEIT am 17. Januar 2019 eine Grafik zur „Physik des Treibhauseffekts" veröffentlicht, in der nur Kohlenstoffdioxid, Methan und Distickstoffmonooxid (Lachgas) explizit als Treibhausgase

 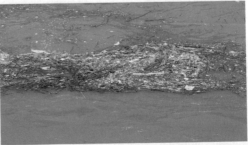

Abb. 2.3 Umweltprobleme, beispielsweise durch Plastikmüll auf Deponien und in Gewässern, sind eine der Ursachen von Chemophobie; das Bild rechts zeigt Plastikmüll in einem großen Fluss Asiens. (Bild links aus © SFU 1 und rechts eigenes Bild in China Yangze aufgenommen)

angegeben sind und ihre Beiträge am Treibhauseffekt mit 66 % (CO_2), 17 % (CH_4) und. 6 % (N_2O) quotiert werden.

Arrogant und töricht ist es auch, wenn ein Buchautor und Hochschullehrer zu Beginn des 21. Jahrhunderts behauptet, (Abschn. 5.5) „naturwissenschaftliche Kenntnisse … gehörten nicht zur Bildung" [5] oder ein populärer Philosoph und Medienliebling die Revolutionierung der Schule durch Abschaffung des Fachunterrichts fordert [6]. Der stattdessen vorgeschlagene *Projektunterricht*, ist als (Abschn. 5.6) Methode über 100 Jahre alt [7] und wird in Deutschland seit über 50 Jahren beispielsweise im Rahmen von Projektkursen und Projektwochen praktiziert. Als Ergänzung zum Fachunterricht ist Projektunterricht sinnvoll, als Ersatz jedoch untauglich.

Allerdings wäre es zu leichtfertig, die Ursachen für die zuletzt diskutierte Form von Chemophobie nur bei den anderen zu suchen. Auch Versäumnisse und Fehlentwicklungen bei denen, die beruflich mit chemischem Wissen umgehen, tragen dazu bei, dass dieses Wissen bei Teilen der Schuljugend und der Öffentlichkeit nur oberflächlich, verfälscht oder gar nicht ankommt. Mit dem semantischen Unsinn, „natürlich" und „chemisch" als Gegensätze aufzufassen, kann nur aufgeräumt werden, wenn im Schulunterricht, in der Lehre an der Universität, aber auch in Zweigen der chemischen Industrie vorsichtiger mit diesen Begriffen umgegangen wird. Es führt unweigerlich zu Fehlvorstellungen, wenn beispielsweise in der Textilindustrie auch heute noch „Naturfasern" (Baumwolle, Wolle etc.) gegen „Chemiefasern" (Polyester, Polyamide etc.) abgegrenzt werden. Man sollte besser von „Synthesefasern" statt von „Chemiefasern" sprechen.

Ohne in dieser Frage eine Vorreiterrolle zu beanspruchen, will dieses Buch Lehrenden, Forschenden und Studierenden der Chemie einige allgemeine Tipps geben und an Beispielen erläutern, wie sie die Inhalte ihrer Spezialgebiete didaktisch so aufbereiten können, dass sie zeitgemäß, interesseweckend und fachlich korrekt kommuniziert werden können.

2.3   Chemie – Innovationsmotor für neue Produkte und Methoden

„Chemie rund um die Uhr" ist der Titel eines Buches [8], das in optisch attraktiver Aufmachung und mit fachlich korrekten, auch für Laien verständlichen Texten die Präsenz der Chemie im ganzen 24-h-Zyklus aus dem Leben eines jungen Menschen dokumentiert. Es ist eine Fundgrube für die Kontextualisierung von Chemieunterricht, weil es eine Fülle von Alltagsbezügen zu schulrelevanten Inhalten anbietet, vom Weckradio über die Zahnpasta, das Shampoo, das Frühstücksbrötchen und die Kleidung bis zum Auto, dem Solartaschenrechner, dem Laptop, der Digitalkamera und dem Laser. Bereits an einigen dieser Beispiele wird deutlich, dass moderne Produkte der Elektronik-, Automobil-, Textil-, Bau- und

Freizeitindustrie erst durch Fortschritte in der Chemie möglich wurden, diese aber so „verborgen" sind, dass sie dem Bewusstsein entgleiten.

Oft handelt es sich dabei um Fortschritte in der chemischen Grundlagenforschung, die auf den ersten Blick anwendungsfern erscheinen. So haben beispielsweise neue Katalysatoren und intelligente Synthesekonzepte Materialien mit maßgeschneiderten Eigenschaften zugänglich gemacht. Die wiederum waren Grundlagen für bahnbrechende Innovationen in den genannten Industriezweigen sowie in der Medizin, der Analytik, der Energie-, Verkehrs-, Kommunikations- und Umwelttechnik.

In ähnlich ansprechendem Stil wie in [8] wird auch in brancheneigenen Zeitschriften, beispielsweise in den Magazinen der großen Chemiekonzerne (BASF, Bayer, Evonik, Wacker u. a.) über Innovationen aus firmeneigener Forschung informiert, die zu neuen Produkten und Verfahren geführt haben. Für naturwissenschaftliche Laien mit spärlichen Chemiekenntnissen setzen diese Schriften stellenweise zu hoch an, aber für Schulbuchautoren, Lehrer und Hochschullehrer sind sie wahre Fundgruben bei der Erstellung von Materialien für Unterricht, Lehre und öffentliche Vorträge zum *public understanding of science*. Einen besonderen Stellenwert für Unterricht und Lehre nehmen die Unterrichtsmaterialien des Fonds der Chemischen Industrie FCI zu verschiedenen Themen (Kunststoffe, Arzneimittel, Farben und Pigmente, Textilchemie, Biotechnologie, Nachwachsende Rohstoffe, Klebstoffe, Nanomaterialien, Pflanzenschutz etc.) ein. Jede Informationsserie besteht aus einer gedruckten Broschüre und einer CD-ROM, die außer dem gesamten Inhalt der Broschüre auch didaktische Hinweise, Experimente und Arbeitsblätter enthält. Diese sind in den neueren Serien unter Mitarbeit der Chemiedidaktik entstanden.

In diesem Buch wird insbesondere an Prozessen mit Lichtbeteiligung gezeigt, wie Chemie als Innovationsmotor bei der Entwicklung nachhaltiger Lösungen für die globalen Probleme des 21. Jahrhunderts beitragen kann. Eng verbunden damit ist eine auf *Nachhaltigkeit* ausgerichtete Lehre und Forschung in der Chemie und dafür ist die Rolle des Solarlichts von fundamentaler Bedeutung.

2.4 Solarlicht – Antrieb für die Biosphäre

Licht ist die Quelle jeglicher Kraft, die Leben schafft und Thätigkeit; der zeugende Samen alles Guten, was die Erde trägt … im Menschen kehrt es doch zu sich zurück, und feyert selbst mit allen Farben seines Daseyns ewiges Fest [9, 10].

So schwärmte J. W. RITTER im Jahr 1801 in der für die damalige Romantik typischen Ausdrucksweise. Er war einer der Pioniere auf dem Gebiet der Elektrochemie und hat sich durch ein scharfsinnig ausgedachtes und pfiffig gestaltetes

Experiment (QR 2.1) auch als Entdecker der UV-Strahlen einen Platz in der Wissenschaftsgeschichte gesichert.

In der Tat treibt das Licht aus dem sichtbaren Bereich des Sonnenspektrums die *Photosynthese*, die biochemisch wichtigste Reaktion auf unserem Planeten an. Dabei wird Solarenergie in chemische Energie konvertiert und in energiereichen Verbindungen gespeichert (Abb. 2.4). Die wichtigsten darunter sind die in Pflanzen synthetisierten Kohlenhydrate, die den Anfang von Nahrungsketten bei Tier und Mensch darstellen. Folgende markante Zahlen zur Photosynthese sind aus Lit. [11] zusammengestellt:

Von den ca. $5{,}88 \cdot 10^{24}$ J an extraterrestrischer Einstrahlung der Sonne pro Jahr, einer Größe, an der sich noch einige Milliarden Jahre nicht viel ändern wird, gelangt ca. die Hälfte auf die Erdoberfläche. Davon sind wiederum ca. 50 % für die Photochemie nutzbar, aber nur ca. 0,02 bis 0,05 % werden photosynthetisch fixiert. Grob kalkuliert bedeutet das pro Jahr den Aufbau von ca. $7 \cdot 10^{11}$ t an neuer Biomasse unter Bindung von ca. $1{,}2 \cdot 10^{12}$ t Kohlenstoffdioxid und Freisetzung von ca. $0{,}9 \cdot 10^{12}$ t Sauerstoff.

Da diese Zahlen sich der direkten Anschauung entziehen, möge die photosynthetische Leistung einer 115-jährigen Buche als Beispiel dienen: Ein solcher Baum hat ca. 200 000 Blätter mit einer Gesamtoberfläche von 1200 m², die insgesamt ca. 180 g Chlorophylle enthalten. Er bindet an einem Sonnentag 9,3 m³ Kohlenstoffdioxid unter Bildung von 12 kg Kohlenhydraten und setzt dabei 9,3 m³ Sauerstoff frei. Die Kombination aus der Photosynthese und der *Zellatmung*, bei

Abb. 2.4 Der tropische Regenwald im Amazonasbecken – ein Solarreaktor, in dem Photosynthese abläuft

der die Umkehrreaktion der Photosynthese abläuft, bildet das „biochemische 1 × 1" auf unserem Planeten:

$$6\,CO_2(g) + 6\,H_2O(l) \underset{\text{Zellatmung}}{\overset{\text{Photosynthese}}{\rightleftharpoons}} 6\,C_6H_{12}O_6(s) + 6\,O_2(g); \;\Delta G^o = +2880\,kJ$$

Es beinhaltet Kreisläufe der Elemente Kohlenstoff und Sauerstoff in der belebten Natur. Während Sauerstoff in diesem Kreislauf auch elementar auftritt, kommt Kohlenstoff nur gebunden vor. Bei der Photosynthese wird Kohlenstoff aus seiner höchsten Oxidationsstufe +IV, die er im Kohlenstoffdioxid hat, in niedrigere Oxidationsstufen, zwischen −I und +I, die er in den Kohlenhydrat-Molekülen annimmt, reduziert. Diese „stoffliche Metamorphose" ist sehr energieaufwendig, sie läuft in einer Vielzahl von Schritten ab, benötigt dafür eine Vielzahl von Hilfsstoffen mit verschiedenen Funktionen, aber nur eine Energieform: sichtbares Licht von der Sonne.

Die Gesamtreaktion bei der Zellatmung verläuft in ähnlich vielen Schritten und mithilfe vieler anderer Substanzen wie bei der Photosynthese, die dabei verfügbare Energie fällt aber in verschiedenen Formen an, die Lebewesen benötigen, z. B. Wärme, mechanische und elektrische Energie. Die Bilanz des Kreislaufs Photosynthese-Atmung gleicht sich stofflich bei jedem Durchlauf aus, energetisch wird jedoch Strahlungsenergie „entwertet", d. h. letztlich in Wärme umgewandelt, die nicht mehr so effizient nutzbar ist wie Lichtenergie, elektrische oder chemische Energie.

Das Eingangszitat zu diesem Abschnitt enthält auch einen deutlichen Hinweis auf den Sehprozess, bei dem *„das Licht im Menschen zu sich zurückkehrt"* und sich in *„allen Farben seines Daseyns feyert"*. Zwar kommt die Energie für die Chemie des Sehens, die auf der Netzhaut des Auges beginnt und im visuellen Cortex der Großhirnrinde endet, weitestgehend aus biochemischen Dunkelreaktionen, aber der allererste Schritt ist eine lichtgetriebene *Z-E*-Isomerisierung in einer Stäbchen- oder Zapfenzelle (QR 2.2) [12]. Für die Lebewesen auf der Erde ist das Solarlicht also nicht nur der energetische Antrieb bei der Synthese der chemischen Energiespeicher, aus denen sämtliche Lebensvorgänge gespeist werden, Licht schaltet bei Tieren und beim Menschen auch den Sehprozess an, also jenen Sinn, der für die Wahrnehmung der Umgebung und die Orientierung in ihr der wichtigste ist.

In diesem Buch erhalten Modellexperimente und didaktische Leitideen zu Phänomenen aus der Biosphäre einen herausgehobenen Stellenwert, um didaktische Quervernetzungen zwischen MINT-Fächern zu katalysieren. Dazu gehören der Kreislauf Photosynthese-Atmung mit seinen Elementarschritten, stofflichen und energetischen Bilanzen sowie molekulare Schalter nach dem Muster der am Sehprozess beteiligten Struktureinheiten.

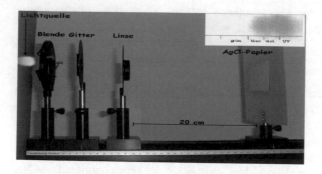

QR 2.1   J. W. Ritters historischen Experiment 200 Jahre danach

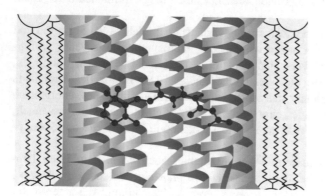

QR 2.2   Biochemische Sehkaskade „Vom Lichtquant zum Sehreiz"

2.5   Solarlicht – Relevanz für die Energieversorgung im 21. Jahrhundert

Unter den globalen Herausforderungen des 21. Jahrhunderts nimmt die Energie-versorgung bei wachsender Erdbevölkerung und steigendem durchschnittlichem Energiebedarf pro Erdbewohner einen Sonderplatz ein. Die Bereitstellung von Energie für die durch Technik geprägte Zivilisation muss gleichzeitig kosten-günstig und langfristig sicher, umweltschonend und nachhaltig sein.

Die Sonneneinstrahlung beträgt in jedem Jahr das 100-fache der gesamten als abbaufähig erachteten Weltreserven an Kohle, Erdöl, Erdgas und Uran [11]. Derzeit wird über eine neue Ära diskutiert, in die sich die Menschheit auf ihrem Mutterplaneten Erde begeben muss, dem sogenannten *„sustainocene"* [13]. Darin muss das Prinzip der Nachhaltigkeit in allen Bereichen menschlicher Tätigkeiten, die technische Errungenschaften nutzen, der *Technosphäre,* Vorrang erhalten. Es gibt verschiedene Szenarien von „grüner Chemie", also von nachhaltigen Verfahren, nach denen in der Technik mithilfe von Sonnenlicht aus Wasser und Kohlenstoffdioxid chemische Energiespeicher hergestellt werden. Dabei kann es sich um Wasserstoff, Alkohole, Kohlenhydrate oder Kohlenwasserstoffe handeln (Abb. 2.5).

Die Erforschung und Entwicklung solcher Verfahren ist dringend notwendig, denn der Mensch hat in den letzten Jahrhunderten *„anthropocenes"* die natürlichen Bedingungen für sein langfristiges Überleben auf diesem Planeten massiv beeinträchtigt. Er hat zum einen riesige, Photosynthese treibende Waldflächen vernichtet und zum anderen Kohlenstoff aus den fossilen chemischen Energiespeichern als Kohlenstoffdioxid in die Atmosphäre gebracht. Dadurch hat er die stoffliche Bilanz beim Kreislauf des Kohlenstoffs und seiner Verbindungen in doppelter Weise zuungunsten der Nutzung von Solarlicht beim Antrieb der Biosphäre beeinflusst.

Im *„sustainocene"* muss sich das Zusammenspiel zwischen der durch die Gesellschaft, Wirtschaft und Politik geprägten Technosphäre und der übrigen Biosphäre in einer Weise den limitierenden Bedingungen für das Leben auf dem Planeten anpassen, die das Überleben gewährleistet. Das bedeutet, dass auch die Technosphäre ebenso wie die aus der natürlichen Evolution hervorgegangene Biosphäre vorwiegend die Energieform nutzt, die dem Planeten in kosmischen Größenordnungen und über astronomische Zeiträume zur Verfügung steht und darüber hinaus, aus der Sicht der höheren Lebewesen, auch noch als sauber zu bezeichnen ist. Das Licht der Sonne erfüllt alle diese Bedingungen.

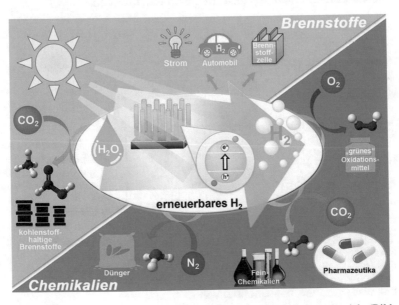

Abb. 2.5 Szenarien zur „grünen Chemie" mit Solarlicht als energetischem Antrieb. (Bild aus © K. K. Sakimoto, P. Yang, D. Kim, Angew. Chem. 127 (11), 3309 (2015))

Dementsprechend sieht der Wissenschaftliche Beirat Globale Umweltveränderungen WBGU der Bundesregierung bis zum Ende des 21. Jahrhunderts eine starke Zunahme des Anteils an Solarenergie beim globalen Energiemix (Abb. 2.6). Auch wenn so langfristige Prognosen mit hohen Unsicherheitsfaktoren behaftet sind, wird die in Deutschland politisch eingeleitete Energiewende von der Gesellschaft und Wirtschaft befürwortet. Ihre Umsetzung ist im Gang.

> Um diese Entwicklung in der globalen Energieversorgung zu fördern, muss sich auch die Chemiedidaktik des 21. Jahrhunderts verstärkt mit den Elementarprozessen zwischen den Photonen aus dem Licht und den Molekülen oder anderen Atomverbänden aus den Stoffen befassen. Von besonderem Interesse bei „der Umwandlung von Licht in Strom" sind die dafür nötigen Elementarschritte auf der Teilchenebene. Dazu werden im Abschn. 7.11 experimentelle Zugänge, theoretische Konzepte und didaktische Materialien angeboten.

2.6   Photoprozesse – Relevanz für die Forschung und Entwicklung im 21. Jahrhundert

Wenn der Beitrag der Solarenergie im 21. Jahrhundert so ansteigen soll wie laut Abb. 2.6 prognostiziert, ist es erforderlich, dass bereits vorhandene Technologien weiterentwickelt, optimiert und industriell umgesetzt werden.

Abb. 2.6 Prognose zum globalen Energiemix bis zum Jahr 2100 [14]

Dabei kommt der effizienten Bereitstellung von Primärenergie durch Umwandlung von Solarstrahlung in elektrische Energie eine Sonderrolle zu. Bei der indirekten Umwandlung von Solarstrahlung in elektrische Energie nach dem Prinzip der *Solarthermie* wird das Sonnenlicht mit Spiegeln auf Brennpunkte oder Brennlinien fokussiert, wo sehr hohe Temperaturen erreicht werden. In Reaktoren mit der Form einer Parabolrinne wird durch Metallrohre entlang der Brennlinie eine Flüssigkeit, z. B. ein Siliconöl oder eine Salzschmelze, geführt und auf einige Hundert Grad Celsius aufgeheizt. Diese Flüssigkeit zirkuliert in einem geschlossenen Primärkreislauf und wirkt als Wärmeüberträger für die Dampferzeugung aus Wasser, das in einem sekundären Kreislauf zirkuliert und wie bei einem konventionellen Kraftwerk über Turbinen Stromgeneratoren antreibt [17]. Zwar spielen bei dieser solarthermischen Technik Photoprozesse keine unmittelbare Schlüsselfunktion, aber die Chemie ist bei der Optimierung der Materialien, insbesondere der flüssigen Wärmeüberträger wesentlich beteiligt.

Wenn es jedoch um die direkte Umwandlung von Solarstrahlung in elektrische Energie geht, also um *Photovoltaik,* haben die Elementarprozesse, bei denen die Photonen aus dem Licht Änderungen in den Atomverbänden aus den stofflichen Systemen, mit denen das Licht in Wechselwirkung tritt, zentrale Schlüsselfunktionen. Darüber wird in diesem Buch noch viel die Rede sein. Bereits hier sei angemerkt, dass der primäre Elementarschritt immer eine elektronische Anregung ist, aber die Eigenschaften des so gebildeten angeregten Zustands und die Folgeschritte, die letztlich einen elektrischen Strom generieren, vom jeweiligen Solarzellentyp abhängen. Photovoltaische Solarzellen aus anorganischen Halbleitern wie Silicium unterscheiden sich dabei grundlegend von farbstoffsensibilisierten Solarzellen auf der Basis von Titandioxid und diese wiederum von den organischen Solarzellen, bei denen die photoaktive Schicht ausschließlich aus organischen Verbindungen besteht (Abb. 2.7) [15].

Abb. 2.7 Organische Solarfolien in einer Glasfassade. (©AGC Glass Europe, Foto von Heliatek, Sept. 2018, https://www.heliatek.com/de/anwendungen/gebaeude)

Bei all diesen Zelltypen und ihren zahlreichen Untervarianten gibt es noch beträchtliche Optimierungsmöglichkeiten, die in den kommenden Jahrzehnten erforscht und entwickelt werden können.

Neben der effizienten Bereitstellung von elektrischer Energie aus Solarenergie sind noch zwei strategische Komponenten für die nachhaltige Energieversorgung im 21. Jahrhundert entscheidend: die Steigerung der *Energieeffizienz* bei der Nutzung von elektrischer Energie und die Verbesserung der *Energiespeicherung* in chemischen Langzeitspeichern nach den Mustern aus der Natur. Die Energieeffizienz bei der Umwandlung der elektrischen Energie in Licht kann um ein Vielfaches erhöht werden, wenn Glühlampen und fluoreszierende Leuchtstoffröhren durch elektrolumineszierende Bauteile ersetzt werden. Diesbezüglich ist der Siegeszug der LED und OLED in vollem Gang. Sie haben beispielsweise die Anzeigen auf Verkehrsschilden und die Displays vieler elektronischer Geräte und Großbildschirme erobert, die großflächige Innenraumbeleuchtung wird folgen [16]. Der Wirkungsgrad von Klimaanlagen in Großgebäuden lässt sich steigern, wenn diese mit photochromen oder elektrochromen Fenstergläsern ausgestattet werden. *Elektrolumineszenz, Photochromie* und *Elektrochromie* sind Phänomene, bei denen Photoprozesse ebenso eine Schlüsselfunktion erfüllen wie bei den Photovoltazellen, allerdings teils in gegensätzlicher oder zumindest unterschiedlicher Art und Weise: Vereinfacht ließe sich Photovoltaik mit „Strom aus Licht", Elektrolumineszenz mit „Licht aus Strom", Elektrochromie mit „Farbe durch Strom" und Photochromie mit „Farbe durch Licht" umschreiben. In der Chemie des 21. Jahrhunderts wird die Erforschung und Entwicklung von stofflichen Systemen, in denen sich solche Energieumwandlungen mit hoher Effizienz realisieren lassen, eine herausragende Bedeutung auf dem Gebiet der *Materialwissenschaften* einnehmen.

Selbst wenn die Vorgänge in einer Solarzelle oder einer Leuchtdiode auf den ersten Blick als „nicht chemisch" erscheinen, weil keine Umwandlung von Stoffen erwünscht ist und bei guter Funktionsweise auch nicht erfolgt, wird bei der Betrachtung der Elementarprozesse auf der Teilchenebene deutlich, dass es sich sehr wohl um verschiedene chemische Spezies handelt, die Kreisprozesse durchlaufen. Erst die Kenntnis der Struktur und der Eigenschaften dieser Spezies ermöglicht die Konzeption, Synthese und Kombination von neuen Materialien für die Photovoltaik und die Elektrolumineszenz. Das alles ist Forschungsgegenstand der Chemie.

Noch „chemischer" wird es bei elektrochromen und photochromen Materialien, denn dort liegen im Anfangs- und Endzustand verschiedene chemische Spezies vor. In der Regel sind das zwei Isomere A und B, die unterschiedliche Farben erzeugen und sich durch Anlegen einer elektrischen Spannung bzw. durch Bestrahlen mit Licht von A nach B und von B nach A schalten lassen. Nicht nur die Farbe, auch andere Eigenschaften wie Fluoreszenz, Hydrophilie, Viskosität oder sogar die katalytische Aktivität eines Materials mit photoaktiven *molekularen Schaltern* können mit Licht ein- und ausgeschaltet werden. (Abschn. 7.5)

„Intelligente" Materialien (smart materials) dieser Art enthalten in der Regel molekulare Schalter, die in größeren Einheiten, in supramolekularen Systemen, eingebaut sind. Darin können mehrere molekulare Schalter so vernetzt werden, dass (Abschn. 7.6) logische Bausteine zustande kommen, die nach den Regeln der Bool'schen Algebra funktionieren.

Die verschiedenen Methoden der *Spektroskopie* in der Analytik beruhen ebenso auf der Wechselwirkung zwischen Licht und Materie wie einige diagnostische und therapeutische Methoden in der Medizin. So nutzt man beispielsweise in der (Abschn. 7.10) *Fluoreszenzdiagnostik* stark fluoreszierende Spezies zur Sichtbarmachung von Tumoren und durch *photodynamische Therapie* können diese abgebaut werden. Dabei setzt man nichttoxische Photosensibilisatoren, i. d. R. Porphirinderivate ein, die mit rotem Licht zu langlebigen Triplett-Zuständen angeregt werden. Durch Energietransfer kommt es lokal zur Bildung von Singulett-Sauerstoff, der das Tumorgewebe zersetzt.

Die herausragende Rolle von Photoprozessen in der aktuellen Forschung wird nicht zuletzt dadurch deutlich, dass in jedem Heft der weltweit führenden *Fachzeitschriften* „Angewandte Chemie" und „Journal of American Chemical Society" Artikel unter den Stichwörtern „Solarzellen", „Energieumwandlung", „Photochemie", „Photokatalyse", „Wasserphotolyse", „Photochromie", „Photosynthese", „Photoaktive molekulare Schalter", „Lumineszenz" etc. erscheinen. Die 2017 gegründete Zeitschrift „ChemPhotoChem" hat in kürzester Zeit einen hohen Einflussfaktor in der wissenschaftlichen *community* gewonnen.

> Die genannten Technologien, Strategien und Forschungsthemen dokumentieren die Relevanz von Phänomenen mit Lichtbeteiligung in der chemischen Forschung des 21. Jahrhunderts. Die damit verbundenen Fachinhalte aus den herkömmlichen Lehr- und Studienplänen an Schulen und Hochschulen werden in den folgenden Kapiteln aufgegriffen und didaktisch erschlossen.

2.7 Photoprozesse – Relevanz für die Chemiedidaktik im 21. Jahrhundert

Neue Fachinhalte *didaktisch erschließen* heißt kurzgefasst:

- überzeugende *Experimente* und Experimentreihen zu diesen Fachinhalten entwickeln und so zusammenfügen,
- dass sie in einem forschend-entwickelnden Lernprozess treffsicher zu wissenschaftlich konsistenten *Konzepten* und Modellen führen, die diese Fachinhalte theoretisch untermauern, und
- diese Experimente und Konzepte mit *Lehr-/Lernmaterialien* für einen attraktiven und effizienten Unterricht ausstatten.

Die *experimentell-konzeptionelle Forschung* in der Chemiedidaktik folgt diesem Fahrplan. Lehrende der Fachdidaktik und der fachwissenschaftlichen Teilgebiete der Chemie suchen nach Wegen und Möglichkeiten, die enorme Menge des rasch zunehmenden chemischen Wissens effizient zu vermitteln, um sie kreativ nutzbar zu machen. Sie sehen in der heuristischen Erschließung und Vermittlung allgemeingültiger *Basiskonzepte* bzw. *Schlüsselkonzepte* (key concepts), mit denen jeweils große Klassen von Phänomenen, Reaktionstypen und -mechanismen „unter einen Hut" gebracht werden können, eine effiziente Methode für das Lehren und Lernen von Chemie [17, 21]. Ganz in diesem Sinne werden in didaktischen Arbeitskreisen in Deutschland innovative Inhalte aus Wissenschaft und Technik für den Unterricht und die Lehre experimentell und konzeptionell erschlossen und beispielsweise in deutschsprachigen *Zeitschriften* „CHEMKON", „Chemie in unserer Zeit", „Nachrichten aus der Chemie", „Naturwissenschaften im Unterricht – Chemie" und „Chemie & Schule" veröffentlicht.

Besondere Beachtung finden in der experimentell-konzeptionellen fachdidaktischen Forschung elektro- und photochemische Prozesse, die bei der Energiekonversion und -speicherung sowie bei nachhaltigen Verfahren und Hightech-Materialien Schlüsselfunktionen erfüllen. Während elektrochemische Inhalte schon lange zu den obligatorischen Inhaltsfeldern in den Lehrplänen des Chemieunterrichts gehören, führen photochemische Inhalte trotz ihrer Zukunftsrelevanz und ihres hohen Motivationspotenzials immer noch ein „Schattendasein". Die Lehrpläne sind diesbezüglich völlig veraltet. In der Regel werden außer der photochemischen Halogenierung von Alkanen und der Farbigkeit durch Lichtabsorption kaum Prozesse mit Lichtbeteiligung angesprochen.

Es zeigt sich allerdings, dass die Aufnahme von fakultativen Inhalten wie die aus Abb. 2.8 in Schulbücher [22] und ihre Kommunikation in der Lehrerfortbildung die Lehrkräfte motiviert und befähigt, photochemische Themen sowohl in ihren Unterricht aufzunehmen als auch bei Facharbeiten und Jugend forscht Arbeiten anzubieten. Ihre Schüler konnten mit photochemischen Themen bereits öfter Preise bei Jugendwettbewerben gewinnen.

Daraus leitet sich eine zentrale Herausforderung an die *Chemiedidaktik* ab: Die Lehrkräfte müssen bereits im *Studium* mit den fachlichen Grundlagen, didaktischen Konzepten und Experimenten zu Photoprozessen vertraut gemacht werden und es ist dafür zu sorgen, dass sie auch danach, während der Berufsausübung, durch die *Lehrerfortbildung* auf dem aktuellen Stand gehalten werden. Es ist notwendig, die photochemischen Inhalte curricular so aufzubereiten, dass sie mit den allgemeinen Forderungen der landesspezifischen Lehrpläne für den Chemieunterricht vereinbar sind.

In der Chemiedidaktik ist ein (Abschn. 4.3) *Paradigmenwechsel* von der Wärme- und Elektrochemie zu einer Wärme-, Elektro- und Photochemie für den Schulunterricht sowie für die universitäre Lehre nötig und möglich. Dieses Buch zeigt dafür Möglichkeiten auf. Es bietet für Studierende des Lehramts sowie für Lehrerinnen und Lehrer die konzeptionellen Grundlagen von Photoprozessen

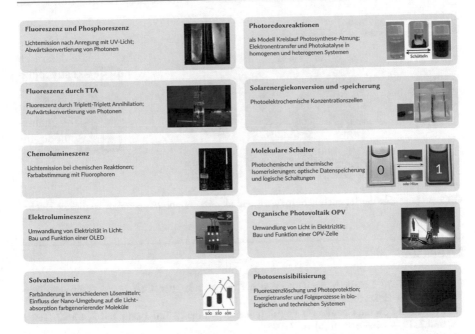

Abb. 2.8 Experimente mit photochemischen Inhalten für die Lehre. (Eigene Fotos zusammengestellt von © Nico Meuter)

sowie Lehr-/Lernmaterialien für Unterricht und Lehre an. Sie sollen einer lehrplanorientierten, interdisziplinären, kohärenten und experimentbasierten *Lehrerbildung* und einem *Chemieunterricht* mit den gleichen Merkmalen dienlich sein.

Der digitalen Assistenz kommt dabei eine wichtige Rolle zu, sowohl für Lehrende als auch für Lernende. Das gedruckte Buch und das e-Buch sowie die Print- und Elektronikmedien von der (QR 2.3) Internetplattform zu diesem Buch sind untereinander und mit dem weltweiten Internet vernetzt.

Unter jeder Schaltfläche aus der linken Spalte auf der Startseite liegen mehre Unterseiten mit umfangreichen Lehr-/Lernmaterialen zur angezeigten Kategorie (Experimente, Filme, Modelle, Unterrichtsbausteine, Anwendungen etc.) Die Schaltfläche e-book öffnet die elektronische Version dieses Buches. Über die darin eingebauten Links lässt sich schnell und zielsicher nach individuellen Suchoptionen navigieren. Die QR-Materialienpakete können direkt durch Einlesen der im gedruckten Buch jeweils am Kapitelende angegebenen QR-Codes mithilfe des Handys oder des Tablets angesteuert werden. Die ansteuerbaren Dissertationen ordnen sich in die Titelthematik dieses Buches ein und enthalten zusätzliche Experimente, Anwendungen und didaktische Hinweise. Externe Links zu digitalen Veröffentlichungen der GDCh-Fachgruppen Photochemie und Chemieunterricht runden die innovative Didaktik unter dem Motto „Chemie mit Licht" ab.

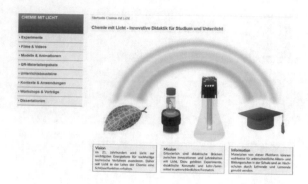 

QR 2.3   Startseite der Internetplattform www.chemiemitlicht.uni-wuppertal.de zu diesem Buch

Literatur

1. Kekulé, F.A.: Lehrbuch der Organischen Chemie oder der Chemie der Kohlenstoffverbindungen. Enke, Stuttgart (1859)
2. Primas, H.: „Kann Chemie auf Physik reduziert werden?" Teil 1 und Teil 2, *ChiuZ*, Teil 1 und 2, 19 (4), 109 und 19 (5) 160 (1985)
3. Fürstner, A.: „Was zählt?". Angew. Chem. **126**(1), 8 (2014)
4. Herdt, C.: Die chemische Reaktion – Ist der Begriff noch zeitgemäß? *PdN-ChiS* 2 (2014)
5. Schwanitz, D.: Bildung – Alles was man wissen muss. Goldmann, München (2002)
6. Precht, D.R.: Stellt die Schule auf den Kopf. Die ZEIT (11.04.2013)
7. Speth, M., John Dewey und der Projektgedanke in J. Bastian et al. (Hrsg.) Theorie des Projektunterrichts. Bergmann+Helbig, Hamburg (1997)
8. Mädefessel-Herrmann, K., Hammar, F., Quadbeck-Seeger, H.-J.: Chemie rund um die Uhr. Wiley-VCH, Weinheim (2004)
9. Ritter, J.W.: Intelligenzblatt der Erlanger Literatur-Zeitung (1801)
10. Mascia, M., Tausch, M.W.: Ein historisches Experiment 200 Jahre danach – Die Entdeckung der UV-Strahlen durch J. W. Ritter. NiU-Chemie **11**(57) (200)
11. Wöhrle, D., Stohrer, W.-D., Tausch, M.W.: Photochemie, Konzepte, Methoden, Experimente. Wiley-VCH, Weinheim (1998)
12. Tausch, M.W., Woock, M., Grolmuss, A.: Vom Lichtquant zum Sehreiz. PdN-Physik **47**(5), 26 (1998)
13. Ullman, A.M., Nocera, D.G.: J. Am. Chem. Soc. **135**(40), 15053 (2013)
14. WBGU (Wiss. Beirat Globale Umweltveränderungen) des BMBF. Zugegriffen: 22. Sept. 2018
15. Brabec, C., Scherf, U., Dyakonov, V. (Hrsg.): Organic Photovoltaics – Materials, Device Physics, and Manufacturing Technologies (2. Aufl.). Wiley-VCH, Weinheim (2014)
16. Müllen, K., Scherf, U. (Hrsg.): Organic Light-Emitting Devices, Synthesis, Properties, and Applications. Wiley-VCH, Weinheim (2006)
17. Graulich, N., Hopf, H., Schreiner, P.R.: Heuristic thinking makes a chemist smart. Chem. Soc. Rev. **39**, 1503–1512 (2010)
18. Parchmann, I., Freienberg, J.: Bildungsstandards, Kerncurricula und Lehrerbildung – Ein Gesamtkonzept zur Unterrichts-entwicklung? PdN – ChiS **58**(2), 11 (2009)

19. Krüger, D., Parchmann, I., Schecker, H. (Hrsg.): Theorien in der naturwissenschafts-didaktischen Forschung. Springer, Heidelberg (2018)
20. Tausch, M.W.: Innovationen – In Zeiten von Kerncurricula und PISA. PdN – ChiS **58**(2), 35 (2009)
21. Tausch, M.W.: Bildung für das Lehramt Chemie in Deutschland. Didaktik bereits im Studium. Chimia **72**(1/2), 13–15 (2018)
22. Tausch, M.W., Wachtendonk, M.v., Bohrmann-Linde, C., Krees, S. (Hrsg.): CHEMIE 2000+, mehrere Ausgaben für die Sek. II und die Sek. I. C. C. Buchner, Bamberg (2001–2014)

Chemiedidaktik – Wissenschaft der Chemie-Lehrenden

3

Inhaltsverzeichnis

Ist denn die Chemiedidaktik überhaupt ein Teilgebiet der Chemie vergleichbar mit der Anorganischen, Organischen oder Physikalischen Chemie? Chemiker stellen diese und ähnliche Fragen mit provozierendem Unterton gelegentlich an Lehrende und Studierende des Lehramts.

Die Chemiedidaktik ist eine Wissenschaft, deren Forschungsgegenstand mit allen Teilgebieten der Naturwissenschaft Chemie Schnittmengen aufweist, darüber hinaus aber auch mit Bereichen aus den Geistes-, Sozial- und Erziehungswissenschaften. Insbesondere die Pädagogik, die Psychologie, die Wissenschaftstheorie, die Ethik und die Soziologie kommen dabei zum Zuge. Unter Berücksichtigung all dieser Bezüge wird die Chemiedidaktik in einem Standardwerk aus dem Jahr 1992 als „die Berufswissenschaft des Lehrers" bezeichnet [1, 2].

3.1   Die sieben W-Fragen

Wenn die Chemiedidaktik in der Tat eine Wissenschaft der Chemie-Lehrenden sein will und nicht lediglich eine Gebrauchsanweisung für die Vermittlung chemischer Erkenntnisse, dann sind sowohl an die Forschungsinhalte als auch an die methodischen Herangehensweisen der Chemiedidaktik anspruchsvolle und komplexe Forderungen zu stellen. Sie lassen sich schlagwortartig in den folgenden sieben W-Fragen zusammenfassen:

1. **Was** soll gelehrt werden, d. h. welche Inhalte der Chemie sind als Fundament für eine naturwissenschaftliche Grundbildung (scientific literacy) in der Schule und für das universitäre Grundstudium (vor den Vertiefungsstudien in den Teilgebieten der Chemie) geeignet?
2. **Wie** soll Chemie gelehrt werden, damit eine naturwissenschaftliche und chemische Grundbildung erreicht und gleichzeitig zu lebenslangem Lernen und Forschen angeregt wird?
3. **Wozu** sollen die unter 1. und 2. angedeuteten Inhalte und Methoden den Lernenden, Lehrenden und der Gesellschaft dienen?
4. **Wer** kann und soll chemische Inhalte und Methoden für die Lehre erforschen, didaktisch erschließen und an Lerngruppen bestimmter Alters- und Bildungsstufen effizient vermitteln?
5. **Wann** sollen bestimmte Inhalte und Methoden der Chemie problematisiert und vermittelt werden (Kindergarten, Grundschule, Sekundarstufe I, Sekundarstufe II, Anfangsstudium, fortgeschrittenes Studium, Promotion)?
6. **Wo** soll Chemie gelehrt und gelernt werden (Klassenraum, Chemieraum, Hörsaal, Praktikumslabor, Forschungslabor, anderer außerschulischer Lernort)?
7. **Womit** (mit welcher Art und Qualität von Experimenten, Print- und Elektronikmedien) kann Chemie effizient gelehrt und gelernt werden?

Die Antworten auf diese Fragen enthalten obligatorische Lerninhalte für Studierende des Lehramts Chemie. In Lehrbüchern und Monographien der Chemiedidaktik [1–8] erhalten diese sieben Fragen unterschiedliche Gewichtung und teilweise unterschiedliche Antworten. Dieses Buch greift die sieben W-Fragen in den folgenden Kapiteln an Einzelbeispielen auf.

Davor sollen aber in den folgenden Abschnitten dieses Kapitels einige grundsätzliche Fragen und Ansichten zum aktuellen Stand und zur Bedeutung der Chemiedidaktik erörtert werden.

3.2   Chemiedidaktische Forschung – zwischen *Chemie* und *Didaktik*

Je nachdem ob der Schwerpunkt der Forschung auf *chemie*didaktisch oder chemie*didaktisch* liegt, gibt es innerhalb der chemiedidaktischen *community* unterschiedliche Sichtweisen, die teilweise kontrovers diskutiert werden.

Vertreter der *Chemie*didaktik stellen pointiert folgende sieben Thesen zur Forschung in der Didaktik auf [9]:

1. Das **Hauptziel** chemiedidaktischer Forschung muss sein, nach neuen Erkenntnissen zu suchen, die zur Effizienzsteigerung beim Lehren und Lernen der Chemie führen können *und* diese Erkenntnisse durch die Entwicklung

praxistauglicher Konzepte und Materialien umsetzen. Diese „Produkte" fachdidaktischer Forschung müssen in erster Linie wissenschaftlich konsistent, d. h. mit dem jeweiligen *state of the art* in der Chemie vereinbar sein, und darüber hinaus wissenschaftshistorische, erkenntnistheoretische und entwicklungspsychologische Gesichtspunkte angemessen berücksichtigen. Sie dienen der Vermittlung chemischer Prinzipien, Ordnungskriterien, Inhalte und Denkweisen, eng verzahnt mit anschaulichen und überzeugenden Anwendungen.

2. **Tragende Säulen** didaktischer Konzepte sind Experimente mit fachwissenschaftlichem, didaktischem und methodischem Begleitmaterial. Dazu gehören u. a. Print- und Elektronikmedien für die Lernenden und für die Lehrenden. Einen herausragenden Stellenwert haben dabei gute Lehrbücher, die gegebenenfalls durch Lernsoftware auf CD-ROMs und/oder als Online-Angebote ergänzt werden können. Die universitäre Fachdidaktik darf sich nicht in der Kritik vorhandener Schulbücher erschöpfen, sondern sollte sich selbst durch das Verfassen guter Lehrwerke für einen zeitgemäßen Chemieunterricht artikulieren und offenbaren.

3. Die in der Fachdidaktik zu erforschenden **Themen** sollten dazu geeignet sein, die Lehrpläne und Lehrgänge so zu modernisieren, dass danach sowohl die Grundlagen der Chemie vermittelt als auch interdisziplinäre Brücken zu anderen Fächern geknüpft werden können. Dabei ist es auch notwendig, einige verstaubte Lehrinhalte zu entrümpeln und durch neue zu ersetzen. Inhaltlich sollte sich die fachdidaktische Forschung demnach auf aktuelle und zukunftsträchtige Themen aus Wissenschaft, Technik, Leben und natürlicher Umwelt konzentrieren und diese für die Lehre erschließen. Das erfordert eine enge Bindung der Fachdidaktik an das Mutterfach Chemie. Das Forschungsterrain der Chemiedidaktik muss von der Chemie beherrscht werden, nicht von anderen Disziplinen.

4. Die Einführung neuer Erkenntnisse und „Produkte" der fachdidaktischen Forschung und Entwicklung (Lehrwerke, Experimente, Konzepte, Materialien, Unterrichtsformen etc.) in die Schulpraxis darf nicht per Erlass oder Gesetz „von oben" erzwungen werden. Vielmehr sollten sie einem Selektionsprozess unterworfen werden, bei dem sich die „fittesten" in der Praxis durchsetzen. Hauptakteure sind dabei die Lehrerinnen und Lehrer, die geeignetes Material für ihren Unterricht auswählen, anpassen, ergänzen und optimieren. Das setzt eine **solide Fachkompetenz** voraus. Ohne gründliche Fachkompetenz ist eine Lehrkraft nicht in der Lage, die zu vermittelnden Inhalte didaktisch gut zu strukturierten, den Unterricht methodisch variabel und attraktiv zu gestalten und auf Fragen und Anregungen der Schülerinnen und Schülern adäquat zu reagieren. Bei der Vermittlung der Fachkompetenz in der Lehrerausbildung an der Universität leistet die Fachdidaktik neben den anderen Teildisziplinen einen wichtigen Beitrag; bei der Vermittlung der didaktischen Kompetenz hat sie die Schlüsselfunktion.

5. Angesichts der raschen Fortschritte in der Chemie und der sich dauernd wandelnden Bedingungen, unter denen Schulunterricht abläuft, ist die **Lehrerfortbildung** eine wichtige Plattform sowohl für den Transfer von Forschungsergebnissen aus der Fachdidaktik als auch für fachdidaktische Forschung schlechthin. Die universitären Arbeitskreise können und sollen die

Übernahme neuer Lehrinhalte sowie didaktischer Konzepte und Materialien aus ihrer eigenen Forschung durch Aktivitäten in der Lehrerfortbildung initiieren und unterstützen. Regionale und überregionale Lehrerfortbildung dieser Art wird von der GDCh gefördert. Darüber hinaus sollten die Lehrerinnen und Lehrer verstärkt im Rahmen von Kooperationsprojekten als gleichwertige Partner in den fachdidaktischen Forschungsprozess mit einbezogen werden. Projekte dieser Art werden vom FCI und von einzelnen Unternehmen der Chemischen Industrie unterstützt.

6. Die Erforschung und Anwendung von neuen (und alten!) Unterrichtsmethoden und Techniken wie Lernen an Stationen, Lernen außerhalb des Unterrichts, Techniken für das Erfassen und Visualisieren von Schülervorstellungen etc. stellt ein Hauptarbeitsgebiet der allgemeinen Didaktik und Pädagogik dar, das partiell mit dem der Fachdidaktik überlappt, und ist insofern für diese nur ein sekundäres Forschungsfeld.

7. Die **Ergebnisse empirischer Forschungen** zur Effizienz von Lehr- und Lernprozessen haben auf die Unterrichtspraxis keinen entscheidenden Einfluss. Da die Variablen, die das (außerordentlich komplexe) Unterrichtsgeschehen bestimmen, empirisch nicht ausreichend erfassbar sind, sich ständig verändern und das einzelne Individuum bei solchen Erhebungen nicht gebührend berücksichtigt werden kann, ist die Gültigkeit der Erkenntnisse aus empirischen Forschungsergebnissen stark beschränkt. Sie können niemals die Erkenntnisse aus der alltäglichen Unterrichtserfahrung der Lehrkräfte vor Ort ersetzen, sie können sie bestenfalls unterstützen.

Es versteht sich von selbst, dass diese Thesen in der chemiedidaktischen *community* polarisierend wirken. Einige begrüßen sie zustimmend, andere gehen kritisch auf Distanz. Vertreter der Chemie*didaktik* stellen beispielsweise in einem Leserbrief zu den oben genannten 7 Thesen fest [10]:

„Ich teile die Meinung, dass Forschungsbefunde helfen sollten, Konzepte und Materialien für den Unterricht zu optimieren. Der Begriff „Produkt" – auch wenn er mit Anführungsstrichen gekennzeichnet wird – stärkt den Verdacht, dass die Problematik von Grundlagenforschung verkannt wird, der es vorrangig um Erkenntnis geht, stets in der Hoffnung, diese auch praktisch nutzen zu können.

Experimente, gute Lehrbücher, CD-ROMs und/oder Online-Angebote sind keine Produkte chemiedidaktischer Forschung. Sie sollten jedoch u. a. auf der Grundlage von lerntheoretischen Hypothesen entwickelt, geprüft und optimiert werden. Das ist ein sehr mühsamer, aber dringend notwendiger Prozess:

Der Einsatz z. B. von CD-ROMs, von „Neuen Medien" ist zwar „in", verbessert aber nicht per se den Lernerfolg. Medium heißt wörtlich übersetzt das „Mittlere", das möglicherweise vermittelnd wirken kann. Genaue Beobachtungen und gezielte Untersuchungen zu den Bedingungen, unter denen Lernprozesse im Chemieunterricht mit Hilfe von „Neuen Medien" mehr fördernd oder mehr hindernd wirken, führen zu hilfreichen Hypothesen für deren lernwirksamen Einsatz. Daran mangelt es. Intuitive Sicherheit aufgrund langjähriger Erfahrung sollte nicht geringgeschätzt werden, aber Intuition kann auch irren. Sie bedarf rational-diskursiver Reflexion und empirisch intersubjektiver Kontrolle.

Neben der „Effizienzsteigerung", also der wissenschaftlich begründeten und kontrollierten Optimierung des Unterrichtens, lassen die Autoren eine ebenso wichtige Aufgabe unberücksichtigt: Die Reflexion der Ziele des Unterrichtens: Die Bedeutung des Inhalts „Chemie" als Bildungsbeitrag unter den Bedingungen unserer Zeit – von der Forschungsmethodik her also mehr der hermeneutische Akzent – sollte von Chemiedidaktikern begründet werden und nicht anderen überlassen werden.

Nach meiner Einschätzung ist das von den Autoren angesprochene Problem nicht, dass chemiedidaktisch orientierte empirische Forschung der Praxis nicht nutzt, sondern sie nutzt nicht, weil zu wenig geprüft wird, ob die gestellte Frage sinnvoll und überhaupt empirisch angemessen beantwortbar ist. Der „Erfolg" von PISA und TIMSS führt zunehmend zu einem pseudowissenschaftlichen Empirismus-Fetischismus, der chemiedidaktische Forschung in Verruf bringt. Wenn die Autoren andererseits behaupten, dass „das einzelne Individuum bei solchen Erhebungen nicht gebührend berücksichtigt werden kann", blenden sie die mögliche komplementäre Ausrichtung von Quer- und Längsschnittstudie aus. Weder ein mit „süffisantem Unterton" untermauerter Rückzug in ein durch langjährige Praxis geprägtes intuitiv-sicheres Handeln noch der sichere Hort klar strukturierter und methodisch vertrauter Chemie helfen weiter. Das vielschichtige Kernproblem, die eher wachsende Distanz vieler Schülerinnen und Schüler (und nicht nur dieser!) zu allem „Chemischen", ist weder durch Verdrängung noch durch unterhaltsame Showeffekte lösbar. Es geht um die mutige und solide Bearbeitung von zwei Forschungsfeldern:

Zum einen um die historische, erkenntnistheoretisch und philosophisch orientierte Reflexion der Begriffe und Methoden der Wissenschaft Chemie sowie deren Beitrag zu unserer Kultur, zum anderen um die Bedingungen des Verstehens von und Verständigens über chemische Sachverhalte in möglichst klar beschreibbaren und vergleichbaren Lernsituationen und deren theoretische Interpretation. Dies ist ein weites, noch weitgehend unbeackertes Feld, das von denjenigen betreten werden sollte, die mit langem Atem und viel Ausdauer bereit sind, über die Grenzen ihrer Fachdisziplinen hinaus zu blicken und auf den „Schemeln zwischen den Stühlen" im Wissenschaftsbetrieb dialogfähig bleiben. Es geht nicht darum, eine notwendige Voraussetzung (Sachkompetenz im Fach Chemie) zu zementieren oder durch eine andere zu ersetzen".

Übersicht

Der Meinungsstreit bei der Suche nach der momentan besseren Lösung (die endgültig beste gibt es nicht) ist ein wesentliches Merkmal wissenschaftlicher Forschung. Dafür bieten die sieben Thesen aus [9] und der Leserbrief aus [10] ein gutes Beispiel. Ihre genaue Lektüre und Reflexion zeigt, dass sie mehr Gemeinsamkeiten enthalten, als beim flüchtigen Durchlesen auffällt.

Daher eignen sich die beiden Texte als Diskussionsgrundlage im Chemiedidaktik-Seminar, wenn es um die Ziele, Inhalte und Methoden der Forschung in der Chemiedidaktik geht.

Unabhängig von der Neigung (*chemie*didaktisch oder chemie*didaktisch*) soll hier abschließend festgestellt werden: Wer sich gründlich und beständig, praktisch und theoretisch, mit einer oder mehreren der sieben W-Fragen aus Abschn. 2.1 auseinandersetzt, hypothesengeleitet nach immer besseren Antworten sucht, der/die betreibt chemiedidaktische Forschung, ist also wissenschaftlich aktiv.

3.3 Didaktische Integration – Kohärenz von sinnstiftenden Kontexten und Fachinhalten

Für prüfungsgeplagte Lehramtsstudierende und Studienreferendare, aber insbesondere für unterrichtende Lehrkräfte in Schulen mag die Kostprobe aus Abschn. 3.2 über den Diskurs zwischen Hochschuldidaktikern wie *l'art pour l'art* (Kunst um der Kunst Willen) erscheinen. Zugegebenermaßen ist dieser Diskurs gelegentlich abgehoben und entfernt von den Problemen derer, die im Schulalltag agieren. Für sie hat höchste Priorität zunächst die Frage, was und wie im Fach Chemie vermittelt werden soll.

Die Frage nach dem *was* zu beantworten heißt, über die Auswahl und die didaktische Aufbereitung der zu vermittelnden *Inhalte* nachzudenken. Die Inhalte des Chemieunterrichts an Schulen und der Chemielehre an Hochschulen lassen sich grob in Fachinhalte und Kontexte einteilen.

- Zu den *Fachinhalten* gehören phänomenologische Fakten aus Alltagserfahrungen und Experimenten sowie das Grundgerüst der chemischen *Fachsystematik*. Als chemische Fachsystematik ist das Geflecht aus grundlegenden Fachbegriffen und Konzepten, Ordnungsrelationen und Klassifikationssystemen, Stoffen und Reaktionen, Hypothesen und Gesetzen, Formeln und Modellen zu verstehen.
- Wie die Fachinhalte werden hier auch die *Kontexte* zu den Inhalten des Chemieunterrichts und der Chemielehre gezählt, weil sie die Bezüge der chemischen Fachinhalte zum Lebensalltag, zu technischen Anwendungen und Umweltphänomenen oder auch zu Inhalten der MINT-Fächer und anderer Schulfächer herstellen.

Bei der Frage *wie* die Inhalte des Chemieunterrichts strukturiert und vermittelt werden sollen, wird bereits in einer „Methodik des chemischen Unterrichts" aus dem Jahr 1927 [11] der Grundsatz vertreten, dass der Anfangsunterricht

- *„von den Erscheinungen des täglichen Lebens"* auszugehen hat, weil
- *„die reine Systematik auf dem Gebiet der exakten Naturwissenschaften in noch höherem Grad ermüdend und abstumpfend wirkt als in der Biologie"* und
- *„nur derjenige wissenschaftlich arbeiten kann, für welchen das System mehr ist, denn Namen und Worte"*.

In dem gleichen, aus heutiger Sicht historischen Werk der Chemiedidaktik [11] wird weiterhin gefordert, dass im fortschreitenden Chemieunterricht mehr und mehr die Systematik eingeflochten werden soll, denn

- *„in passender Weise ausgesucht, lassen sich die Darbietungen des Unterrichts immer in eine zwanglose Steigerung vom Leichteren zum Schwereren"* gestalten, so dass
- *„sie auch die rege Mitarbeit der Schüler anregen".*

Das alles lässt sich leicht in aktuell übliche Begriffe und Forderungen an den Chemieunterricht übersetzen: Er soll Alltagserfahrungen und lebensnahe Kontexte der Schülerinnen und Schüler aufgreifen und die chemischen Fachinhalte in altersgerechten Stufen *kompetenzorientiert* und *kumulativ* erschließen. Diese Forderungen aus aktuellen fachdidaktischen Publikationen und Lehrplänen sind also schon längst *déjà vu.*

Allerdings wurden über die Priorität der Fachinhalte und Kontexte bei der praktischen Gestaltung von Chemieunterricht in den letzten 25 Jahren unterschiedliche Ansichten vertreten [12–14]. Soll ein Kontext den Verlauf einer Unterrichtsreihe bestimmen oder der hierarchische Aufbau der Fachsystematik? Es wurden verschiedene Möglichkeiten aufgezeigt, Kontexte und Fachsystematik sinnvoll, motivierend und effizient zu Unterrichtsreihen und ganzen Lehrgängen für den Chemieunterricht zu vernetzen. Als Ergebnisse entstanden zahlreiche Unterrichtsmaterialien, darunter auch einige Schulbücher [15, 16].

Die in Abb. 3.1 durch den Facettenball symbolisierte „Versöhnung" von Fachinhalten und Kontexten lässt sich folgendermaßen zusammenfassen:

▶ **Definition** *Didaktische Integration* ist die kohärente Vernetzung von Lehr-/ Lerninhalten, Methoden und Medien zu zeitgemäßen und effizienten Curricula für den Chemieunterricht.

Hierbei steht also die *kohärente*, d. h. stimmige, schlüssige und folgerichtige Kombination von Inhalten, Methoden und Medien des Chemieunterrichts im Fokus. Mit Bezug auf die obigen Zitate aus [11] muss zugegeben werden, dass auch dies nicht neu ist. Da sich aber sowohl die Inhalte des Chemieunterrichts als auch die Methoden und Medien, nach denen bzw. mit denen Chemie vermittelt wird, so rasch wie kaum in einem anderen Schulfach und mit steigender Geschwindigkeit ändern, ist es für den Chemieunterricht motivierend, für die Allgemeinbildung förderlich und gesellschaftspolitisch notwendig, die Beiträge der Chemie bei der Lösung globaler Herausforderungen des 21. Jahrhunderts (Stichworte: Energie, Ernährung, Wasser, Klima, Mobilität) hervorzuheben. Dafür ist curriculare Innovationsforschung in der Fachdidaktik notwendig.

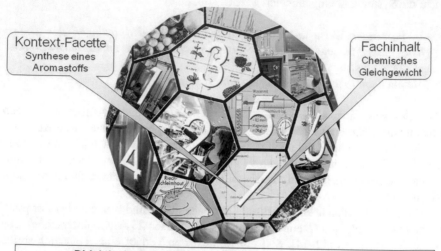

Abb. 3.1 Jede Facette verbindet im Zusammenhang mit dem übergeordneten Kontext *Aromastoffe* eine konkrete Frage (hier: „Können wir Aromastoffe synthetisch herstellen?") mit einem konkreten Fachinhalt des Inhaltsfeldes (hier: „Einstellung eines chemischen Gleichgewichts in einem geschlossenen System"). Wenn in der angegebenen Reihenfolge verfahren wird, ist der Lehrgang kohärent. (Bild aus © Tausch/von Wachtendonk, CHEMIE 2000+)

3.4   Curriculare Innovationsforschung – ein Imperativ für die Fachdidaktik

Curriculare Innovation in der Fachdidaktik bedeutet sowohl Erneuerung dessen, *was* gelehrt wird, als auch der Art und Weise *wie* und *womit* das geschieht. Es geht also um den innovativen Wandel von Inhalten, Konzepten, Methoden und Materialien des Chemieunterrichts und der Lehre an Hochschulen. Diese Kategorien müssen permanent an den aktuellen Stand wissenschaftlicher Erkenntnisse, industrieller Anwendungen, zukunftsrelevanter Herausforderungen und gesellschaftlicher Lebensformen in unserer technischen Zivilisation angepasst werden.

Wer *curriculare Innovationsforschung* betreibt, baut Brücken zwischen der Fachwissenschaft und der Unterrichtspraxis. Diese Brücken halten nur, wenn sie in beiden Ufern belastbar verankert sind. Fachwissenschaftliche Exzellenz und unterrichtspraktische Expertise sind also notwendige Voraussetzungen für erfolgreiche curriculare Innovationsforschung. Das funktioniert am besten, wenn die Fachdidaktik aus Universitäten und Hochschulen mit Chemielehrer*innen aus

Schulen kooperiert. Diese Grundidee wird bei der *partizipativen Aktionsforschung* in der Chemiedidaktik nach I. Eilks et al. umgesetzt [17].

Wenn man historisch Gewachsenes und Bewährtes in den Lehrgängen als curriculare Konstanten zusammenfasst und weitgehend unberührt lässt, kann man die curriculare Innovationsforschung als *didaktische Erschließung* aktueller und zukunftsträchtiger Themen aus Wissenschaft, Technik, Umwelt und Leben für die Lehre einengen. Didaktisch erschließen bedeutet die Kombination der folgenden 5 Arbeitspakete:

1. Erforschung neuer experimenteller Zugänge;
2. Einbindung in etablierte und neue didaktische Konzepte;
3. Ausstattung mit neuen Print- und Elektronikmedien;
4. Entwicklung von Unterrichtsdesign für Lehr-/Lernbausteine;
5. Test, Evaluation, Reflexion und Optimierung der Ergebnisse aus 1. bis 4.

Die Grafik aus Abb. 3.2 illustriert das Forschungsdesign der Arbeitspakete 1. bis 4. Zunächst werden aus den miteinander verbundenen Bereichen Wissenschaft, Technik, Umwelt und Leben neue und zukunftsrelevante Phänomene, Verfahren, Begriffe etc. extrahiert. Aus dem sich dabei auffüllenden Wissenspool werden dann diejenigen Inhalte ausgewählt, die für Unterricht und Lehre relevant erscheinen. Diese Inhalte werden unter didaktischen und methodischen,

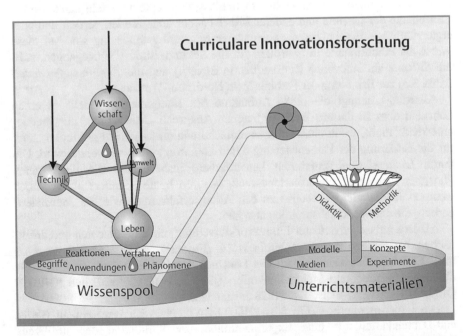

Abb. 3.2 Design der Curricularen Innovationsforschung. (Zeichnung © Ralf-Peter Schmitz und Nico Meuter)

wissenschafts- und erkenntnistheoretischen sowie lerntheoretischen und bildungspolitischen Gesichtspunkten für den Chemieunterricht bzw. das Lehramtsstudium
aufbereitet.

Die als Ergebnisse curricularer Innovationsforschung entwickelten *Unterrichtsmaterialien* müssen *wissenschaftlich konsistent,* d. h. mit dem Erkenntnis-
stand in der Chemie vereinbar sein, was allerdings nicht bedeutet, dass sie auf
dem höchsten wissenschaftlichen Niveau angesiedelt sein müssen. Gleichermaßen
müssen sie aber auch *didaktisch prägnant* sein, d. h. jeweils zielgenau das Wesentliche der zu vermittelnden Inhalte treffen. Darüber hinaus wird in der curricularen Innovationsforschung über die Interaktion mit Lernenden und Lehrenden im
Arbeitspaket 5 angestrebt, neues wissenschaftliches Fachwissen (scientific content
knowledge) auch für die Erzeugung neuen didaktischen Fachwissens (pedago-
gical content knowledge) zu nutzen. So wird gleichermaßen praktischer Service
für den Chemieunterricht geliefert und neues Wissen über das Lehren und Lernen
der Chemie generiert. Insofern ist curriculare Innovationsforschung eine Synthese
aus wissenschaftlicher Grundlagenforschung und angewandter Forschung in der
Chemiedidaktik.

Zu den viel beforschten Themen gehören nanostrukturierte Materialien, innovative Kunststoffe, Leuchtstoffe, elektrische Halbleiter, ionische Flüssigkeiten,
Flüssigkristalle, verschiedene Arten von Katalysatoren, molekulare Schalter,
moderne Batterien und Akkumulatoren, Brennstoffzellen, Konversion und Speicherung von Solarenergie. Im Kontext konkreter Fachinhalte und Experimente
zu diesen Themen werden etablierte Schlüsselkonzepte und lehrplankonforme
Fachinhalte der Chemie und anderer MINT-Fächer angewendet, vertieft und/oder
ergänzt. Einige Ergebnisse aus curricularer Innovationsforschung sind auf diese
Weise als Pflichtinhalte in Lehrpläne für die Sekundarstufe II eingegangen, z. B.
die *Silicone* als innovative Kunststoffe (in Bayern) und das *Energiestufenmodell*
(Abb. 3.3) zur Erklärung der Farbigkeit (in Nordrhein-Westfalen).

Allerdings genügt die bloße Aufnahme des Energiestufenmodells in einen
Lehrplan dem in diesem Buch vertretenen Anspruch „Mehr Licht im Chemieunterricht" nicht, wenn dieses ebenso einfache wie aussagekräftige Modell „nur"
für die Erklärung der Farbentstehung durch *Lichtabsorption* verwendet wird. Die
durch *Lichtemission* generierten Leuchtfarben, insbesondere die Fluoreszenz,
Phosphoreszenz und Elektrolumineszenz, gehören heute – anders als vor noch
wenigen Jahrzehnten! – ebenso zu den Alltagserfahrungen wie die „normalen"
Farben, die durch Lichtabsorption entstehen.

Als Ergebnisse curricularer Innovationsforschung mit Experimenten und didaktischen Materialien zur Photolumineszenz (Fluoreszenz und Phosphoreszenz)
bzw. Elektrolumineszenz (organische Leuchtdioden, OLED) sind beispielsweise
die Experimentier- und Materialienkoffer (QR 3.1) PHOTO-MOL und (QR 3.2)
ORGANIC-PHOTO-ELECTRONICS entstanden.

Die Experimentierbox (QR 3.3) PHOTO-CAT (Photokatalyse) enthält Geräte
und Chemikalien für eine Experimentreihe zur Simulation der stofflichen
und energetischen Merkmale des Kreislaufs Photosynthese/Atmung und die

Etablierte und innovative Inhalte
„Farbigkeit von Stoffen"

Farbigkeit durch Lichtabsorption

Farbigkeit durch Lichtemission

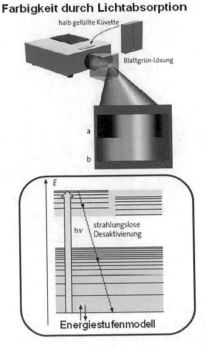

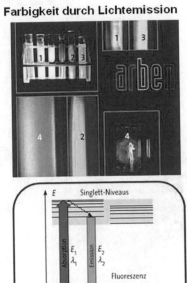

Abb. 3.3 Energiestufenmodell bei der Erklärung von Farbigkeit durch Lichtabsorption (links) und Lichtemission (rechts). (Bilder aus © Tausch/von Wachtendonk, CHEMIE 2000+ Gesamtband)

Materialienbox (QR 3.4) PHOTO-LIKE (Photoprozesse – lehrplankonform, interdisziplinär, kohärent, experimentbasiert) liefert Arbeitsblätter und andere digitale Medien für forschend-entwickelnden Unterricht unter Einsatz der Experimente aus PHOTO-CAT und PHOTO-MOL.

Die Vernetzung der „experimentellen Hardware" für den Chemieunterricht, d. h. der als Interaktionsboxen zu nutzenden Experimentierkoffer, mit der „didaktischen Software", d. h. den Lehr-/Lernmaterialien in Print- und Elektronikformaten (Zeitschriften, Schulbücher, Modellanimationen, Lehrfilme etc.), ist für die curriculare Innovationsforschung in Zeiten von Digitalisierung von Unterricht und Lehre ein Muss und eine Selbstverständlichkeit (Abb. 3.4).

Innovative curriculare Bausteine werden in der Lehramtsausbildung an Hochschulen, in der Lehrerfortbildung und in Schülerlaboren getestet, evaluiert und optimiert. Wenn sie sich in diesen Lerngruppen bewähren, sind sie fit für die Einbindung in den regulären Chemieunterricht und die entsprechenden Inhalte werden Einzug in die Lehrpläne finden.

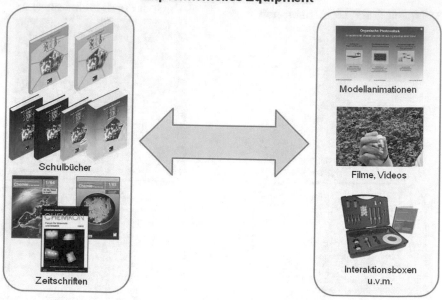

Vernetzte Lehr-/Lernmaterialien
Print- und Elektronikmedien
Experimentelles Equipment

Abb. 3.4 Gedruckte Bücher und Zeitschriften (links) mit eingebauten Verknüpfungen zu elektronischen Ergänzungen und weiterführenden Experimenten (rechts) sind Ergebnisse curricularer Innovationsforschung in der Chemiedidaktik. (Eigene Bilder aus © Tausch/von Wachtendonk, CHEMIE 2000+ Gesamtband und aus unseren Filmen, Experimentierboxen und Flash-Animationen)

So kann der Chemieunterricht von Lehrkräften, die sich bereits im Studium mit curricularer Innovationsforschung auseinandergesetzt haben, für Schüler*innen gleichermaßen attraktiv, motivierend und effizient gestaltet werden.

QR 3.1 Experimentierkoffer/Interaktionsbox PHOTO-MOL

QR 3.2 Experimentierkoffer/Interaktionsbox ORGANIC-PHOTO-ELECTRONICS

QR 3.3 Experimentierset/Interaktionsbox PHOTO-CAT

QR 3.4 Materialienbox PHOTO-LIKE

3.5 Sprachsensibler Chemieunterricht – Katalyse von Sprachlernen und Fachlernen

Die chemische *Fachsprache* mit ihren Begriffen und Merksätzen, bildlichen Darstellungsformen, Symbolen und Formeln erweist sich erfahrungsgemäß als eine große Hürde beim Chemielernen. In allen chemischen Teildisziplinen (Anorganische, Organische, Physikalische Chemie etc.) ist die Fachsprache mit den jeweils charakteristischen Begriffen und Formalismen ein Maß dafür, wie gebildet jemand auf dem betreffenden Gebiet ist. LUDWIG WITTGENSTEINS Sinnspruch *„Die Grenzen meiner Sprache bedeuten die Grenzen meiner Welt"* – trifft das im Kern.

Für die Chemiedidaktik, die das Lernen und Lehren der Chemie in der Schule und im Studium im Fokus hat, kommt der Sprache eine außerordentlich herausragende Funktion zu. Das Fachlernen der Chemie mit ihren Inhalten und das Lernen der adäquaten Sprache für ihre Kommunikation können sich gegenseitig katalysieren oder inhibieren. Ob die Rückkopplung zwischen Sprachlernen und Fachlernen positiv oder negativ ausfällt, d. h. der Lernprozess als Ganzes katalysiert oder inhibiert wird, hängt ganz entscheidend vom Spracheinsatz durch die Lehrperson ab. Das betrifft sowohl die direkte verbale Kommunikation mit den Schülerinnen und Schülern als auch die in den schriftlichen Arbeitsmaterialien verwendete Sprache.

Während die *Alltagssprache* sowohl inhaltlich als auch grammatisch unpräzise und fehlerhaft sein kann, erfordert die Fachsprache semantisch eindeutige Begriffe und grammatisch korrekte Formulierungen. Doch welche dieser beiden Sprachen soll die Lehrperson verwenden? Wie bei vielen anderen didaktischen Fragen gilt auch hier als Grundsatz: Ein guter Mix macht's, d. h., im Unterricht sollte eine passende Kombination aus Alltagssprache und Fachsprache von der Lehrperson verwendet und von den Lernenden zugelassen werden. Allerdings ist es leichter über einen „guten Mix" aus Alltagssprache und Fachsprache in einem sprachsensiblen Unterricht zu reflektieren, als ihn jeweils situationsgerecht zu praktizieren.

JOSEF LEISEN bringt die Problematik rund um den sprachsensiblen Unterricht folgendermaßen auf den Punkt: *„Sprache im Unterricht ist wie ein Werkzeug, das man gebraucht, während man es noch schmiedet."* (Siehe hierzu www.sprachsensiblerfachunterricht.de/sprachbildung) Unter den Bedingungen sprachlicher, fachlicher und kultureller Heterogenität in den Lerngruppen empfiehlt LEISEN für jeden der drei Bereiche eine *kalkulierte Herausforderung* für die Schülerinnen und Schüler (Abb. 3.5).

Möglichst niemand soll wegen Über- oder Unterforderung „abschalten" und dem Unterricht nicht mehr folgen. (Siehe hierzu www.sprachsensiblerfachunterricht.de/prinzipien) J. LEISEN schlägt vor: *„Es müssen fachliche und sprachliche*

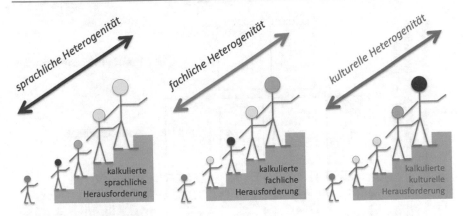

Abb. 3.5 Prinzip der kalkulierten Herausforderung. (Nach © J. Leisen [18])

Anforderungen gestellt werden, die etwas über dem momentanen individuellen sprachlichen und fachlichen Können liegen. Einige Schüler benötigen mehr oder weniger sprachliche Unterstützung (Sprachhilfen = Methoden-Werkzeuge, Scaffolding), andere hingegen mehr oder weniger fachliche Unterstützung."

Von eminenter Bedeutung für den Umgang mit Sprache und Zeichen sind die *Darstellungsformen* in verschiedenen *Abstraktionsstufen* (Abb. 3.6) [18].

Die in der obersten Reihe aus Abb. 3.6 angegebenen zwei chemischen Formeln sind als stellvertretend für ganz unterschiedliche Formeltypen zu verstehen, die in diesem Buch an anderer Stelle (Abschn. 5.8) thematisiert werden (QR 3.5).

QR 3.5 J. Leisen – Prinzipien im sprachsensiblen Fachunterricht, www.sprachsensiblerfachunterricht. de/prinzipien

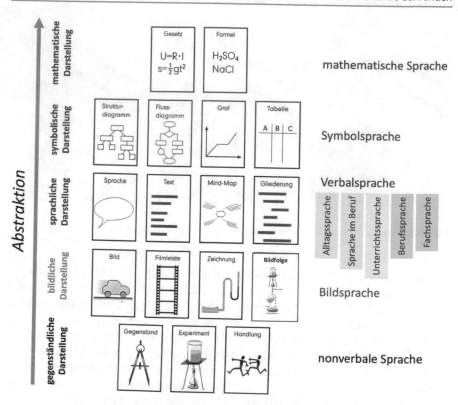

Abb. 3.6 Darstellungsformen in den Naturwissenschaften. (Nach © J. Leisen [18])

3.6   Didaktisches Credo – *Sinn(e) der Chemiedidaktik*

Der *Sinn* der Chemiedidaktik wird in Anlehnung an ein Editorial in der Zeitschrift „CHEMKON" [19] unter Bezug auf unsere fünf *Sinne* zusammengefasst. Die Chemiedidaktik soll:

1. **Fachliche Horizonte** *überblicken* – eine nicht leicht zu erfüllende Forderung und dennoch eine *conditio sine qua non*. Während sich innerhalb der einzelnen Fächer die Einengung auf spezielle Fachgebiete immer weiter fortsetzt, muss die Fachdidaktik das Fach als Ganzes mit allen seinen Teilgebieten im Auge haben. Bei Bedarf müssen Lehrende der Fachdidaktik aber auch in der Lage sein, einen bestimmten Teilbereich heranzuzoomen, scharf zu stellen und für Lernende verständlich zu gestalten *Gefragt sind also fachliche Kompetenz und didaktischer Spürsinn*

**2. Am Puls des Schulalltags
*horchen*** – um den sich
rasch verändernden
Verhaltens-, Informations- und
Kommunikationsgewohnheiten
von Kindern und Jugendlichen
Rechnung tragen zu können. Für
Lehrende in der Fachdidaktik
sind die Erfahrungen aus eigener
Unterrichtspraxis unerlässlich. Ihre
Aussagekraft und Zuverlässigkeit
ist weitaus höher als die Ergebnisse
von Umfragen. Bei kognitions-
psychologischen Forschungen ist
der direkte Umgang mit Kindern
und Jugendlichen in der Schule
eine Selbstverständlichkeit
*Gefragt sind also pädagogisches
Engagement und persönliches
Vorbild*

3. Nach Highlights *schnuppern* –
das heißt, neue wissenschaftliche Erkenntnisse, technische
Entwicklungen, umweltrelevante
Zusammenhänge und ethische
Normen aufgreifen und hinsichtlich
ihrer Eingliederung in den Chemieunterricht bzw. ins Chemiestudium
für das Lehramt erforschen. Highlights können aktuell oder zeitlos,
lokalspezifisch oder global sein.
Ihre didaktische Aufbereitung
muss der Allgemeinbildung durch
Chemie ebenso dienen wie dem
Methodenbewusstsein und den
Anwendungen dieser naturwissenschaftlichen Disziplin
*Gefragt sind also ständig zum
Lernen bereite Lehrende*

4. **Experimentelle Zugänge**
ertasten – die in sicheren und
aussagekräftigen Schulversuchen
münden. Auf ihrer Grundlage
werden tragfähige Lernkonzepte
entwickelt, in Schulklassen erprobt,
in Print- und Elektronikmedien
dokumentiert und publiziert. Von
„neuen Experimenten" sollte in
Publikationen nur dann gesprochen
werden, wenn dies gerechtfertigt
ist. Vor- oder Parallelarbeiten anderer zum gleichen Thema müssen
zitiert, auf die Sicherheitsaspekte,
didaktische Intention der Experimente und ihre Kompatibilität mit
den chemischen Basiskonzepten
sollte eingegangen werden
Gefragt sind also Geschick beim
Experimentieren sowie Wahrhaftig-
keit und intellektuelle Redlichkeit
beim Publizieren

5. **Curriculares Design zubereiten**
und *abschmecken* –
das ist die vornehmste und
anspruchsvollste Aufgabe einer
Fachdidaktik, die sich als Katalysator und Service für die Lehre
des Faches versteht. Die Ergebnisse
chemiedidaktischer Forschung
müssen fachwissenschaftlich
konsistent und kohärent, didaktisch prägnant und methodisch
motivierend in komplette Lehrgänge, d. h. in Lehrbücher für den
Chemieunterricht und/oder für das
Lehramtsstudium, integriert werden. Diese müssen die Hürde von
Ministerialgutachten bestehen und
sich mit der Kritik von Lehrkräften
konstruktiv auseinandersetzen
Gefragt sind also umfassende
Offenbarung und Bereitschaft zu
Kritik und Selbstkritik

Literatur

1. Pfeiffer, P., Häusler, K., Lutz, B. (Hrsg.): Konkrete Fachdidaktik Chemie, 2. Aufl. Oldenbourg, München (1996) (Erstveröffentlichung 1992)
2. Sommer, K., Wambach-Laicher, J., Pfeiffer, P. (Hrsg.): Konkrete Fachdidaktik Chemie. Friedrich, Seelze (2018)
3. Barke, H.-D., Harsch, G.: Chemiedidaktik kompakt – Lernprozesse in Theorie und Praxis. Springer, Heidelberg (2011)
4. Barke, H.-D., Harsch, G., Marohn, A., Krees, S.: Chemiedidaktik kompakt. Springer, Heidelberg (2018)
5. Kranz, J., Schorn, J. (Hrsg.): Chemie Methodik – Handbuch für die Sekundarstufe I und II. Cornelsen Scriptor, Berlin (2008)
6. Becker, H.J., Glöckner, W., Hoffmann, F., Jüngel, G.: Fachdidaktik Chemie. Aulis, Köln (1992)
7. Lindemann, H.: Einführung in die Didaktik der Chemie. Staccato, Düsseldorf (1999)
8. Reiners, C.S.: Chemie vermitteln – Fachdidaktische Grundlagen und Implikationen. Springer, Berlin (2017)
9. Tausch, M.W., Goodwin, A.: 7 Thesen zur Forschung in der Didaktik. ChiuZ **37**, 210 (2003)
10. Scharf, V.: Leserbrief zu [6]. ChiuZ **37**, 291 (2003)
11. Scheid, K.: Methodik des chemischen Unterrichts. Quelle & Meyer, Leipzig (1927)
12. Huntemann, H., Paschmann, A., Parchmann, I.: „Chemie im Kontext – ein neues Konzept für den Chemieunterricht?" CHEMKON **6**(4), 191 (1999)
13. Tausch, M.W.: Didaktische Integration – die Versöhnung von Fachsystematik und Alltagsbezug. Chemie in der Schule **47**(3), 179 (2000)
14. Tausch, M.W., Woock, M., Twellmann, M.: Vom Erdöl zum Kaugummi – ein Kontext und seine Facetten. Praxis der Naturwissenschaften – Chemie in der Schule **50**(1), 11 (2001)
15. Demuth, R., Parchmann, I., Ralle, B. (Hrsg.): „Chemie im Kontext Sek. II". Cornelsen, Berlin (2006)
16. Bohrmann-Linde, C., Krees, S., Tausch, M.W., Wachtendonk, M.v. (Hrsg.): Schulbuchreihe CHEMIE 2000+, Sek. I und Sek. II, verschiedene Länderausgaben. C.C. Buchner, Bamberg (2007–2014)
17. Eilks, I. et al.: http://www.chemiedidaktik.uni-bremen.de/projekte.php?id=64. Zugegriffen: 18. Dez. 2018.
18. Leisen, J.: Fachlernen und Sprachlernen. MNU **68**(3), 132 (2015)
19. Tausch, M.W.: Sinn(e) der Fachdidaktik. Chemkon **5**(4), 173 (1998)

Schlüsselkonzepte in der Chemie

4

Inhaltsverzeichnis

Sind *Schlüsselkonzepte* nicht das, was eigentlich alle als *Basiskonzepte* bezeichnen? Nein, denn chemische Schlüsselkonzepte sind mehr als die chemischen Basiskonzepte aus KMK-Empfehlungen, den Lehrplänen und dem Sprachrepertoire der Studienseminare, Fachkonferenzen, Lehrerfortbildungen etc., wenngleich sie diese einschließen.

Ein Exkurs in die Begriffslandschaft der *Wissenschafts-* und der *Erkenntnistheorie* soll dazu anregen, den Wahrheitsgehalt und Gültigkeitsbereich von Konzepten, die im Chemieunterricht und im Chemiestudium vermittelt werden, zu hinterfragen. Dabei werden auch die Basiskonzepte aus den Lehrplänen aufgemischt und auf den Prüfstand gestellt. Das soll zur kritischen Reflexion dessen, was man im Studium und im Referendariat gelernt hat und dessen, was man tagtäglich unterrichtet, anregen.

4.1 Was sind Schlüsselkonzepte?

Mit einem Schlüssel schließt man etwas auf oder zu. Der Haustürschlüssel eröffnet den Zutritt in ein ganzes Haus und verschließt ihn für Unbefugte. Wenn der Schlüssel ein Konzept, also ein Gedanke ist, braucht man ihn nur zum Öffnen, Schließen ist nicht gefragt. Aber stattdessen soll das Konzept auch helfen, Ordnung zu schaffen und Wissen zu vermitteln.

© Springer-Verlag GmbH Deutschland, ein Teil von Springer Nature 2019
M. Tausch, *Chemie mit Licht*, https://doi.org/10.1007/978-3-662-60376-5_4

▶ **Definition** Ein **Schlüsselkonzept** ist eine **Leitidee,** die den Zugang zu einem großen Wissensgebiet eröffnet, seine Strukturierung unterstützt und seine Vermittlung
erleichtert.

Die Erkenntnisse hinter einem Schlüsselkonzept einer Naturwissenschaft bilden für
unser geistiges Auge ein wohlgeordnetes Bild eines Bereichs aus der Natur, das in
Harmonie mit den sinnlichen Wahrnehmungen und intellektuellen Deutungen unserer
Außenwelt steht (Abb. 4.1). Es gibt aber auch Schlüsselkonzepte zu Erkenntnissen
über die abstrakten Denkweisen, Interaktions- und Kommunikationsformen, die der
Philosophie, der Pädagogik und der Fachdidaktik zugeordnet werden können.

Lässt man sich auf die oben angegebene Definition des Begriffs Schlüsselkonzepte
ein, so drängen sich unweigerlich einige semantisch verwandte Begriffe auf. Was
hier mit Schlüsselkonzept gemeint ist, findet sich sowohl in der naturphilosophischen
Erkenntnistheorie als auch in den naturwissenschaftlichen Fachdisziplinen gelegentlich als *Axiom, Postulat, Prinzip, Regel, Gesetz, Paradigma … oder Basiskonzept*
wieder. Welcher dieser Begriffe den Vorzug erhält, ist oft historisch bedingt, denn
inhaltlich unterscheiden sie sich nur in Nuancen. Insofern sind die Schlüsselkonzepte als gemeinsamer Pool für all diese Begriffe zu verstehen. In den folgenden
Abschnitten dieses Kapitels wird anhand von Beispielen zunächst eine Differenzierung unter diesen Begriffen vorgenommen. Anschließend werden die Basiskonzepte
aus den Lehrplänen in die Vergleichsanalyse mit einbezogen. Die Erkenntnisse aus
diesen Betrachtungen sind für das Lehren und Lernen von Chemie nützlich, denn sie
schärfen den kritischen Umgang mit Begriffen, Konzepten und Modellen.

Abb. 4.1 Die Teile dieses Waldausschnitts, die Baumstämme und das Gebüsch, die verschiedenen Laubzonen und das Licht fügen sich hier zu einem Bild zusammen, das wir als
ansprechend und schön empfinden. Dieses ästhetische Gefühl ist im Einklang mit unseren sinnlichen Wahrnehmungen aus der Natur und mit unserem Verständnis über die Gründe dieser
Anordnung. (© Smileus/stock.adobe.com)

4.2 Axiome, Postulate und Prinzipen

Das *Axiom* als Grundannahme, die aufgrund der praktischen Erfahrung so einleuchtend und selbstverständlich ist, dass sie von keiner Theorie bestätigt werden muss, ist in der Mathematik gut bekannt. Wenngleich die Mathematik als MINT-Fach oft den Naturwissenschaften zugeordnet wird, weil sie als nützliches und unverzichtbares Werkzeug den Natur- und Ingenieurwissenschaften dient, ist sie eine Geisteswissenschaft *par excellence*. Ein Axiom oder nur ganz wenige Axiome sind die Schlüssel zu ganzen mathematischen Theoriegebäuden, weil diese sich widerspruchsfrei daraus herleiten lassen. Die mathematischen Axiome sind oft Existenz-Aussagen, in denen es um Sein oder Nichtsein geht. So basiert die gesamte klassische Geometrie auf EUKLIDS Parallelenaxiom, wonach es in einer Ebene durch einen Punkt außerhalb einer Geraden genau *eine* Parallele zu dieser Geraden gibt. Das Rechnen mit Zahlen in der Arithmetik hat GIUSEPPE PEANOS Axiome als Grundlage, wonach es für jede natürliche Zahl n genau *einen* Nachfolger $n + 1$ gibt. Auch die mathematischen Strukturen wie Gruppe, Ring und Körper sind Gedankengebäude, die sich aus jeweils einem Satz weniger Axiome herleiten. In der Physik sind es auch nur die drei Axiome von ISAAC NEWTON, allerdings besser als *Gesetze* oder *Prinzipien* bekannt (Trägheitsprinzip, Beschleunigungsprinzip und Wechselwirkungsprinzip), auf denen die gesamte klassische Mechanik mit all ihren Gesetzen und Gleichungen zur Statik, Kinematik und Dynamik aufgebaut ist.

Was unterscheidet ein *Postulat* von einem Axiom? Nicht viel. Das Postulat muss ebenso wie das Axiom als Grundannahme (entscheidende Hypothese) für die Errichtung eines theoretischen Gebäudes herhalten. Am Beispiel der im Jahr 1913 von NILS BOHR als „Postulate" bezeichneten Aussagen kann der Unterschied zum Axiom verdeutlicht werden. Die beiden wichtigen Postulate von BOHR beziehen sich auf die Bewegung der Elektronen im elektrischen Feld des Atomkerns und lauten vereinfacht folgendermaßen:

- Atome können nur in bestimmten, stationären Zuständen existieren. Dabei bewegen sich die Elektronen auf „Umlaufbahnen" um den Kern und emittieren entgegen den Gesetzen der Elektrodynamik keine elektromagnetische Strahlung.
- Atome können elektromagnetische Strahlung in Form ganz bestimmter Energiequanten (Photonen) $E = h \cdot \nu$ absorbieren oder emittieren. Im Atom finden dabei „Quantensprünge" zwischen stationären Zuständen statt, wobei die Elektronen von einer kernnäheren auf eine kernfernere bzw. von einer kernferneren auf eine kernnähere „Umlaufbahn springen".

BOHRS Postulate sind *nicht* so unmittelbar einsichtig wie etwa das oben zitierte Axiom von EUKLID. Es war seinerzeit ein kühner Gedanke, mit dem BOHR den Atomen seine Postulate gewissermaßen aufzwang, indem er die im Jahr 1900 mit MAX PLANCKS Strahlungsgesetz etablierte Idee von der Quantifizierung der Energie (Quantifizierungsprinzip) auf die Atome übertrug. So schuf BOHR durch seine Postulate das nach ihm benannte Atommodell. Damit konnten grundlegende experimentelle Fakten erklärt werden, beispielsweise die Linienspektren des von Atomen verschiedener Elemente emittierten Lichts.

Heute wird selbst in Schulbüchern nicht mehr von „Umlaufbahnen" der Elektronen gesprochen, sondern von Aufenthaltswahrscheinlichkeiten und Orbitalen. Die stationären Zustände müssen nicht mehr postuliert (gefordert) werden, sie ergeben sich aus quantenmechanischen Berechnungen mit Wellenfunktionen.

Die *Quantenmechanik* hat in den 20er- und 30er-Jahren des 20. Jahrhunderts einen Siegeszug durch die theoretische Physik und Chemie angetreten, der auch heute noch anhält. Das Schlüsselkonzept, das den Weg zu der Fülle nützlicher Erkenntnisse aufgrund der quantentheoretischen Betrachtungsweise atomarer und molekularer Systeme möglich macht, beinhaltet drei fundamentale *Hypothesen:*

1. die Annahme von der Quantifizierung der Energie (*Quantifizierungsprinzip*, MAX PLANCK, 1900),
2. die Annahme vom Teilchen-Welle-Dualismus des Elektrons und anderer Quantenobjekte (*Komplementaritätsprinzip*, NILS BOHR 1927) und
3. die Annahme, dass es prinzipiell unmöglich ist, gleichzeitig den Ort und die Energie eines Elektrons oder eines anderen Quantenobjekts mit beliebiger Genauigkeit zu bestimmen (*Unschärferelation*, WERNER HEISENBERG, 1927).

Diese drei Arbeitshypothesen führen über einen konsistenten mathematischen Formalismus mit Wellenfunktionen, komplexen Zahlen und Integralen u. a. zu den *Orbitalen.* In der Chemie werden sie als räumliche Bereiche mit großen Aufenthaltswahrscheinlichkeiten für Elektronen gedeutet [1] und gehören zum unverzichtbaren Repertoire von Atom- und Molekülmodellen (auf Schulniveau allerdings begrenzt und in abgespeckter Form). BERND THALLER bietet *online* unter (Link auf https://vqm.uni-graz.at/pages/qm_gallery/index.html) [2] ästhetisch faszinierende Bilder von Orbitalen an (Abb. 4.2) und gibt aufschlussreiche Erläuterungen zu ihren Formen, Symmetrien und Farben.

Selbst BOHRS „Quantensprünge" der Elektronen zwischen Orbitalen resultieren bei der quantentheoretischen Beschreibung mit Wellenfunktionen als logische Konsequenz. Der Physik-Nobelpreisträger 2004, FRANK WILCZEK, stellt fest, dass bei solchen Quantensprüngen aus theoretisch vorhergesagten virtuellen Energiequanten reale Photonen werden [3]:

„In that way, the electron transitions to a state of lower energy, a virtual photon becomes a real photon, and there is Light." Hört sich das nicht an, wie ein Gelöbnis, *Theorie* würde zu *Licht*[1], oder *Geist* zu *Materie* oder *Nichtsein* zu *Sein?*

Und ist nicht all das die logische Konsequenz aus der Erhebung des Komplementaritätsprinzips über den (QR 4.1) Teilchen-Welle-Dualismus des

---

[1]„Theorie wurde zu *dunklen* Gravitationswellen" als diese am 11. Februar 2016 erst 100 Jahre nach ihrer Vorhersage durch A. Einstein detektiert werden konnten. Dies könnte sich als Schlüssel zum Verständnis der dunklen Materie des Universums erweisen.

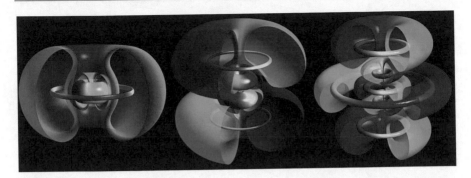

Abb. 4.2 Orbitale im Wasserstoff-Atom, die stationären Zuständen entsprechen. Bei diesen Beispielen gilt für das Tripel der Quantenzahlen (n, l, m) von links nach rechts (4, 2, 2) bzw. (4, 2, 1) bzw. (5, 3, 1). Zur Verdeutlichung der inneren Struktur wurde ein Viertel herausgeschnitten. (Mit freundlicher Genehmigung von © Bernd Thaller, Universität Graz, Quantum Graphics Gallery [2])

Photons, des Elektrons und aller Quantenobjekte hinaus auf die allerhöchste Ebene der philosophischen Grundfragen?

Wie dem auch sei, in den oben angeführten Beispielen ist ein *Prinzip* insofern synonym zu einem Axiom oder einem Postulat, als darin eine *Hypothese* jeweils als Prinzip bezeichnet wird. Häufig verwendet man den Begriff Prinzip aber in der Bedeutung einer übergeordneten *Regel* oder eines *Gesetzes*. Das ist der Fall, wenn als Prinzip ein gemeinsames Merkmal gemeint ist, das aus mehreren Teilen eines theoretischen Netzwerks oder aus einer größeren Ansammlung von empirischen Beobachtungen, z. B. aus Experimenten, hergeleitet wurde. Solche Prinzipien, Regeln und Gesetze gibt es sowohl in den Natur-, als auch in den Wirtschafts-, Geistes-, Sozial- und Erziehungswissenschaften. Die Chemie ist voll davon und den Leser*innen dieses Buches geläufig. Stellvertretend seien genannt (QR 4.2):

- das *Prinzip* von LE CHATELIER (Prinzip vom kleinsten Zwang) über chemische Gleichgewichte,
- das *Prinzip* vom Energieminimum und Entropiemaximum bei der „Triebkraft" von chemischen Reaktionen,
- das Donator-Akzeptor-*Prinzip* bei den Protonen- und Elektronentransferreaktionen,
- die Oktett-*Regel* für stabile Elektronenkonfigurationen,
- die RGT-*Regel* (Reaktionsgeschwindigkeits-Temperatur-Regel),
- das *Gesetz* von den konstanten Massenverhältnissen und
- die *Gesetze* von FARADAY zur Elektrolyse.

Darüber hinaus wird der Begriff Prinzip nicht nur in der Fachsprache, sondern auch in der alltäglichen Umgangssprache benutzt. Oft wird damit eine subjektiv festgelegte Regel oder Leitlinie für eigenes Verhalten im Alltag und im Berufsleben hervorgehoben. Beispiele für diesen Gebrauch sind Redewendungen wie „mein Prinzip ist, einen Menschen nicht nach seinem äußeren Erscheinungsbild zu beurteilen" oder „mein Prinzip ist, ‚falsche' Hypothesen von Schülern nicht sofort zu verwerfen".

Die Semantik des Begriffs Prinzip hat also mehrere Facetten. Aus den oben angeführten Beispielen wird deutlich, dass ein Prinzip in der chemischen Fachsprache ähnlich wie ein Postulat den Rang einer richtungsweisenden Arbeitshypothese haben kann (Quantifizierungsprinzip, Komplementaritätsprinzip). Vergleicht man die Ausführungen über Axiome, Postulate und Prinzipen mit der in Abschn. 4.1 vorgeschlagenen (Link bzw. Verweis auf Definition in Abschn. 4.1) Definition, so ist festzustellen, dass wir uns noch voll im Bedeutungsbereich der Schlüsselkonzepte befinden. Das wird auch im Abschn. 4.3 so bleiben.

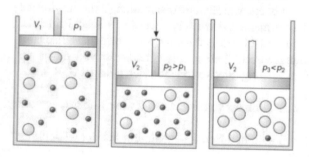

QR 4.1   Szene aus dem Lehrfilm „Was ist ein Photon?"

QR 4.2   Materialienpaket „Prinzipien und Gesetze in der Chemie"

4.3   Hypothesen und Paradigmen

Nach KARL POPPER, einem der bedeutendsten Philosophen des 20. Jahrhunderts, ist all unser Wissen nur „Vermutungswissen" [4, 5]. Alle theoretischen Aussagen haben nur den Rang von *Hypothesen,* also Vermutungen. Eine Hypothese kann nicht bewiesen (verifiziert), wohl aber widerlegt (falsifiziert) werden. Ein Experiment, in dem eine Hypothese bestätigt wurde, ist nicht als eine Verifikation, sondern als eine „gescheiterte Falsifikation" anzusehen.

Abb. 4.3 Einsteins Relativitätstheorie (1915), die als aktuell gültiges Paradigma anzusehen ist, lässt überhaupt kein „Zentrum" des Universums zu. Nach heutiger Auffassung besteht das Universum aus heller Materie, die als Galaxien, Sterne und Planeten sichtbar ist, und aus unsichtbarer, dunkler Materie, über die man noch nicht viel weiß. Das gesamte Universum driftet mit zunehmender Geschwindigkeit auseinander, es expandiert. (© Nikki Zalewski/stock.adobe.com)

Sinnverwandt mit Hypothesen, jedoch umfangreicher als diese sind die *Paradigmen* nach Thomas Kuhn. Ohne sich auf eine exakte Definition einzulassen, gebraucht Kuhn den Begriff Paradigma im Sinne eines ganzen Satzes von Experimenten und Fakten, Hypothesen sowie theoretischen Aussagen und Modellen, die in einer bestimmten historischen Periode für eine Fachwissenschaft, z. B. die Physik, die Chemie oder die Biologie, als Fundament gelten. Kuhn umschreibt ein Paradigma folgendermaßen: *„drei Klassen von Problemen – Bestimmung bedeutsamer Tatsachen, gegenseitige Anpassung von Fakten und Theorie, Artikulierung der Theorie – machen, so glaube ich, die normale Wissenschaft aus"* [6]. Eine Periode „normaler Wissenschaft" kennzeichnet sich dadurch, dass das vorherrschende Paradigma von allen Vertretern der entsprechenden *community* anerkannt wird. Normaler Wissenschaftsbetrieb produziert nicht unerwartete Neuheiten, sondern die „Lösung von Rätseln" *(puzzle-solving)* innerhalb eines Paradigmas (Abb. 4.3). Das ist eine kumulative Phase in der Wissenschaft. Sie führt zu vielen neuen Erkenntnissen, die mit dem Paradigma, d. h. auch mit dem in jeweils aktuellen Lehrbüchern propagierten Wissen, im Einklang stehen.

So wurde beispielsweise die Astronomie seit der Antike über mehr als 1500 Jahre lang vom geozentrischen Paradigma des Universums beherrscht, das als Ptolemäisches Weltbild bekannt ist. Es stellt unseren Planeten in den Mittelpunkt des Universums und alles dreht sich um die Erde. Mit dem Auftreten von „Anomalien", d. h. der Entdeckung neuer Tatsachen, die nicht mehr zum Paradigma passen, gerät die Wissenschaft in eine Krise. Ein neues Paradigma entsteht, das entscheidende Komponenten des alten *„auf den Kopf stellt"*[2]. Wenn sich das

---

[2] Es sei ausdrücklich darauf hingewiesen, dass das „alte" Paradigma nicht in seiner Gänze verworfen wird, wohl aber in Teilen, die darin wichtig sind.

neue Paradigma gegen das alte durchsetzt, kommt es nach und nach (nicht sofort!) zu einem (QR 4.3) *Paradigmenwechsel,* einer *„wissenschaftlichen Revolution"* [6]. Das war in der Astronomie der Fall, als im Zeitalter der Renaissance das geozentrische Paradigma des Universums durch das heliozentrische, das Kopernikanische Weltbild, abgelöst wurde.

Für die Chemie beschreibt T. Kuhn den Prozess einer wissenschaftlichen Revolution sehr ausführlich am Beispiel des Übergangs von (QR 4.3) G. Stahls Phlogistontheorie zu A. Lavoisiers Sauerstofftheorie der Verbrennung. Im Zeitraffer kann dieser Paradigmenwechsel auch im (Abschn. 4.4) Chemieunterricht genutzt werden, um ein fundamentales Aha-Erlebnis bei Lernenden auszulösen.

Es erscheint sinnvoll, an dieser Stelle auf einige weitere im Verlauf der Chemiegeschichte rivalisierende Paradigmen hinzuweisen, die für das Lehren und Lernen von Chemie nützlich sind und in chemiedidaktischen Lehrveranstaltungen nutzbringend thematisiert werden können. Dazu gehören:

- die (QR 4.3) Auseinandersetzung zwischen C. J. Berthollets Annahme (um 1800) der beliebigen Massenverhältnisse der Elemente in chemischen Verbindungen und L. J. Prousts Annahme der konstanten Massenverhältnisse (1804), die zugunsten der konstanten Massenverhältnisse ausfiel und in J. Daltons Atomhypothese (1808) eine theoretische Grundlage erhielt;
- die (QR 4.3) Kontroverse zwischen J. Daltons Auffassung (1808), wonach die kleinsten Teilchen „einfacher Stoffe" (Elemente) unteilbare Atome sind und A. Avogadros Hypothese (1811) von den Molekülen als kleinste, aus mehreren Atomen zusammengesetzte Teilchen, die sich erst nach Avogadros Tod (1856) durchsetzen konnte;
- der (QR 4.3) Disput zwischen M. Faradays Auffassung (um 1830), gelöste Salze dissoziierten in Ionen, sobald Strom durch die Lösung fließt und S. Arrhenius Hypothese (1884), wonach die Dissoziation in Ionen bereits beim Lösen des Salzes in Wasser erfolgt;
- der (QR 4.3) Meinungsstreit zwischen J. J. Berzelius Auffassung (1835), ein Katalysator besitze eine verborgene Kraft, seine bloße Gegenwart rufe chemische Tätigkeiten hervor, die ohne ihn nicht stattfinden, und W. Ostwalds Meinung (1885), der Katalysator greife aktiv ins Reaktionsgeschehen ein, indem er mit dem Edukt eine Zwischenverbindung eingeht und im Produkt nicht mehr enthalten ist.

Ein (vgl. Definition im Abschn. 4.1) Schlüsselkonzept ist annähernd das Gleiche wie ein Paradigma in T. Kuhns Verständnis. Es sei aber betont, dass beim Schlüsselkonzept auch seine Nützlichkeit für die Vermittlung von Wissen, also für die Lehre, zu den wesentlichen Merkmalen gehört. In der Lehre der Chemie, insbesondere im schulischen Chemieunterricht, sollte man Schlüsselkonzepte nicht *à priori* und axiomatisch vorgeben. Man sollte sich vielmehr (Abschn. 5.6) *forschend-entwickelnd* an sie heranschleichen, indem man von empirischen Erfahrungen im Lebensalltag und experimentellen Beobachtungen im Labor ausgeht.

QR 4.3 Paradigmenwechsel in der Chemiegeschichte

4.4 Konstruktivistische Lernschleifen

Aus methodischer Sicht besteht eine essenzielle Analogie zwischen „wissenschaft-lichen Revolutionen" in der Wissenschaftsgeschichte [6] und konstruktivistischen Lernschleifen im (QR 4.4) didaktisch integrativen Chemieunterricht [7]. Hier werden kognitive Krisen dadurch erzeugt, dass neue Fakten aus Experimenten als Anomalien zu den vorhandenen Denkmustern (Konzepte, Begriffe, Modelle) auf-treten und zur Anpassung durch ein erweitertes oder ganz neues Konzept zwingen. Dabei werden auch im Chemieunterricht gelegentlich vorhandene Konzepte „auf den Kopf" gestellt, beispielsweise bei der in Abb. 4.4 skizzierten Lernschleife.

Die *Erkundung* der Schülervorstellungen über das, was bei der Verbrennung eines Stoffes geschieht, sollte als Einstieg in diese Unterrichtseinheit auf kei-nen Fall vernachlässigt oder gar ignoriert werden. Im Chemie-Anfangsunterricht (ebenso wie bei großen Teilen der Bevölkerung) wird in der Regel festgestellt, dass die Lernenden annehmen, beim Verbrennen verschwände ein Teil aus dem brennenden Stoff. Folglich müsste die Masse der Produkte geringer sein als die des verbrannten Stoffs. Das wird in der Phase der *Erforschung* im Unterricht mit experimentellen Fakten widerlegt, eine kognitive Krise wird erzeugt. Im Wechsel-spiel Hypothese – logische Konsequenzen – Planung und Durchführung wei-terer Experimente wird weiter geforscht und dabei eine neue Vorstellung (ein neues Konzept) über die stofflichen Vorgänge beim Verbrennen konstruiert. Diese *Anpassung* des Konzepts mündet in A. Lavoisiers „Sauerstofftheorie" der Ver-brennung, basiert also auf der Hypothese, dass beim Verbrennungsvorgang nicht etwas aus dem brennenden Stoff verschwindet, sondern dazu kommt. Im Unter-richt gehen damit auch die Einführung der Begriffe Sauerstoff und Oxid sowie erste Kenntnisse über die Bestandteile der Luft und über Faktoren, von denen die Heftigkeit (Geschwindigkeit) einer Verbrennung als chemische Reaktion abhängt,

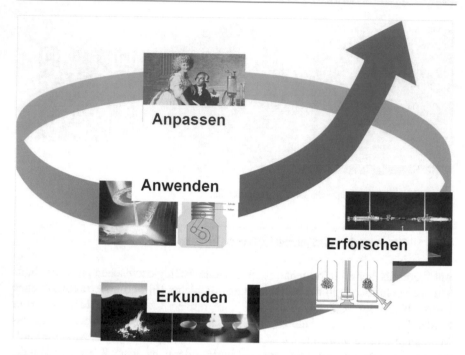

Abb. 4.4 Konstruktivistische Lernschleife zur Einführung der Sauerstofftheorie der Verbrennung nach A. Lavoisier. (Bilder aus Stoff-Formel-Umwelt, Sek. I, © C. C. Buchner-Verlag)

einher. Dieses neue theoretische Gebäude aus Hypothese, Begriffen, Modellen und Aussagen erklärt die alten und neuen Fakten widerspruchsfrei. Seine *Anwendung* auf Phänomene aus dem Alltag, der Technik und der Umwelt, bei denen Verbrennungen ablaufen (z. B. Schweißen unter Schutzgas oder Optimierung des Gemisches aus Brennstoff und Luft bei Verbrennungsmotoren) erweist sich als leistungsfähig. Vieles, was für Lernende bisher im Zusammenhang mit Verbrennungsvorgängen noch geheimnisvoll erschien, wird jetzt logisch einleuchtend.

Zu einem echten Paradigmenwechsel wie in der im Zusammenhang mit Abb. 4.4 beschriebenen Lernschleife, also zur Umkehrung der vorhandenen Grundhypothese genau in ihr Gegenteil, kann (und sollte!) es im Unterricht nur selten kommen. Oft besteht die Anpassung im Rahmen einer konstruktivistischen Lernschleife „nur" in der Entdeckung neuer Gemeinsamkeiten und Unterschiede, die zu neuen Begriffen, Klasseneinteilungen, Ordnungsrelationen, verfeinerten Modellen, verallgemeinernden Regeln und Gesetzen führen.

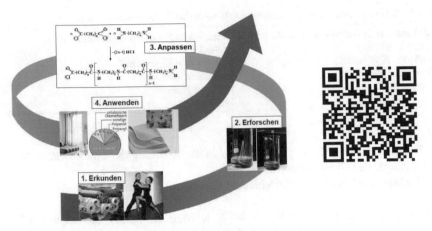

QR 4.4 Materialienpaket zu „Didaktisch integrativem Chemieunterricht"

4.5 Basiskonzepte und Schlüsselkonzepte

Der Kernlehrplan für Chemie in NRW [8] stellt fest:

> „Basiskonzepte sind grundlegende, für den Unterricht eingegrenzte und für Schülerinnen und Schüler nachvollziehbare Ausschnitte fachlicher Konzepte und Leitideen. Sie stellen elementare Prozesse, Gesetzmäßigkeiten und Theorien der naturwissenschaftlichen Fächer strukturiert und vernetzt dar. Sie beinhalten zentrale, aufeinander bezogene naturwissenschaftliche Begriffe, erklärende Modellvorstellungen und Theorien, die sich in dem jeweiligen Fach zur Beschreibung elementarer Phänomene und Prozesse als relevant herausgebildet haben. Dabei erheben sie nicht den Anspruch, jeweils das gesamte Fach vollständig abzubilden. Die besondere Bedeutung der Basiskonzepte für das Lernen besteht darin, dass mit ihrer Hilfe schulische Inhalte der einzelnen naturwissenschaftlichen Fächer sinnvoll strukturiert werden und die fachlichen Beziehungen durch den Konzeptgedanken über die gesamte Lernzeit miteinander verbunden werden können."

Diese Umschreibung wurde wörtlich zitiert, denn sie ist präzise, einleuchtend und umfassend. Vergleicht man sie mit der Definition aus Abschn. 4.1, so drängt sich die Frage auf: *Sind Basiskonzepte und Schlüsselkonzepte nicht Ein- und Dasselbe?* Die Antwort ist zweideutig. Sie lautet: *Ja,* wenn es darum geht, was Schlüsselkonzepte bzw. Basiskonzepte leisten sollen, und *nein,* wenn es um die praktische Umsetzung in den Lehrplänen geht.

Obwohl Bildungspolitik Ländersache ist, hat man es geschafft, Basiskonzepte in allen landesspezifischen *Lehrplänen, Kernlehrplänen, Rahmenrichtlinien, Kerncurricula* oder *Bildungsplänen* ebenso wie in den bundeseinheitlichen *Bildungsstandards* der Kultusministerkonferenz für den Chemieunterricht [9] im Sinne des obigen Zitats zu verankern. Noch mehr: Erfreulicherweise sind die Basiskonzepte aus Tab. 4.1 in den Lehrplänen aller 16 Bundesländer für die Sek. I und/oder

Tab. 4.1 Basiskonzepte für den Chemieunterricht nach den KMK-Bildungsstandards [9]

Basiskonzepte in der Sekundarstufe I	Basiskonzepte in der Sekundarstufe II
• Stoff – Teilchen	• Stoff – Teilchen
• Struktur – Eigenschaft	• Struktur – Eigenschaft
• Chemische Reaktion	• Donator – Akzeptor
• Energie	• Gleichgewicht
	• Energie

Sek. II enthalten. Das ist ein großer Schritt in die Richtung der bundesweiten Vereinheitlichung des Chemieunterrichts.

Allerdings sind die KMK-Vorschläge nicht überall 1 : 1 umgesetzt:

- Im Kernlehrplan für die Sek. I in NRW wurden die beiden Konzepte *Stoff – Teilchen* und *Struktur – Eigenschaft* zu einem anderslautenden Basiskonzept mit der Bezeichnung *Struktur der Materie* fusioniert [8].
- Es gibt unterschiedliche Ergänzungen, beispielsweise *Kinetik* in Niedersachsen, oder *Ordnungsprinzipien* und *Arbeitsweisen* in Baden-Württemberg [10, 11].
- Im Bildungsplan aus Baden-Württemberg ist sogar von *Leitlinien* statt von *Basiskonzepten* die Rede [11].

Diese Abweichungen sind begründet, aber sie zeigen, dass die praktische Umsetzung der hehren Ansprüche des „5-Basiskonzepte-Konzepts", also der *big five* aus dem rechten Teil der Tab. 4.1, bereits bei der Gestaltung von Lehrplänen Schwierigkeiten bereitet, weil sie nur Teile von dem erfassen, was wichtig ist.

Das führt erst recht bei der Umsetzung im Chemieunterricht zu größeren Problemen. Die fünf Basiskonzepte sind halt nur der größte gemeinsame Nenner, auf den man sich in Deutschland bildungspolitisch einigen konnte. Daher sind folgende Anmerkungen angemessen und zweckmäßig:

1. Stellt man die fünf Basiskonzepte (Tab. 4.1) aus Sicht einer unterrichtenden Lehrkraft auf den Prüfstand, so stellt man zunächst fest, dass einige wesentliche Schlüsselkonzepte des Faches Chemie und des Chemieunterrichts darin *nicht* vertreten sind, beispielsweise:
   - Arbeitsweisen und Erkenntniswege (Experimente, Hypothesen etc.),
   - Denken und Argumentieren in Gegensatzpaaren (hydrophil – hydrophob, polar – unpolar, exotherm – endotherm, nukleophil – elektrophil, Analyse – Synthese, Homolyse – Heterolyse, Addition – Eliminierung, Absorption – Emission etc.),
   - Klasseneinteilungen und Ordnungsrelationen (Element- und Stofffamilien, Redoxpotenziale, Säurestärken etc.),
   - Nachhaltigkeit im Umgang mit Stoffen und Verfahren (Recycling, produktionsintegrierter Umweltschutz etc.).

2. Bei der Planung und Gestaltung von Unterricht muss auch kritisch geprüft werden, ob und inwiefern unverzichtbare Schlüsselkonzepte wie folgende in den fünf Basiskonzepten aus Tab. 4.1 bereits enthalten sind, ihnen also untergeordnet werden können[3]:
   - das Konzept der chemischen Modell- und Formelsprache (Atom- und Molekülmodelle, Summen-, Valenzstrich- und Gerüstformeln, Reaktionsmechanismen etc.),
   - das Mesomeriekonzept (bei aromatischen und nicht-aromatischen Systemen),
   - das Konzept vom Grundzustand und elektronisch angeregten Zustand (bei Atomen, Molekülen und anderen Atomverbänden),
   - das Konzept der Funktionalität (funktionelle Gruppen in der organischen Chemie, Funktionsmaterialien, funktionelle Farbstoffe),
   - das Konzept der kinetischen und thermodynamischen Kontrolle von Reaktionen.
3. Schließlich müssen die fünf Basiskonzepte aus den Lehrplänen auch hinsichtlich ihrer wissenschaftlichen Konsistenz und didaktischen Prägnanz auf den Prüfstand. Wenn man klare Antworten auf folgende Fragen einfordert, geraten die *big five* nacheinander ins Wanken:
   - Wo ist die *Grenze* zwischen dem Stoff und den Teilchen, aus denen er besteht? Diese Frage ist besonders bei nanostrukturierten Materialien relevant.
   - *Welche* Struktur bestimmt eigentlich die Eigenschaften? Ist es die Struktur der Teilchen oder die der Umgebung, in der sie vorliegen?
   - Warum ist das Donator-Akzeptor-Konzept nicht auf *alle* Reaktionen anwendbar? Welche alternativen Schlüsselkonzepte für die Klassifizierung von Reaktionen gibt es (z. B. in der organischen Chemie)?
   - Welche Bedeutung hat die *Entropie* im Energiekonzept? Sie ist für den Verlauf chemischer Reaktionen ebenso essenziell wie die Energie.
   - Was ist mit den Systemen, in denen sich *keine* chemischen Gleichgewichte einstellen können? Die weitaus meisten Systeme, in denen chemische Reaktionen im Labor, in der Technik und in der Natur ablaufen, sind offene Systeme und darin sich chemische Gleichgewichte unmöglich.

Die chemischen *Schlüsselkonzepte* im Sinne der Definition in Abschn. 4.1 beinhalten auch die fünf *Basiskonzepte* aus Tab. 4.1, sie sind aber zahlreicher und differenzierter. Der Versuch, die in diesem Kapitel bereits in den Pool der Schlüsselkonzepte aufgenommenen Prinzipien, Regeln etc. und weitere Schlüsselkonzepte sowie die fünf Basiskonzepte zusammenzufassen und hierarchisch anzuordnen, ist ein wackeliges Unternehmen (Abb. 4.5, links). Die aufzubauende

---

[3]Gleiches gilt für die vielen *Prinzipien, Regeln* und *Gesetze* in der Chemie, beispielsweise die im Abschn. 4.2 genannten.

Abb. 4.5 Instabile Ordnung (links) und stabiles Paar (rechts). (Zeichnungen: © Peter Lowin, Bremen)

Hierarchie müsste unter einer Perspektive erfolgen, bei der *à priori* bestimmten Kriterien der Vorzug gegeben wird. Das könnten

i) philosophisch-erkenntnistheoretische,
ii) fachspezifisch-chemische oder
iii) didaktisch-methodische

Kriterien sein. Sobald die Perspektive geändert wird, verliert die erstellte Ordnung ihre Gültigkeit, sie ist instabil wie das Brett mit den geordneten Kugeln aus Abb. 4.5.

Und was will uns das tanzende Mäusepaar aus Abb. 4.5 sagen? *Contraria sunt complementa* – Gegensätze ergänzen sich. Das *Komplementaritätsprinzip* ist ein übergeordnetes Schlüsselkonzept, das allen drei Kriterien i)–iii) standhalten würde. Ist *das* vielleicht auch die Kugel, in der rechten Hand der Didaktik-Maus aus Abb. 4.5? Wenn ja, wäre der oberste Platz, der für sie noch frei ist, der richtige.

Zu Fragen betreffend die Unterscheidung von Theorien, Gesetze, Hypothesen etc. liefert CHRISTIANE S. REINERS in Lit. [12] eine Abhandlung unter der Überschrift „Natur der Naturwissenschaften" (Nature of Science NOS). Sie plädiert für die Vermittlung von NOS in der Lehramtsausbildung und gibt dafür Argumente und praktische Tipps. Sie können zusammen mit den in diesem Kapitel erörterten Begriffen aus der Wissenschafts- und Erkenntnistheorie in fachdidaktischen Seminaren an der Universität und im Studienseminar diskutiert werden.

Literatur

1. Tausch, M.W., von Wachtendonk, M.: CHEMIE 2000+. C. C. Buchner, Bamberg (2007)
2. Thaller, B.: https://vqm.uni-graz.at/pages/qm_gallery/index.html
3. Wilczek, F.A.: A Beautiful Question – Finding Natur's Deep Design. Penguin, New York (2015)
4. Popper, K.: Logik der Forschung, 11. Aufl. Mohr, Tübingen (2005)
5. Popper, K.: Tübinger Vorlesung, gehalten am 27. Juli 1982
6. Kuhn, T.S.: Die Struktur wissenschaftlicher Revolutionen, 4. Aufl. Suhrkamp, Frankfurt a. M. (1979)
7. Tausch, M.W.: Didaktisch integrativer Chemieunterricht. PdN-ChiS **65**(5), 44 (2016)
8. Ministerium für Schule und Weiterbildung in Düsseldorf (Hrsg.): Kernlehrplan Chemie Gymnasium Sek. I in Nordrhein-Westfalen. Ritterbach, Frechen (2008)

9. Sekretariat der Kultusministerkonferenz (Hrsg.): Bildungsstandards Chemie. Luchterhand, München (2005)
10. Niedersächsisches Kultusministerium (Hrsg.): Kerncurriculum für das Gymnasium, Naturwissenschaften, Unidruck. Windhorststr, Hannover (2007)
11. Bildungsstandards für Chemie in Baden-Württemberg: www.bildung-staerkt-menschen.de/service/downloads/Bildungsstandards/Gym/Gym_Ch_bs.pdf
12. Reiners, C.S.: Chemie vermitteln – Fachdidaktische Grundlagen und Implikationen. Springer, Berlin (2017)

Licht – das neue Schlüsselkonzept in der Chemiedidaktik

5

Inhaltsverzeichnis

Im Alltag empfinden wir *Licht* als die *Erscheinung* von Helligkeit, als den Gegensatz von Dunkelheit. Physikalisch verbinden wir Licht mit einer Form von *Energie*. Dass die Antworten auf die Frage nach dem „Wesen des Lichts" in den kulturhistorischen Epochen sehr unterschiedlich ausfallen und bis heute nicht ganz verstanden sind (vgl. Einstein-Zitat, Abschn. 1.5), wird in Kap. 1 dieses Buches erläutert. Warum Licht heute eine didaktische Herausforderung darstellt, wird in Kap. 2 begründet. Ausgehend von dem *Paradigma* über den elektronisch angeregten Zustand als (vgl. Turro-Zitat, Abschn. 5.2) „Herz" aller Phänomene mit Licht-beteiligung [1] wird in diesem Kapitel und den Kap. 6 sowie 7 Licht zu einem (vgl. Definition, Abschn. 4.1) *Schlüsselkonzept* [2] für den Unterricht und die Lehre in allen MINT-Fächern (und darüber hinaus!) ausgebaut werden.

Die Vorreiterrolle kann und sollte dabei die *Chemiedidaktik* übernehmen. Chemiedidaktik ist die Wissenschaft vom Lehren und Lernen der Chemie. Ihr Aktions- und Forschungsfeld wird durch die in Kap. 3 erörterten sieben W-Fragen, sieben Thesen und fünf „Sinne" zur Fachdidaktik in der Chemie aufgespannt. An der

Universität und im Referendariat wird dazu ein Repertoire an grundlegenden Fachkenntnissen, schultauglichen Experimenten, adäquaten Unterrichtsmethoden und zeitgemäßen Print- und Elektronikmedien vermittelt. Den Anspruch, eine Wissenschaft zu sein, erfüllt die Chemiedidaktik aber erst dann, wenn ihre Konzepte, Methoden und Materialien permanent reflektiert, kritisch hinterfragt und gegebenenfalls neu justiert oder gar im Sinne eines (Abschn. 4.3) Paradigmenwechsels [3] auf den Kopf gestellt werden.

> Didaktische Neuerungen aller Art (Experimente, Konzepte, Lehr-/Lernmaterialien) müssen in der Praxis überprüft und anhand des *feedbacks* optimiert werden. Für grundlegende Innovationen sind *Potenzialindikatoren* wichtiger als Evaluationsberichte. Die Potenzialindikatoren konkretisieren jene Merkmale der Innovation, die sie beim Vergleich mit der aktuellen Praxis als erfolgsversprechenden Fortschritt kennzeichnen.

In diesem Kapitel werden die Potenzialindikatoren des Schlüsselkonzepts Licht erschlossen, indem sie mit *fachspezifischen, methodischen, unterrichtspraktischen* und *bildungspolitischen* Fragen des Chemieunterrichts und der Chemielehrerausbildung in Beziehung gesetzt werden.

5.1 Die Basiskonzepte des Chemieunterrichts und das Licht

Der Sinn und die Funktion von *Basiskonzepten* im Chemieunterricht [4–7] wird in dem Zitat aus Abschn. 4.1, das einem Lehrplan [5] entnommen ist, treffend und überzeugend beschrieben. Hier stellen sich nun folgende Fragen:

- In welcher Relation steht Licht mit den fünf, in Deutschland ländergemeinsamen Basiskonzepten?
- Wie ist dem in der alltäglichen Unterrichtspraxis Rechnung zu tragen?

Aufgrund seiner phänomenologischen Erscheinungsformen, Beteiligungen an chemischen Prozessen und modelltheoretischen Deutungen ist Licht als Schnittmenge auch in jedem der *big five* Basiskonzepte des Chemieunterrichts aus der oberen Reihe in Abb. 5.1 enthalten. Das wird in den Erläuterungen weiter unten für jedes der fünf Basiskonzepte analysiert und klargestellt. Zu der zweiten Frage folgen in Kap. 7 konkrete Lehr-/Lerninhalte mit Experimenten, Modellen, Aufgaben, Anwendungen und Hinweisen zu ihrer Einbindung in lehrplankonforme Unterrichtsreihen.

- *Stoff – Teilchen:* Im Stoff-Teilchen-Konzept, wonach sinnlich wahrnehmbare Phänomene auf der makroskopischen Ebene der Stoffe mithilfe von diskreten Teilchen auf der Ebene von Modellen erklärt werden können, nehmen die

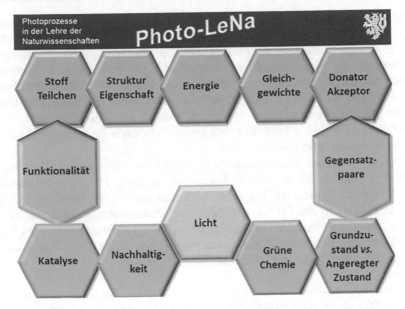

Abb. 5.1 Ländergemeinsame Basiskonzepte des Chemieunterrichts (obere Reihe) und weitere Schlüsselkonzepte in der Chemie

Photonen (Lichtquanten) aus dem Licht die gleiche Funktion ein wie die Teilchen (Atome, Ionen, Moleküle) in Stoffen. Salopp gesagt sind die Photonen im „Zoo" der Strahlungen das, was die Atome, Ionen und Moleküle im „Zoo" der Stoffe sind: Die Photonen sind kleinste Portionen (Quanten) von Energie, die Atome, Ionen und Moleküle kleinste Portionen aus Stoffen.

- *Struktur – Eigenschaft:* Nach dem Struktur-Eigenschaft-Konzept, werden die Eigenschaften eines Stoffes durch die Art der Teilchen und die Struktur der Teilchenverbände bestimmt. Analog werden die Eigenschaften einer bestimmten Lichtsorte, z. B. die Farbe und die Wirkung auf Stoffe, durch Art und Anteile der darin enthaltenen Photonen gekennzeichnet. Sonnenlicht hat nicht nur eine andere Farbe als rotes, grünes oder blaues Licht einer LED-Taschenlampe, diese unterschiedlichen Lichtsorten können auch ganz unterschiedliche Reaktionen in Stoffen bewirken.
- *Donator – Akzeptor:* Das Donator-Akzeptor-Konzept wird im Chemieunterricht mit Teilchen und Stoffen vorwiegend am Beispiel der Paare Protonendonator/ Protonenakzeptor (auf Teilchenebene) bzw. Säure/Base (auf Stoffebene) und Elektronendonator/Elektronenakzeptor (Teilchenebene) bzw. Reduktionsmittel/ Oxidationsmittel (Stoffebene) vermittelt. Wenn es um die Interaktion von Photonen mit Atomen oder Molekülen geht (Teilchenebene) bzw. um die Wechselwirkung von Licht mit Stoffen (Stoffebene), gestalten sich die Paare Photonendonator/ Photonenakzeptor (Teilchenebene) bzw. Lichtemitter/Lichtabsorber (Stoffebene) analog zu den beiden erstgenannten Paaren.

- *Gleichgewichte:* Das chemische (thermodynamische) Gleichgewicht bezieht sich auf den Zustand in einem geschlossenen System, bei dem die Anteile aller Komponenten zeitlich konstant sind. Ein *photostationäres Gleichgewicht* (genauer: ein photostationärer Zustand) mit ebenfalls zeitlich konstanten Anteilen der Komponenten wird durch Einstrahlung von Licht in ein System erzeugt und erhalten. Die „Lage" des photostationären Gleichgewichts weicht aber von der des chemischen Gleichgewichts ab, d. h., die Anteile der Komponenten beim photostationären und beim chemischen Gleichgewicht können sehr unterschiedlich sein.

- *Energie:* Nach dem Energie-Konzept beinhaltet jede chemische Reaktion außer einer Stoffumwandlung auch eine Energieumwandlung. Das gilt selbstverständlich auch für Reaktionen, bei denen Licht die vorwiegend beteiligte Energieform ist. Das ist der Fall bei photochemischen Reaktionen, die durch Zufuhr von Licht (Licht als *input*) in Gang gesetzt oder angetrieben werden, aber auch und bei Reaktionen mit Chemolumineszenz, bei denen kaltes Licht an die Umgebung abgegeben wird (Licht als *output*).

5.2　Die chemischen Schlüsselkonzepte und das Licht

Schlüsselkonzepte (Kap. 4) sind ein Netzwerk von Leitideen, die in weitestem Sinne das Verständnis, die Strukturierung und die Vermittlung chemischen Wissens unterstützen. Sie schließen die lehrplangebundenen Basiskonzepte des Chemieunterrichts mit ein, erschöpfen sich aber nicht darin, sondern ergänzen sie [2, 8, 9].

Das Sonnenlicht hat seit jeher eine herausragende Bedeutung für das Leben auf unserem Planeten. Aufgrund der zunehmenden Bedeutung, die Licht auch für die technische Zivilisation und damit für die Zukunft der Menschheit gewinnt, wird es dringend notwendig, Licht in den Rang eines Schlüsselkonzepts im Chemieunterricht [2] einzuführen. Was ist damit gemeint?

In Abb. 5.1 werden zusätzlich zu den fünf Basiskonzepten aus den Lehrplänen weitere sieben Schlüsselkonzepte angeführt und zu einer geschlossenen Anordnung verbunden. Das Schlüsselkonzept Licht ist darin hervorgehoben. Die bezüglich der fünf Basiskonzepte aus den Lehrplänen zusätzlichen Schlüsselkonzepte in der Abb. 5.1 lassen sich wie folgt begründen:

- *Funktionalität:* Die Art und Weise, wie Teilchen und Teilchensysteme *funktionieren,* d. h. sich chemisch verhalten, ist in der Chemie von außerordentlich großem Interesse. Bei organischen Verbindungen ist das beispielsweise von den funktionellen Gruppen und den damit verbundenen Stoffklassen (Alkohole, Aldehyde etc.) mit ihren charakteristischen Eigenschaften allgemein bekannt. Aber auch bei den Elementfamilien und bei zahlreichen Klassen von Verbindungen steht die Funktionalität als definierendes Merkmal im Vordergrund. Daher hat die Funktionalität den Rang eines chemischen Schlüsselkonzepts.

Das Konzept der Funktionalität ist zwar eng verbunden – aber nicht identisch! – mit den Konzepten *Stoff – Teilchen* und *Struktur – Eigenschaft.*

- *Katalyse:* Dieses Schlüsselkonzept geht aus dem Konzept der Funktionalität hervor, denn Funktionalität wird oft erst in Zusammenhang mit Katalysatoren wirksam. Das gilt fast uneingeschränkt für biochemische Reaktionen in Organismen. Aber auch in der Technik können die meisten Reaktionen nur mit geeigneten Katalysatoren ökonomisch rentabel und ökologisch vertretbar durchgeführt werden. Katalyse ist daher seit ca. 200 Jahren eines der wichtigsten Forschungsfelder in der Chemie, und seit über 50 Jahren auch ein Pflichtinhalt im Chemieunterricht. Als Forschungsgebiet viel jünger und noch kein (Pflicht)Inhalt des Chemieunterrichts ist die *Photokatalyse,* d. h. die Katalyse mit Lichtbeteiligung.

- *Gegensatzpaare:* Das Denken in Gegensatzpaaren macht Chemie „smart" [10], denn es hilft ganz entscheidend beim Strukturieren, Verstehen und Vermitteln chemischen Wissens. Es handelt sich also um ein Schlüsselkonzept, das sowohl das *Donator-Akzeptor*-Konzept, als auch viele andere Gegensatzpaare aus der Chemie einschließt (Analyse/Synthese, Homolyse/Heterolyse, Absorption/Emission, Addition/Eliminierung, exo-/endotherm, hydrophil/hydrophob, nucleophil/elektrophil, aromatisch/antiaromatisch etc.).

- *Grundzustand vs. angeregter Zustand:* Bei der Erklärung der Wechselwirkung von Licht mit Stoffen auf der Teilchenebene hat dieses Gegensatzpaar eine fundamentale Bedeutung, denn der elektronisch angeregte Zustand A* eines Moleküls A ist nach N. J. TURRO nicht nur das „Herz" aller Photoprozesse, sondern auch ein „elektronisches Isomer" des Grundzustands und damit eine andere chemische Spezies als das Molekül A[1]. Diesbezüglich lautet der vollständige Originaltext von TURRO [3]:

> „The 'photo' part of molecular photochemistry is a historical prefix and is now too restrictive. It is now clear that electronically excited states of molecules are the heart of all photoprocesses. The excited state is in fact an electronic isomer of the ground state."

Darin wird auch klar, dass der angeregte Zustand A* gar nicht notwendigerweise durch Absorption von Licht erzeugt werden muss. Er kann beispielsweise auch direkt aus einer chemischen Reaktion hervorgehen (wie bei der Chemolumineszenz) oder durch Zufuhr von elektrischer Energie erzeugt werden (wie bei der Elektrolumineszenz). Noch zahlreicher als die „Wurzeln" des angeregten Zustandes A* sind seine „Zweige", d. h. seine Desaktivierungsmöglichkeiten (Abb. 5.2).

---

[1]A* und A unterscheiden sich in vielen Fällen tatsächlich viel stärker als zwei Isomere wie beispielsweise Buten und 2-Methylpropen oder sogar Propan-1-ol und Propa-2-ol. Darauf wird im Abschn. 6.2 ausführlich eingegangen.

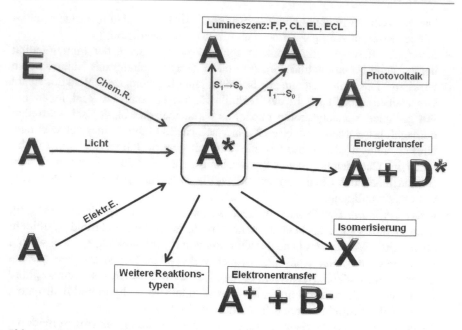

Abb. 5.2 Bildung- und Desaktivierungsmöglichkeiten des angeregten Zustands A*

Sie umfassen verschiedene Arten von Lumineszenz (Fluoreszenz, Phosphoreszenz, Chemolumineszenz, Elektrolumineszenz, Elektrochemolumineszenz), Photovoltaik, Energie- und Elektronentransfer sowie ganz unterschiedliche Arten von photochemischen Reaktionen, von denen in Abb. 5.2 nur die Klasse der Isomerisierungen explizit genannt ist. Auch die meisten anderen bekannten Reaktionstypen haben entsprechende Photo-Varianten.

- *Grüne Chemie, Nachhaltigkeit* und *Licht:* Diese drei Schlüsselkonzepte sind in Abb. 5.1 anders als die übrigen angeordnet. Mit der Kante-an-Kante-Anordnung soll angedeutet werden, dass sie aus einer anderen Betrachtungsperspektive hervorgehen als die bisher diskutierten Konzepte. Dabei stehen nicht mehr in erster Linie die Strukturierung und das Verständnis chemischen Wissens im Blickpunkt, sondern die *ethisch-moralischen* Anforderungen an menschliche Tätigkeiten, die mit *Chemie* zu tun haben. Diese Tätigkeiten reichen von der chemischen Forschung über die industrielle Produktion und den alltäglichen Einsatz von Stoffen und chemischen Verfahren bis hin zur medialen Kommunikation an die Öffentlichkeit und Vermittlung von Chemie an die Schuljugend. Sie sind also insbesondere für den Unterricht im Fach Chemie und in den benachbarten MINT-Fächern von herausragender Bedeutung. Nachhaltigkeit und grüne Chemie lässt sich verwirklichen, wenn *Licht* in der Wissenschaft und Technik, aber auch im Schulunterricht und im Studium des Lehramts zu einem Schlüsselkonzept wird.

5.3   Die MINT-Fächer und das Licht

Phänomene mit Lichtbeteiligung können aus unterschiedlichen Perspektiven betrachtet werden.

Bei allen in Abb. 5.3 angedeuteten Beispielen (Farbigkeit von Stoffen, Photoreaktionen und Photokatalyse in Labor, Technik und Organismen, LEDs und OLEDs in Photovoltaik und Photogalvanik, Digitalisierung mit molekularen Schaltern und Photoreaktor Atmosphäre) handelt es sich um zukunftsrelevante Inhalte, die im 21. Jahrhundert in Unterricht und Lehre sowohl in allgemeinbildenden als auch in berufsbildenden Schulen und Hochschulen eingebunden werden müssen. Für den Wissenschafts- und Technologiestandort Deutschland ist das von eminenter Bedeutung, weil nur so die junge Generation für Berufe motiviert und vorbereitet werden kann, die für die Zukunft dieses Landes wirtschaftliche Prosperität und nachhaltigen Wohlstand ermöglichen.

Abb. 5.3 Prozesse mit Licht in den MINT-Schulfächern und im Fach Geografie. (Eigene Bilder aus © Tausch/von Wachtendonk, CHEMIE 2000+ Gesamtband, Zusammenstellung: Nico Meuter)

In jedem der in Abb. 5.3 angegebenen MINT-Fächer und im Fach *Geografie*, zu dessen Gegenstand auch der größte *Photoreaktor* unseres Planeten, die *Atmosphäre*, gehört, werden die aus Sicht des betreffenden Faches relevanten stofflichen und energetischen Phänomene bei der Wechselwirkung von Licht mit Stoffen untersucht. Ganz gleich in welchem dieser Fächer man die makroskopisch beobachtbaren Phänomene mithilfe der *Elementarprozesse* bei der Interaktion von Photonen mit Molekülen (oder anderen Teilchenverbänden) erklären will, entfällt auf die Chemie eine Vorreiterfunktion. Der Grund dafür ist die bivalente chemische Betrachtungsweise auf der Stoff- und der Teilchenebene (vgl. dazu Abb. 5.1 und Ausführungen in Abschn. 5.1 und 5.2).

Bei *physikalischen Funktionseinheiten* wie Solarzellen und Leuchtdioden ist es nicht erwünscht, dass „Chemie abläuft". Stoffliche Umwandlungen der lichtaktiven Spezies wären schädlich und würden die gewünschte Funktion des Bauelements (Umwandlung von Licht in elektrische Energie bzw. elektrische Energie in Licht) stören und nach kurzer Zeit vollständig unterbinden. Bei Vorgängen des Typs A $\rightarrow$ A* $\rightarrow$ A (vgl. Abb. 5.2), bei denen am Ende die gleiche Teilchensorte A, die am Anfang vorlag, durch die Desaktivierung des elektronisch angeregten Zustands A* zurückgebildet wird, stellt sich die Frage, ob solche Vorgänge überhaupt der Chemie zuzuordnen sind. Die Antwortet lautet „ja", wenn man TURROS Deutung (Abschn. 5.2) des angeregten Zustands A* als *Elektronenisomer* des Grundzustands A folgt. Dass dies durchaus gerechtfertigt ist, wird im Abschn. 6.2.1 durch experimentelle Fakten belegt und mit theoretischen Modellen erklärt. In diesem Sinne läuft also bei jedem Prozess mit Lichtbeteiligung Chemie ab, sogar dann, wenn wir einen Stoff bei Tageslicht farbig sehen.

In *biologischen Funktionseinheiten* wie Blatt, Haut und Auge laufen lichtgetrieben chemische Reaktionen ganz unterschiedlicher Art ab (Reduktionen, Oxidationen, Isomerisierungen u. a.). Es gibt aber auch in Organismen, wie übrigens in vielen technischen und natürlichen Systemen, auch Photoprozesse, bei denen die Teilchen bestimmter lichtaktiver Stoffe, z. B. Photosensibilisatoren und Photokatalysatoren, zunächst als Lichtantennen fungieren, indem sie durch Absorption von Photonen in angeregte Zustände A* übergehen, um nach einer Energie- oder Elektronenübertragung auf Teilchen anderer Stoffe wieder zurückgebildet, also nicht verbraucht zu werden.

Anhand einzelner Facetten des Schlüsselkonzepts Licht können fachspezifische Inhalte jedes einzelnen MINT-Faches erschlossen werden. Gleichzeitig ergibt sich im Kontext von Vorgängen mit Lichtbeteiligung eine inhaltsreiche Schnittmenge mehrerer Disziplinen. Sie enthält Phänomene und Anwendungen (Abb. 5.3) sowie das Schlüsselkonzept vom elektronisch angeregten Zustand und seinen vielfältigen Bildungs- und Desaktivierungsmöglichkeiten (Abb. 5.2).

Die Debatte über den Vorrang von *Querdisziplinarität* oder *Fachspezifik* in den MINT-Fächern hat also eine einfache, praktikable, zukunftsweisende Lösung. Sie lautet: „*Querdisziplinarität* und *Fachspezifik* mit Licht".

5.4 Die Kompetenzen und das Licht

Die OECD (Organisation for Economic Co-operation and Development) hat sich bereits im Jahr 1999 vor dem Start der ersten PISA-Studien auf folgende Definition des Begriffs *Naturwissenschaftliche Grundbildung (Scientific Literacy)* festgelegt [11]:

> „Naturwissenschaftliche Grundbildung (Scientific Literacy) ist die Fähigkeit, naturwissenschaftliches Wissen anzuwenden, naturwissenschaftliche Fragen zu erkennen und aus Belegen Schlussfolgerungen zu ziehen, um Entscheidungen zu verstehen und zu treffen, welche die natürliche Welt und die durch menschliches Handeln an ihr vorgenommenen Veränderungen betreffen."

In dieser Definition sind die Kompetenzen *erkennen, verstehen, anwenden, schlussfolgern* und *entscheiden* mit naturwissenschaftlichem Wissen, naturwissenschaftlichen Fragen und Belegen zusammengefügt. Für die chemische Grundbildung als Teil der naturwissenschaftlichen Grundbildung wurden analog zur oben zitierten Definition für das Fach Chemie spezifische *Kernkompetenzen* und Inhalte einer *7 × 7-Standard-Matrix* kombiniert (Abb. 5.4).

In den Spalten der Standard-Matrix für den Chemieunterricht sind sieben *chemiespezifische Kompetenzen* als Vektoren mit jeweils sieben Komponenten dargestellt [12]. Diese Kompetenzen wurden so ausgewählt, dass sie unter sich deutlich voneinander abgrenzbar sind und gleichzeitig alle fachlichen, methodischen und sozialen Qualifikationen, die mit der naturwissenschaftlichen Grundbildung *(Scientific Literacy)* verbunden sind, erfassen. Die in den Spalten 1–2 und 4–7 angegebenen Kompetenzen bedürfen keiner zusätzlichen Erläuterung. Die Spalte 3 „Experimentieren (erforschen)" steht nicht alleine für die Technik des Experimentierens, sondern in erster Linie für den Weg der *naturwissenschaftlichen Erkenntnisgewinnung*. Dieser wird im Unterricht und in der Lehre durch die (Abschn. 5.6.1) *forschend-entwickelnde* Vorgehensweise verwirklicht, in der dem Experiment als „Frage an die Natur" eine Schlüsselrolle zukommt. Es sei darauf hingewiesen, dass die meisten der sieben Kompetenzen, aus dieser Standard-Matrix auch über das Fach Chemie und die MINT-Fächer hinaus ausschlaggebend für die Allgemeinbildung schlechthin sind.

Die Zeilen der Standard-Matrix enthalten chemiespezifische Komponenten der Kompetenz-Vektoren. Sie kennzeichnen *obligatorische Inhalte* des Chemieunterrichts, grundlegende *Konzepte der Chemie* und semiotische Besonderheiten der chemischen Fach- und Formelsprache. In der Matrix wurden ausgerechnet diese sieben Komponenten benannt, weil mehrere davon, beispielsweise die Stoffe und Reaktionen, die Formeln und Symbole, die Teilchen- und Reaktionsmodelle, die Prinzipien und Konzepte in fast jeder Chemiestunde, Vorlesungs- oder Laboreinheit als strukturierende Leitlinien vorkommen.

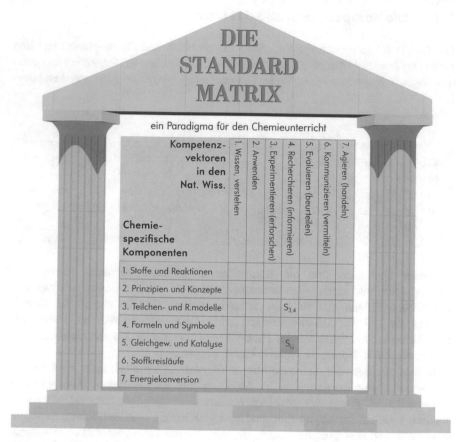

Abb. 5.4 Die Standard-Matrix für den Chemieunterricht [12]. (Zeichnung: Nico Meuter)

Die Verknüpfung der für das Fach Chemie fundamentalen Kompetenzen mit fachspezifischen Inhalten in Form einer Matrix soll die Notwendigkeit ihrer Vernetzung einmal mehr unterstreichen. Insofern kann der Standard-Matrix aus Abb. 5.4 der Rang eines didaktischen Paradigmas zugemessen werden. Sie ist eine Vorlage, die Lehrerinnen und Lehrern als Anleitung bei der Formulierung der Lernziele von Unterrichtseinheiten und bei Aufgaben für Arbeitsblätter und Klausuren mithilfe von *Kompetenzoperatoren*[2] dienen kann.

Auch die Lehrpläne für den Chemieunterricht fordern explizit die Vermittlung von Kompetenzen bei Schülerinnen und Schülern. Dabei unterscheiden sie in

---

[2]Als Kompetenzoperatoren werden im Chemieunterricht (je nach Bundesland) beispielsweise *anwenden, auswerten, benennen, begründen, berechnen, beschreiben, beurteilen, bewerten, deuten, diskutieren, dokumentieren, erklären, erläutern, planen, recherchieren, vergleichen, zuordnen, zusammenfassen* verwendet.

Übereinstimmung mit den von der Kultusministerkonferenz KMK vereinbarten Bildungsstandards [4] die vier *Kompetenzbereiche:*

- Umgang mit *Fachwissen* (chemische Phänomene, Begriffe, Gesetzmäßigkeiten kennen und Basiskonzepten zuordnen),
- *Erkenntnisgewinnung* (experimentelle und andere Untersuchungsmethoden sowie Modelle nutzen),
- *Kommunikation* (Informationen sach- und fachbezogen erschließen und austauschen) und
- *Bewertung* (chemische Sachverhalte in verschiedenen Kontexten erkennen und bewerten).

In einigen bundeslandspezifischen Lehrplänen, beispielsweise in den Kernlehrplänen für das Fach Chemie in Nordrhein-Westfalen [5, 13] werden diese vier Kompetenzbereiche noch ausführlicher beschrieben, mit Inhalten des Chemieunterrichts verknüpft und größtenteils sogar mithilfe von Kompetenzoperatoren konkret als zu erfüllende *Kompetenzerwartungen* ausformuliert, beispielsweise: *(Schülerinnen und Schüler…) „beschreiben, veranschaulichen oder erklären chemische und naturwissenschaftliche Sachverhalte unter Verwendung der Fachsprache und mit Hilfe von geeigneten Modellen und Darstellungen"* [13].

Als Folge dieser genauen Lehrplanvorgaben durch die Kultusbehörden werden seit etwa 2010 W-Fragen auch in den Schulbüchern vermieden und stattdessen alle Aufgaben mit Kompetenzoperatoren verfasst.

Die lehrplankonforme Vorgabe zur Verwendung von Kompetenzoperatoren sowohl in schriftlich gestellten Aufgaben als auch in mündlichen Arbeitsaufträgen an Schülerinnen und Schüler gilt auch für Studierende des Lehramts sowie für Referendarinnen und Referendare im Vorbereitungsdienst. Auf die konsequente Einhaltung dieser Vorgabe wird gelegentlich übertrieben penibel geachtet. Es ist zu erwarten, dass sie in absehbarer Zeit zugunsten von W-Fragen gelockert wird. Gleichwohl ist die Verwendung von Kompetenzoperatoren besonders im Chemieunterricht und folglich auch in der Ausbildung für das Lehramt in Chemie notwendig, denn chemische Grundbildung erfordert in der Tat weitaus mehr Kompetenzen als nur *Wissen* von Formeln, Reaktionen, Modellen etc.

Licht ist in der Standard-Matrix aus Abb. 5.4 nicht als achte chemiespezifische Komponente der Kompetenzvektoren aufgeführt. Das ist auch gar nicht erforderlich, denn Licht ist bereits in den angeführten chemiespezifischen Komponenten ausreichend vertreten: Licht ist eine *Energieform,* die an *chemischen Reaktionen beteiligt* sein und zu besonderen *Gleichgewichten* führen kann, seine kleinsten Einheiten, die Photonen, wechselwirken mit kleinsten *Teilchen* in *Stoffen* nach bestimmten *Prinzipien* und *Konzepten,* die mit chemiespezifischen *Symbolen und Formeln* kommuniziert werden.

5.5   Die Allgemeinbildung und das Licht

Als Chemielehrerin oder Chemielehrer gerät man im Bekannten- und Freundes-
kreis oft in die Lage, die Chemie als Wissenschaft verteidigen zu müssen. Wenngleich sich das Image der Chemie in Deutschland in den letzten Jahrzehnten
gebessert hat, gibt es dennoch in Teilen der Bevölkerung eine hintergründige
Abneigung gegen die Chemie. Über Erscheinungsformen, die das ambivalente Bild der Chemie in der Öffentlichkeit offenbaren, wurde im Abschn. 2.2
berichtet. Die Gründe für *Chemophobie* liegen in den mangelnden Kenntnissen
über stoffliche, energetische und wirtschaftliche Zusammenhänge in unserer von
der Technik geprägten Zivilisation und der damit verbundenen Inkompetenz, die
Information aus den Medien sachgerecht zu beurteilen und zu bewerten [14].

> *Allgemeinbildung* setzt ein quer durch alle Fächer vernetztes und nutzbares
> Wissen und Können voraus. Weder eine Fachdisziplin für sich allein noch
> eine Gruppe von Fächern kann diesem Anspruch an Allgemeinbildung
> genügen.

Daher ist es unklug und überheblich, wenn ein Hochschulprofessor und erfolgreicher Buchautor wie DIETRICH SCHWANITZ sich zu Beginn des 21. Jahrhunderts
folgendermaßen über den (Nicht-)*Bildungswert* von Naturwissenschaften äußert
[15]: *„Die naturwissenschaftlichen Kenntnisse werden zwar in der Schule gelehrt;
sie tragen auch einiges zum Verständnis der Natur, aber wenig zum Verständnis
der Kultur bei. … zur Bildung gehören sie nicht".* Zur Frage „Was ist Bildung?"
sollte man sich vielmehr ERNST PETER FISCHER, ebenfalls erfolgreicher Buchautor,
anschließen [16]: *„Bildung ist all das, was Menschen jenseits ihrer Berufe miteinander verbindet und … ihnen die Fähigkeit zum Dialog und zur Teilhabe am
Kulturganzen mit den dazugehörigen Genüssen befähigt."* Das aber bedeutet, dass
Naturwissenschaften zur Bildung gehören, sowohl aufgrund der Kenntnisse als
auch durch die Denk- und Arbeitsweisen, also durch die Kompetenzen, die sie vermitteln. Dazu gehören die Fähigkeiten, komplexe Probleme zu analysieren und zu
lösen, interdisziplinäre Zusammenhänge zu erkennen, Fakten und Behauptungen
kritisch zu bewerten und verantwortungsbewusst zu handeln. Es ist offensichtlich,
dass damit erneut einige Kompetenzen aus der Standard-Matrix in Abb. 5.4 adres-
siert werden. Sie haben eben, weit über die Chemie und die anderen Naturwissenschaften hinaus, allgemeinbildende Potenziale.

Die Kompetenzen können aber nur in Kombination mit Wissen ausgeübt
werden. Da stellt sich die Frage: Ist es heutzutage überhaupt noch möglich, Allgemeinbildung zu erlangen, wo doch das in jedem einzelnen Fach angesammelte
Wissen kaum noch zu bewältigen ist?

Um die oben gestellte Forderung für Allgemeinbildung zu erfüllen, sind nicht
viele isolierte Details aus dem Wissen aller Fächer entscheidend. Vielmehr
kommt es auf die Qualität des Wissens über Grundlagen verschiedener Fächer
an. Wer die fachspezifischen Grundlagen verschiedener Fächer kennt, kann ihre

fächerverbindenden Anteile besser und leichter erkennen, vergleichen, bewerten, anwenden und weiterentwickeln. Dem Blick „über den Tellerrand" des eigenen Faches, z. B. der Chemie, eröffnen sich weite Horizonte, die bis in Bereiche der Philosophie, der Psychologie und der Künste reichen können.

Licht ist ein fächerverbindender Kontext für die meisten Fächer, die in der Schule unterrichtet werden. Der Chemieunterricht kann entscheidend dazu beitragen, diesen Kontext im Sinne der Allgemeinbildung zu nutzen.

5.6   Die Methoden und das Licht

Die Methoden, nach denen Chemieunterricht gestaltet werden kann, sind Teil der sieben *W-Fragen* aus Abschn. 3.1 und eng mit den anderen dort diskutierten Trends in der Chemiedidaktik verbunden. In der fachdidaktischen Literatur sind die Methoden des Chemieunterrichts seit über 100 Jahren ein Dauerbrenner [17–31, 33–35].

Im allgemeinsten Sinn beantworten die *Methoden* das „Wic" unterrichtet wird – im Unterschied zu den Inhalten, die sich auf das „Was" beziehen. In der Literatur wird nicht deutlich und einheitlich zwischen den Methoden bei der *Vorgehensweise* der didaktischen Strukturierung der Lehr-/Lerninhalte und den Methoden beim *Unterrichtsdesign* (Frontalunterricht, Gruppenunterricht u. a.) unterschieden. Diese beiden Kategorien von Methoden werden hier gesondert und nacheinander vorgestellt.

5.6.1   Methoden der Vorgehensweise bei der didaktischen Strukturierung der Inhalte

Die wichtigsten, in den letzten Jahrzehnten vorgeschlagenen, an Unterrichtsbeispielen ausgearbeiteten, teils hochgelobten und empfohlenen, aber auch teils kritisierten und abgelehnten *Vorgehensweisen* bei der Vermittlung von Chemie in der Schule sind:

- die *forschend-entwickelnde* Vorgehensweise [19–21, 27–30]
- die *historisch-problemorientierte* Vorgehensweise [21, 27, 29, 30]
- die *induktive* (elementhaft-synthetische) Vorgehensweise [30]
- die *deduktive* (ganzheitlich-analytische) Vorgehensweise [30]
- die *strukturorientierte* Vorgehensweise [29, 30]
- die *kontextorientierte* Vorgehensweise [22–24]
- die *didaktisch-integrative* Vorgehensweise [25, 26]
- die *projektorientierte* Vorgehensweise [21, 27, 29, 30]
- die *gesellschaftskritisch-problemorientierte* Vorgehensweise [31]
- die an *Schülervorstellungen* orientierte Vorgehensweise [33–35]

Keine dieser Vorgehensweisen ist einzig die beste. Nur ein Mix aus mehreren kann die Basis für einen guten Chemieunterricht sein. Allen diesen Vorgehensweisen ist gemeinsam, dass jede von ihnen grundsätzlich *problemorientiert* ist, wenngleich das zu lösende Problem sehr unterschiedlich sein kann. Die Problemstellung sollte nach Möglichkeit anhand von bekannten Fakten und/oder von Beobachtungen aus einem Motivationsexperiment von den Lernenden selbst gefunden und formuliert werden. So wird ihr Interesse an der Lösung des Problems größer sein, als bei einem von der Lehrperson vorgegebenen Problem. Allerdings ist dies in manchen Fällen effizienter, beispielsweise wenn die Einführung eines erweiternden Begriffs oder aussagekräftigeren Modells ansteht. Auf jeden Fall müssen sowohl bei der Problemfindung als auch bei der Entscheidung für die eine oder andere der oben genannten Vorgehensweisen jeweils i) die *Sachlogik* des zu vermittelnden Wissens und ii) die *Lernlogik* entsprechend der entwicklungspsychologischen Stufe nach J. Piaget [32] berücksichtigt werden. Um der Sachlogik zu genügen ohne die Lernenden zu überfordern, ist in der Regel eine *didaktische Reduktion* der Modelle, Formelschreibweisen, Begriffsdefinitionen etc. notwendig (z. B. Kugelteilchenmodell und Wortgleichungen im Anfangsunterricht). Die didaktische Reduktion soll der Altersstufe der Lernenden angepasst, aber sachlogisch konsistent sein. Als beste Lernlogik für den Chemieunterricht hat sich das folgende stark vereinfachte Schema der Denk- und Handlungsschritte bewährt:

Beobachtung → Hypothesen → Experimente → Erkenntnis

Dies entspricht dem Verlauf der naturwissenschaftlichen Erkenntnisgewinnung schlechthin. Bei den oben angegebenen Vorgehensweisen wird dieses Schema auf verschiedene Arten didaktisch aufbereitet. Sie unterscheiden sich insbesondere durch die Perspektive, aus der die Beobachtungen betrachtet und problematisiert werden.

H. Schmidkunz und H. Lindemann verstehen bei der von ihnen propagierten *forschend-entwickelnden* Vorgehensweise [19, 20] das „Forschen" im Sinne von Wissenserwerb, der prinzipiell in jeder Altersstufe und mit jedem Vorwissen möglich ist. Mit „Entwickeln" kennzeichnen sie den Prozess, bei dem der/die Lehrende mit Impulsen und Hilfen den Lernprozess einleitet und weiterführt, aber auch zurücktritt, um den Lernenden die Möglichkeit zu geben, durch eigene Aktivitäten neue Erkenntnisse zu entwickeln. Auf diese Weise werden die neuen Erkenntnisse konstruktivistisch generiert, d. h. auf vorhandenes Wissen über zusätzliche Fakten, Hypothesen und Experimente aufgebaut. Experimente können sowohl als Motivation bei der Problemfindung als auch zur Verifikation bzw. Falsifikation von Hypothesen dienen. Der Algorithmus dieser Vorgehensweise kann bildlich in einer *konstruktivistischen Lernschleife* konkretisiert werden.

Als Beispiel für eine konstruktivistische Lernschleife soll an dieser Stelle die in Abb. 5.5 dargestellte Einheit „Licht – der Antrieb fürs Leben" dienen. Sie wurde für den Anfangsunterricht in der Sekundarstufe I konzipiert. Nach der Einführung

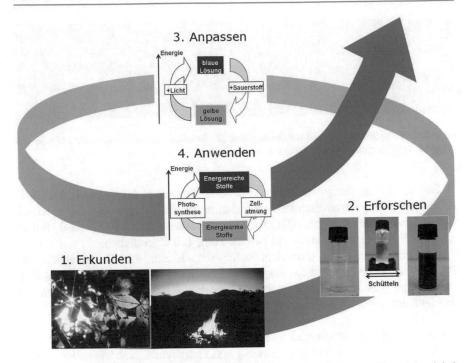

Abb. 5.5 Vorgehensweise bei der konstruktivistischen Lernschleife zur Unterrichtseinheit „Licht – der Antrieb fürs Leben" in der Sekundarstufe I; vgl. Details zu den vier Unterrichtsphasen im Fließtext. (Eigene Bilder aus © Tausch/von Wachtendonk, CHEMIE 2000+ und freundlicherweise zur Verfügung gestellt von meinen Doktoranden)

der Verbrennung können ganz ohne chemische Formeln und ohne vertiefende chemische Begriffe und Konzepte die beiden für das Leben auf unserem Planeten wichtigsten Reaktionen, die Photosynthese in den Pflanzen und die Zellatmung in den Organismen, erschlossen werden. Erschließen bedeutet in diesem Fall die forschend-entwickelnde Erkundung der Prinzipien, nach denen der *Kreislauf Photosynthese/Zellatmung* in der Natur aus stofflicher und energetischer Sicht abläuft.

Die *Erkundung* der Vorkenntnisse kann anhand geeigneter Fragen zu den zwei Bildchen aus Abb. 5.5 im Unterrichtsgespräch und/oder mithilfe eines Arbeitsblattes erfolgen. Es geht darum, das Vorwissen bzw. die Vorstellungen der Lernenden über die Verbrennung, die Atmung und die Photosynthese sowie über die Zusammenhänge zwischen diesen Vorgängen zu erkunden. Die Vorkenntnisse der Schülerinnen und Schüler sind in der Regel sehr heterogen. Es ist die Kunst der Lehrperson, sich möglichst schnell ein Bild davon zu machen, um in geeigneter Weise weiter vorzugehen. Die Lernenden sollten bereits wissen, dass Sauerstoff ein Bestandteil der Luft ist, die wir zum Atmen benötigen. Weiterhin sollte bekannt sein, dass Sauerstoff für Verbrennungsvorgänge benötigt und dabei verbraucht wird. Und es sollte auch bekannt sein, dass die Pflanzen zum Wachsen Licht benötigen. Diese Vorkenntnisse sollten entweder spontan abrufbar sein oder im Unterrichtsgespräch aktiviert werden.

Abb. 5.6 Versuchsanordnungen für das Segment „Erforschen" in der Lernschleife aus Abb. 5.5 – vgl. weitere Varianten in QR3. (Fotos: © Maria Heffen)

Für die *Erforschung* werden verschiedene Versionen des *Photo-Blue-Bottle*-Experiments eingesetzt. Fachliche Grundlagen für die Lehrperson sind in Kap. 7 und in den beiden Lehrfilmen (QR 5.1) „Photosynthese – ein Fall für zwei, Teil 1" und (QR 5.2) „Photosynthese – ein Fall für zwei, Teil 2" enthalten.

Die Erforschung im Unterricht sollte jedoch mit der Grundversion des Photo-Blue-Bottle-Experiments (vgl. Abb. 5.6, links) beginnen, das als Schülerversuch geeignet ist. Aus den Beobachtungen bei diesem Motivationsexperiment und dem erkundeten Vorwissen ergibt sich das *Problem,* herauszufinden:

i)   wie die Stoffumwandlungen im Photo-Blue-Bottle-Experiment zu erklären sind,
ii) was sie mit der Verbrennung, Atmung und Photosynthese zu tun haben und
iii) wozu diese in der Natur „gut sind".

Die experimentelle Erforschung von Fakten ist das zentrale Segment der Lernschleife. Sie nimmt den größten Teil der Unterrichtszeit in Anspruch, ist didaktisch anspruchsvoll und kann in verschiedenen Formen des *Unterrichtsdesigns* durchgeführt werden. Bei der Unterrichtseinheit aus Abb. 5.5 werden in einem (QR 5.3) Wechselspiel von Hypothesenentwicklung und experimenteller Bestätigung oder Widerlegung (Verifikation oder Falsifikation) Schritt für Schritt folgende experimentelle Fakten hergeleitet: i) die Blaufärbung der gelben Lösung kann nur mit Licht (und zwar mit blauem Licht oder weißem Sonnenlicht, nicht aber mit grünem oder rotem Licht und auch nicht mit Wärme) angetrieben werden, ii) die blaue Lösung kann nur dann wieder in die gelbe überführt werden, wenn Sauerstoff im Reaktionsgefäß verfügbar ist, und iii) die Zyklen Gelb – Blau – Gelb können sehr oft wiederholt werden (Abb. 5.6).

Die *Anpassung* der Forschungsergebnisse führt zu der erklärenden Zusammenfassung, die in dem oberen Energieschema aus Abb. 5.5 dargestellt ist. Dieses Schema besagt, dass im *Photo-Blue-Bottle*-Experiment eine Reaktion abläuft, bei der ein blauer Stoff gebildet wird, und dass diese Reaktion blaues Licht als energetischen Antrieb benötigt. Ob sich der blaue Stoff aus dem gelben Stoff in der PBB-Lösung bildet, oder aus einem farblosen Stoff, der ebenfalls in der Lösung enthalten sein könnte, wissen wir (noch) nicht[3]. Der bei der Lichtbestrahlung

---

[3]Wenn danach gefragt wird, kann den Schülern mitgeteilt werden, dass die Photo-Blue-Bottle-Lösung außer dem gelben Stoff noch zwei farblose gelöste Stoffe enthält.

gebildete blaue Stoff reagiert mit Sauerstoff und wird dabei in einen farblosen oder gelben Stoff umgewandelt. Das Schema aus Abb. 5.5 kann und darf nicht genauere Angaben über die Stoffe enthalten als die eben eingetragenen. Sicher ist aber, dass die *kreisläufigen* Farbänderungen im *Photo-Blue-Bottle*-Experiment mit Stoffumwandlungen, also mit chemischen Reaktionen, einhergehen. Die erste Reaktion im *Kreislauf* läuft nur *lichtgetrieben* ab und die zweite, den Kreis schließende, *verbraucht Sauerstoff*.

Die *Anwendung* der Erkenntnisse aus dem *Photo-Blue-Bottle-Modellexperiment* auf die natürlichen Vorgänge vom Anfang der Lernschleife in Abb. 5.5 mündet in dem Energieschema, das im auslaufenden Teil der Lernschleife platziert ist. Es hebt die grundlegenden Gemeinsamkeiten des Stoffkreislaufs Photosynthese/Atmung mit dem Stoffkreislauf aus dem Experiment hervor. Die Edukte und Produkte der Photosynthese und der Zellatmung sind in Abb. 5.5 nicht explizit genannt, weil zunächst erkannt werden soll, dass bei der Photosynthese in einer lichtgetriebenen Reaktion aus energiearmen Stoffen energiereiche Stoffe gebildet und diese bei der Atmung in tierischen Zellen unter Sauerstoffverbrauch wieder zu den energiearmen Ausgangsstoffen der Photosynthese umgewandelt werden.

Welche Stoffe als Edukte und Produkte der Photosynthese und Atmung beteiligt sind, könnte (zumindest einigen aus der Lerngruppe) aus dem Biologieunterricht bekannt sein. Ganz gleich, ob dies der Fall ist oder nicht, sollten die Stoffe Kohlenstoffdioxid, Wasser, Zucker und Sauerstoff als Edukte und Produkte der Photosynthese zum Abschluss dieser Lerneinheit genannt und in das Schema aus dem Segment Anwendung eingesetzt werden.

In der Lernschleife „Licht – der Antrieb fürs Leben" (Abb. 5.5) können die fundamentalen Merkmale des für die Biosphäre auf unserem Planeten wichtigsten Stoffkreislaufs und der dabei beteiligten Energieformen im Chemieunterricht bereits früh und bei wenig Vorkenntnissen forschend-entwickelnd erschlossen werden. Das Bewusstsein über diese Merkmale ist zwingend notwendig für jeden „mündigen" Bürger. Nur so kann den globalen Herausforderungen des 21. Jahrhunderts an die Menschheit (Stichworte: Energie, Wasser, Ernährung, Mobilität, Klima, Weltfrieden) angemessen begegnet werden.

Das *konstruktivistische Prinzip* beim Wissenserwerb ist allen oben aufgezählten (siehe am Anfang dieses Abschnitts) Vorgehensweisen aus Lit. [19–31] gemeinsam. Beim ersten Segment *Erkunden* aus der Lernschleife in Abb. 5.5 wurde erläutert, dass und wie die vorhandenen *Schülervorstellungen* erkundet und für den weiteren Unterrichtsverlauf genutzt werden können. Bei den in Lit. [33–35] beschriebenen Vorgehensweisen, beispielsweise bei *choise²learn* [33, 34], werden die Schülervorstellungen als so bedeutsam herausgestellt, dass sie zum definierenden Merkmal werden. Die mitgebrachten Schülervorstellungen führen auch bei diesen Vorgehensweisen in der Regel zu einem *conceptual change* [35].

Das ist eine synonyme Bezeichnung dessen, was in den konstruktivistischen Lernschleifen zum (Abschn. 4.4, Abb. 4.4) Verbrennungsvorgang und zum (Abb. 5.5) Kreislauf Photosynthese/Atmung mit *Anpassen* des Konzepts gemeint ist.

QR 5.1　Szene aus dem Lehrfilm „Photosynthese – ein Fall für zwei, Teil 1"

QR 5.2　Szene aus dem Lehrfilm „Photosynthese – ein Fall für zwei, Teil 2"

QR 5.3　Materialienpaket mit Varianten des Photo-Blue-Bottle-Experiments

5.6.2 Methoden des Unterrichtsdesigns bei der Gestaltung von Lehr-/Lernumgebungen

Chemieunterricht lässt sich in verschiedenen Designs gestalten. In der der Literatur [27, 29, 30] werden diese nach folgenden Kriterien unterschieden:

- *Unterrichtsorten,* innerschulisch, z. B. Klassenzimmer, Chemieraum oder Schulgelände, und außerschulisch, z. B. Schülerlabor, Schülerforschungszentrum, Chemiebetrieb, Museum, Exkursion;
- *Zeitrahmen,* z. B. Einzel-, Doppel-, Anfangs-, Endstunden, open-end;
- *Kommunikationsformen,* z. B. Lehrervortrag, Schülerreferat, Lehrer-Schüler-Gespräch (Unterrichtsgespräch); Schüler-Schüler-Gespräch, Expertenreferat und -interview, Rollenspiel
- *Arbeitsprogrammen,* z. B. Mind-Map, Concept-Map (Begriffsnetz), kritischer Dialog, Satzpuzzle, Projekte, Hausaufgaben;
- *Arbeitsmittel,* z. B. Schulbuch, Experimentiergerät, Interaktionsboxen, digitale Medien (Modellanimationen, Präsentationen, Lehrfilme), Fachsprachtrainer, Leitkartensystem (abgestufte Lernhilfen), Grundwissen-Katalog (Glossar mit Fachbegriffen);
- *Experimentierbedingungen,* z. B. Gas-, Wasser-, Stromversorgung, Geräte, Chemikalien, Experimentiersets, Sicherheit;
- *Sozialformen,* z. B. Lehrervortrag, Schülervortrag, Unterrichtsgespräch, Gruppenarbeit (verschiedene Varianten), Partnerarbeit (Tandem), Rollenspiel, Einzelarbeit;
- *Lehrlernarten,* direktes Unterweisen (Frontalunterricht), offenes Unterrichten (Moderieren von Gruppenunterricht)
- *Lehreraffektivität,* z. B. die Aktion und Reaktion der Klasse freigebend (Lehrkraft lässt neue Ideen zu, gibt Spielräume, unterstützt selbstständiges Lernen, fördert Eigenverantwortlichkeit) oder einengend, emphatisch, anerkennend;
- *Schüleraffektivität,* z. B. dem Unterrichtsgeschehen zugewandt (Lernende entscheiden über Wichtigkeiten, exponieren sich auch außerhalb des Unterrichts, lehren selbst, reflektieren den eigenen Kompetenzerwerb) oder abgewandt, Emotionsregulation

Wie bei den (Abschn. 5.6.1) Vorgehensweisen gilt auch bei den Unterrichtsdesigns: Nur ein Mix aus mehreren Gestaltungsvarianten kann guten Chemieunterricht garantieren. Die Praktizierbarkeit der verschiedenen Formen von Lehr-/Lernumgebungen wird einerseits durch die baulichen und organisatorischen Gegebenheiten in der Schule vor Ort eingeschränkt. Andererseits müssen bei der Auswahl und Gewichtung verschiedener Methoden des Unterrichtsdesigns die Altersstufe, das Bildungsniveau und die Zusammensetzung der Lerngruppe, insbesondere ihre *Heterogenität* (Geschlecht, körperliche Behinderungen, Lernschwächen, soziale und ethnische Herkunft) berücksichtigt werden.

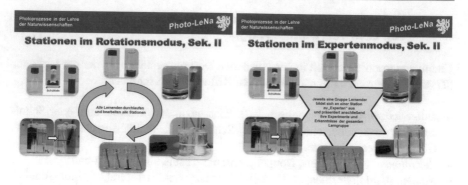

Abb. 5.7 Unterrichtsdesign mit Gruppenarbeit an Lernstationen zur Lerneinheit *Photoelektrochemische Energieumwandlung* in der Sekundarstufe II; beim Rotationsmodus durchläuft jede Gruppe alle Stationen, beim Expertenmodus bildet sich jede Gruppe als Experte einer Station aus, die sie im Anschluss den anderen Gruppen präsentiert. (Bilder freundlicherweise von meinen Doktoranden zur Verfügung gestellt)

Zwei Beispiele für mögliches Unterrichtsdesign bei der Bearbeitung einer Lerneinheit aus dem Inhaltsfeld *Elektrochemie* sind in Abb. 5.7 dargestellt. Das Licht nimmt hier ebenso wie in der Einheit aus Abb. 5.5 eine zentrale Position ein. Sechs verschiedene Varianten des Photo-Blue-Bottle-Experiments erhalten hier die Funktion „Frage an die Natur".

Sie werden an *Lernstationen* mit verschiedener Zielrichtung, unterschiedlichen Versuchsvorrichtungen, aber (fast) gleichen Chemikalien in Gruppen durchgeführt und ausgewertet. Dabei erschließen die Schülerinnen und Schüler das Funktionsprinzip der gekoppelten Zyklen aus Redoxreaktionen im Photo-Blue-Bottle-Experiment, das Phänomen der Photokatalyse, die Umwandlung von Licht in chemische Energie, deren Speicherung in einer reduzierten Verbindung und ihre Freisetzung bei der Oxidation dieser Verbindung. Damit alle Lernenden die Ergebnisse aus allen Stationen kennenlernen, kann der Unterricht beispielsweise nach dem *Rotationsmodus* oder dem *Expertenmodus* organisiert werden (Abb. 5.7). Ausführliche Angaben zu den Experimenten und didaktischen Materialien der Lerneinheiten aus Abb. 5.7 werden in Kap. 7 angegeben.

5.7   Die „Fehlvorstellungen" und das Licht

Heptan löst sich nicht in Wasser, weil die Heptan-Moleküle in Wasser nicht gespalten werden können – dies ist ein Beispiel für die Fehlvorstellung, dass beim Lösen von Heptan in einem Lösemittel Bindungen in den Heptan-Molekülen gespalten werden müssen. Wenn diese falsche Vorstellung diagnostiziert wird, dann handelt es sich mit großer Wahrscheinlichkeit um eine Fehlvorstellung, die ihre Quelle im vorangegangenen Chemieunterricht hat („hausgemachte Fehlvorstellung").

Allgemein weisen die negativen Bezeichnungen „*Fehlvorstellung*" oder „*Miss-verständnis*" (misconception) auf Fehler bei gedanklichen Konstrukten hin. Dagegen erscheinen Bezeichnungen wie „*Alltagsvorstellung*" oder „*Präkonzept*" eher wertneutral. Eine verbreitete Alltagsvorstellung ist beispielsweise, dass bei der Verbrennung die Masse der Produkte kleiner ist als die der Edukte. Im naturwissenschaftlichen Unterricht wird angestrebt, sowohl „Alltagsvorstellungen" als auch „Fehlvorstellungen" dahingehend zu korrigieren, dass sie mit dem heute gesicherten naturwissenschaftlichen Wissen vereinbar sind.

Aber wie „sicher" ist naturwissenschaftliches Wissen? Nach K. Popper ist das Wissen in den Naturwissenschaften grundsätzlich ein „*Vermutungswissen*" [36, 37]. Es basiert zwar auf Beobachtungen aus der Natur und aus Experimenten, wurde aber im Laufe der Wissenschaftsgeschichte stets unter Annahme von *Hypothesen* (Annahmen) konstruiert. Das jeweils aktuell gültige Wissen ist in Begriffen, Konzepten, Modellen und Theorien zusammengefasst. In Abschn. 4.3 wird an einigen Beispielen aus der Entwicklungsgeschichte der Chemie gezeigt, dass eine über längere Zeit vorherrschende Vorstellung (z. B. die Phlogistontheorie der Verbrennung) sich aufgrund neuer Fakten als „Fehlvorstellung" erwies und im Zuge einer „wissenschaftlichen Revolution" nach T. Kuhns *Paradigmentheorie* [3] ausgeräumt wurde. Auch das heute gültige Wissen in der Chemie und den anderen Naturwissenschaften ist „Vermutungswissen" und beruht auf anerkannten Paradigmen. Manches von dem, was heute als einschlägige Lehrmeinung anerkannt wird, kann sich früher oder später als „Fehlvorstellung" entblößen.

> In der Wissenschaft sind „Fehlvorstellungen" von heute ein Antrieb für den Fortschritt in der wissenschaftlichen Erkenntnis von morgen. Im Unterricht sollten „Fehlvorstellungen" bei Lernenden als Chancen für die Weiterentwicklung ihrer Erkenntnisse genutzt werden.

In der Chemie ist jede Art von Vorstellung an ein Konzept gekoppelt, das in der Regel in einem *Modell* konkretisiert und veranschaulicht wird.

5.8 Modelle in der Chemie

Ganz allgemein ist ein Modell eine strukturierte Menge, die Elemente und Strukturen eines Originals teilweise abbildet [38]. Das *Original* lässt sich in den *Urbildbereich* und den *Präteritionsbereich* untergliedern, je nachdem, ob der entsprechende Bereich im Modell abgebildet wird oder nicht (Abb. 5.8). Im Modell entspricht der *Bildbereich* dem Urbildbereich im Original. Darüber hinaus enthält das Modell einen *Abundanzbereich,* in dem sich die Hypothesen dessen, der das Modell entwirft, widerspiegeln. Die aus dem Modell hergeleiteten Voraussagen über das Original können, müssen aber nicht wahr sein. Ob eine Voraussage aus

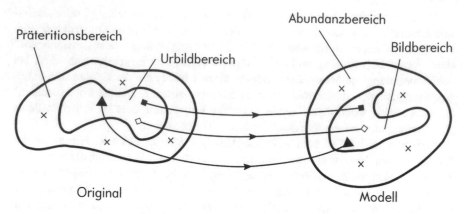

Abb. 5.8 Original und Modell [38]; vgl. Details im Fließtext

dem Modell wahr ist oder nicht, wird in der Chemie durch Experimente überprüft. Die Experimente haben in diesen Fällen die Funktion von „Fragen an die Natur".

Mit einer Modellbildung wird sowohl in der forschenden Wissenschaft als auch in der Lehre eines naturwissenschaftlichen Faches beabsichtigt, ein Original zu erklären und Voraussagen über das Original zu treffen.

> Aus didaktischer Sicht ist die Güte eines Modells daran zu messen, inwiefern es dem, der damit umgeht, die Möglichkeit gibt, seine Kenntnisse über das Original zu erklären und für eine beschränkte Zahl möglicher Eigenschaften des Originals wahre, d. h. im Experiment verifizierbare Voraussagen zu treffen.

In allen Büchern zur Chemiedidaktik und in zahlreichen Zeitschriftenartikeln [17–35] werden für den Chemieunterricht relevante Modelle ausführlich beschrieben, klassifiziert und bewertet. Aus der umfangreichen Literatur über Modelle lassen sich folgende gemeinsamen Gesichtspunkte herausdestillieren, die für den Schulunterricht als *Leitlinien* dienen sollten:

- Modelle sollen im Unterricht entwickelt und weniger (oder gar nicht) vorgestellt werden;
- Modelle sollen auf die Fassungskraft der Schüler*innen zugeschnitten werden;
- die Grenzen eines jeden Modells sollen deutlich gemacht werden;
- die Schüler*innen sollen im Unterricht keinesfalls nur ein einziges Modell kennenlernen, sondern im Laufe der Schulzeit einige Male erleben, wie ein Modell versagt und durch ein neues ersetzt werden muss.

Die Chemie ist noch mehr als die Physik und die Biologie auf Modelle angewiesen, weil sie die sinnlich wahrnehmbaren Phänomene auf der makroskopischen Ebene der Stoffe nur mithilfe von Modellen erklären kann. Diese beziehen sich in der Regel (nicht immer) auf submikroskopisch[4] kleine Teilchen, d. h. Atome, Moleküle oder Ionen. Dafür haben sich vom Anfangsunterricht bis zum Abitur folgende *Teilchenmodelle* durchgesetzt und bewährt:

- Das *Kugelteilchenmodell* – erklärt z. B. die Aggregatzustände, die Aggregatzustands-änderungen, den Lösungs- und den Diffusionsvorgang;
- Das *DALTON'sche Atommodell* (nach DALTONS Atomhypothese) – erklärt das Gesetz von der Erhaltung der Masse und das Gesetz der konstanten Massenverhältnisse bei chemischen Reaktionen;
- Das *Kern-Hülle-Modell des Atoms* (RUTHERFORD'sches Atommodell) – erklärt die Beobachtungen aus dem RUTHERFORD'schen Streuversuch und die Existenz elektrisch positiv und negativ geladener Teilchen innerhalb des Atoms;
- Das *Elektronenschalenmodell des Atoms* – erklärt z. B. die Ionisierungsenergien der Atome bei den Elementen der Hauptgruppen des Periodensystems und ermöglicht für sehr viele Eigenschaften, z. B. Ladungen von Ionen und Bindigkeit von Atomen in Molekülen, (über die Edelgasregel bzw. Oktettregel) wahre Voraussagen;
- Das *Elektronenpaarabstoßungsmodell* (*VSEPR-Modell*, Valence Shell Electron Repulsion) – erklärt z. B. die Dipoleigenschaft des Wasser-Moleküls und ermöglicht Voraussagen über den räumlichen Bau sowie die damit verbundenen Eigenschaften bei vielen anderen Molekülen;
- Die *Strukturmodelle für Kristallgitter* in Feststoffen (Raumgittermodelle, Kugelpackungsmodelle und Elementarzellenmodelle für Metalle und Salze, Modelle für kovalente Gitter, z. B. Diamant und Graphit, Modelle für Molekülkristalle, z. B. Iod) – erklären z. B. den Aggregatzustand und helfen bei der Erklärung der Phänomene Schmelzen, Lösen und elektrische Eigenschaften von Feststoffen.

In der obigen Aufzählung wird angegeben, in welchem Zusammenhang das jeweilige Modell eingeführt werden und welche Stoffeigenschaften man damit erklären kann. Da die einzelnen Modelle an sich in allen Schulbüchern enthalten sind, kann hier auf ihre ausführliche Beschreibung verzichtet werden. Es sei aber darauf hingewiesen, dass bestimmte Modelle, z. B. das Kern-Hülle-Modell und das Elektronschalenmodell des Atoms, in Schulbüchern der Sek. I an unterschiedlichen Stellen des Lehrgangs eingeführt werden. Das liegt an den länderspezifischen Lehrplänen und den damit verbundenen Zulassungen für Schulbücher.

---

[4]Seit es möglich ist, Moleküle und Atome in der Mikro- und Nanoskopie sichtbar zu machen, ist die Bezeichnung „submikroskopisch" nicht mehr gerechtfertigt. Sie wird aus historischen Gründen beibehalten.

Auch die *chemischen Formeln* sind Modelle. Sie sind in der Chemie ebenso wenig verzichtbar wie Teilchenmodelle. Eine erste, im Schulunterricht notwendige Differenzierung ist die zwischen der *Molekülformel* einer Verbindung, die tatsächlich aus Molekülen besteht (z. B. H_2O oder $C_6H_{12}O_6$), und einer *Formeleinheit (Verhältnisformel)* für Verbindungen, deren Bausteine nicht Moleküle sind (z. B. NaCl oder Al_2O_3). Auf diese Unterscheidung bereits bei der Einführung des Begriffs der chemischen Formel hinzuwiesen, ist wichtig, weil sie später aufgegriffen und bei der Einführung der Ionen konkretisiert werden kann. So kann einer viel verbreiteten, hausgemachten „Fehlvorstellung" entgegengewirkt werden. Gemeint ist die „Fehlvorstellung", dass in einer Kochsalzlösung NaCl-Moleküle vorliegen.

In der organischen Chemie werden unterschiedliche (QR 5.4) *Formeltypen, Molekülmodelle* und *Reaktionsmodelle* verwendet, um die Strukturmerkmale von Molekülen und die Schrittfolge bei Reaktionen (Reaktionsmechanismen) darzustellen. Je nachdem, welche dieser Merkmale für die Erklärung bestimmter Stoffeigenschaften oder Reaktionswege im Einzelfall von Bedeutung sind, setzt man den einen oder anderen Formeltyp ein. Die wichtigsten Formeltypen und Molekülmodelle sind beispielsweise im Lehrwerk [39] kompakt zusammengefasst und lauten:

- Molekülformel (Summenformel)
- Valenzstrichformel (Strukturformel)
- Halbstrukturformel
- räumliche Strukturformel (Keilstrichformel)
- Gerüstformel (Skelettformel, Molekülsymbol)
- Kugelstäbchenmodell
- Kalottenmodell

Es hat sich in der organischen Chemie (auch in der Schule) immer mehr durchgesetzt, wo immer möglich, Gerüstformeln (Molekülsymbole) zu verwenden, z. B. für Propansäure:

H_3C—CH_2—COOH
oder
H_3CCH_2COOH

Halbstrukturformel   Valentstrichformel   Molekül-
                       (Strukturformel)   symbol

Molekülsymbole sind mit ein paar Strichen und Symbolen einfach zu zeichnen und ihre Aussagekraft ist entsprechend den Regeln für ihren Aufbau und ihre Bedeutung sogar größer als die der Valenzstrichformel – sie enthalten mehr Informationen über den räumlichen Bau der Moleküle (vgl. dazu z. B. [39]).

Die *chemische Formelsprache* aus Symbolen, Formeln und Reaktions-gleichungen hat einige essenzielle Merkmale. Die folgenden drei sind von besonderer Bedeutung für die Didaktik:

- Ähnlich wie beispielsweise die Noten in der Musik haben auch die Formeln in der Chemie eine *internationale Semantik,* d. h., sie haben die gleiche Bedeutung für unterschiedliche Sprachen sprechende Menschen. Im Chemie-unterricht wird dieses Merkmal ganz oft bereits bei der Einführung der Atom-symbole didaktisch ausgenutzt, indem beispielsweise ein Text, der auch Symbole von Elementen und einfache Formeln von Verbindungen enthält, zur Interpretation vorgelegt wird.
- Die *ambivalente Interpretation* von Formeln in Reaktionsgleichungen ist ein alleinstellendes Merkmal für die chemische Formelsprache. So können beispiels-weise die Formeln in der Reaktionsgleichung: $2 H_2 + O_2 \rightarrow 2 H_2O$ auf zwei Arten interpretiert werden: a) zwei Wasserstoff-Moleküle und ein Sauerstoff-Molekül reagieren zu zwei Wasser-Molekülen, oder b) 2 mol Wasserstoff (4 g Wasser-stoff) und 1 mol Sauerstoff (32 g Sauerstoff) reagieren zu 2 mol Wasser (36 g Wasser). Die Deutung a) ist wichtig für die Erklärung von Reaktionsverläufen auf der Teilchenebene, während die Deutung b) als Grundlage für die Erklärung und Berechnung quantitativer Verhältnisse bei chemischen Reaktionen, z. B. für die Stöchiometrie, dient. Der Hinweis auf beide Deutungsarten sollte im Chemie-unterricht gleich bei der Einführung der chemischen Reaktionsgleichung erfolgen, allerdings ohne weitläufig in chemisches Rechnen einzusteigen.
- Im Laborjargon und in wissenschaftlichen Publikationen ist es üblich, chemische Formeln und Reaktionspfeile in Schemata zusammenzufügen, die der *deskriptiven Interpretation* von Synthesewegen dienen. Ohne es mit der Stöchiometrie genau zu nehmen, werden in solchen Reaktionsschemata die Formeln von Edukten, Zwischenprodukten und Produkten, verbunden über Reaktionspfeile angegeben; auf den Reaktionspfeilen stehen oft Formeln, die Katalysatoren, Lösemittel u. a. bezeichnen. Mit Darstellungen dieser Art sollte man sich im Chemieunterricht Zeit lassen und frühestens in der Sekundarstufe II behutsam damit beginnen.

Wenn es darauf ankommt, in einem Modell zu erklären, wie ein Vorgang funk-tioniert, werden oft *Funktionsmodelle* verwendet. Statt chemischer Formeln mit Atomsymbolen und Bindungsstrichen setzt man darin weitestgehend bestimmte grafische Elemente ein. So ist es beispielsweise üblich, Tensid-Teilchen mit einem hydrophilen Kopf und einem lipophilen Rest mithilfe der Modelle aus Abb. 5.9 darzustellen.

Modelle dieser Art sind gute Brücken zu Nachbarfächern, z. B. zur Biologie (Abb. 5.9). Es ist aber eine dringende Aufgabe des Chemieunterrichts, solche Funktionsmodelle an geeigneter Stelle des Lehrgangs mit Valenzstrichformeln und/oder Gerüstformeln (Molekülsymbolen) zu untermauern und ihre Vor- und Nachteile zu diskutieren.

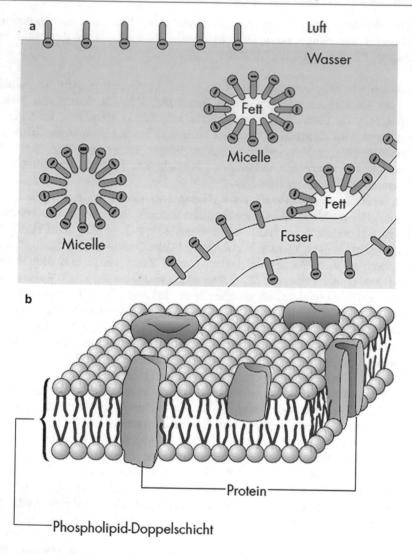

Abb. 5.9 Funktionsmodelle für den Waschvorgang (**a**) und für die Doppellipidmembran (**b**) [39]. (Eigene Bilder Zeichnungen aus © Tausch/von Wachtendonk, CHEMIE 2000+ Gesamtband)

Für Vorgänge mit *Lichtbeteiligung* werden Funktionsmodelle verwendet, in denen *Photonen (Lichtquanten)* in der Regel als dicke, farblich unterlegte Pfeile in *Energiestufendiagrammen* dargestellt werden (Abb. 5.10). Nach unten gerichtete Pfeile symbolisieren eine Emission, nach oben gerichtete eine Absorption von Photonen. Auf chemische Formeln wird auch in diesen Funktionsmodellen entweder ganz verzichtet, z. B. bei der Erklärung der Fluoreszenz und Phosphoreszenz (Abb. 5.10a), oder die beteiligten Stoffe werden in stark vereinfachter Form wie in Abb. 5.10b angegeben. Dafür enthalten solche Modelle aber diverse

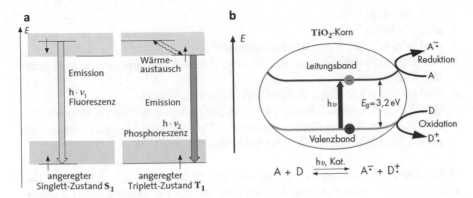

Abb. 5.10 Funktionsmodelle für die Lumineszenz (**a**) und für die photokatalytische Redox-reaktion (**b**) [39]. (Eigene Zeichnungen aus © Tausch/von Wachtendonk, CHEMIE 2000+ Gesamtband)

Angaben, die für das jeweilige Original, d. h. für den jeweils abgebildeten Vorgang, essenziell sind. In diesem Sinne wird auf die beiden Funktionsmodelle aus Abb. 5.10 eingegangen.

Im Zuge der *Digitalisierung* gewinnen (Abschn. 5.10) *Modellanimationen* immer mehr an Einsatzbereichen und an Beliebtheitsgrad.

Eine besondere Bedeutung bei der Erklärung von komplexen Vorgängen aus Natur und Technik kommt im Unterricht und in der Lehre den *Modellexperimenten* zu. Viele biochemische Vorgänge in Organismen, natürliche Prozesse in allen Umweltbereichen (Luft, Wasser, Boden) und auch einige technische Prozesse sind in der Wissenschaft noch strittig oder sogar unerforscht. Das natürliche Original ist viel mannigfaltiger und komplexer strukturiert als das Modell im Experiment. Daher muss mit Modellexperimenten stets kritisch umgegangen werden, denn das Modell bildet bestenfalls einige wenige, wesentliche Teile des Originals ab.

Beim Modellexperiment (QR 5.3) *Photo-Blue-Bottle* und beim natürlichen Stoffkreislauf Photosynthese/Zellatmung laufen gekoppelte Reaktionszyklen ab. Dabei gibt es zwischen dem Modellexperiment und dem natürlichen Original einige wesentliche Gemeinsamkeiten (Analogien), aber auch grundlegende Unterschiede [39].

Nicht nur, aber insbesondere bei Modellexperimenten besteht die *Gefahr der Überinterpretation* von experimentellen Fakten. Das wiederum kann zu einer vorschnellen, ungerechtfertigten Einstellung gegenüber der Allgemeingültigkeit und dem Wahrheitsgehalt, also auch dem Wert naturwissenschaftlicher Erkenntnisse führen. Darüber wird in der Fachdidaktik unter dem Begriff *NOS (Nature of Science)* geforscht und debattiert. Dass Wissen in den Naturwissenschaften immer „nur Vermutungswissen" ist, wurde bereits an mehreren Stellen in diesem Buch thematisiert. R. S. SCHWARTZ und N. G. LEDERMAN nennen die folgenden sieben charakteristischen Merkmale naturwissenschaftlicher Erkenntnisse [40]. Erkenntnisse:

- sind vorläufig;
- sind empirisch belegt;
- sind subjektiv (im Sinne von theoriegeladen);
- schließen notwendigerweise menschliche Schlussfolgerungen, Vorstellungskraft und Kreativität ein;
- sind eingebettet in einen sozialen und kulturellen Kontext;
- erfordern eine Unterscheidung zwischen Beobachtung und Schlussfolgerung;
- erfordern eine Unterscheidung zwischen Theorien und Gesetzen, denen eine jeweils unterschiedliche Funktion zukommt.

Diese Merkmale dienen C. S. REINERS als Referenzrahmen, um ausführlich über NOS zu reflektieren [30]. Sie setzt sie mit der im Abschn. 5.4 diskutierten *Kompetenzorientierung* des Chemieunterrichts in Relation und begründet überzeugend, warum mit Mythen wie „Naturwissenschaftliche Modelle repräsentieren die Wirklichkeit" aufgeräumt werden muss. Ihre Forderung, dass Lernende ein adäquates Verständnis der NOS entwickeln sollten, ist in voller Übereinstimmung mit der hier vertretenen Forderung im Zusammenhang mit dem *Photo-Blue-Bottle*-Modellexperiment und der Gegenüberstellung in Abb. 5.11.

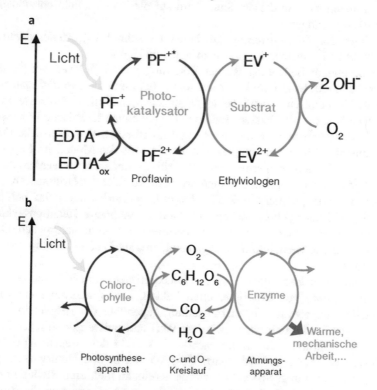

Abb. 5.11 Gekoppelte Reaktionszyklen im Photo-Blue-Bottle-Experiment (**a**) und beim natürlichen Kreislauf Photosynthese/Atmung (**b**). (Eigene Zeichnungen aus © Tausch/von Wachtendonk, CHEMIE 2000+ Gesamtband)

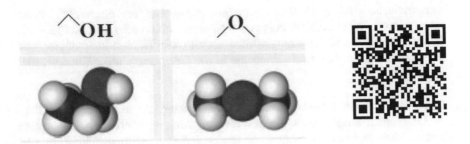

QR 5.4 Materialienpaket zu chemischen Formeln, Molekül- und Reaktionsmodellen

5.9   Die Lehrpläne und das Licht

Bei den (Abschn. 5.1) Basiskonzepten, den (Abschn. 5.2) Schlüsselkonzepten und den (Abschn. 5.4) Kompetenzen wurde bereits einige Male Bezug auf die Lehrpläne genommen. Weiterhin wird im Abschn. 4.5 deutlich, dass trotz der unterschiedlichen Bezeichnungen wie „Bildungsplan", „Rahmenlehrplan", „Kerncurriculum", „Kernlehrplan" oder einfach Lehrplan bei den verpflichtenden *Basiskonzepten* sowie der grundsätzlichen *Kompetenz- und Kontextorientierung* große Übereinstimmung in den Chemie-Lehrplänen der 16 deutschen Bundesländer herrscht.

Weniger übereinstimmend sind allerdings die *obligatorischen Inhalte* in den Lehrplänen. Während beispielsweise in dem einen Bundesland viele konkrete Inhalte aus dem Inhaltsfeld Farbstoffe laut Lehrplan Pflicht sind, fehlt dieses Inhaltsfeld in den Lehrplänen einiger Bundesländer vollständig. Gleiches gilt für andere große Inhaltsbereiche wie Energetik und organische Naturstoffe. Diese Unterschiede wirken sich insbesondere in der Oberstufe aus. Die unterrichtlichen Schwerpunkte liegen auf den abiturrelevanten Inhalten aus dem jeweiligen Lehrplan, andere werden vernachlässigt oder ganz ausgeblendet.

Von solchen Ausnahmen abgesehen schreiben die länderspezifischen Lehrpläne insbesondere für die Sekundarstufe I, aber größtenteils auch für die Sekundarstufe II, jeweils *fachliche Inhalte* fest, die sich größtenteils in einem ländergemeinsamen Pool wiederfinden. Dabei lassen sich folgende Merkmale unterscheiden:

- *Etablierte Inhalte,* die sich über viele Jahrzehnte bewährt haben, beispielsweise die sieben (Abschn. 5.4) fachspezifischen Komponenten aus der Standardmatrix in Abb. 5.4 stellen auch heute noch tragende Säulen der chemischen Fachsystematik dar. Entsprechend finden sie sich als Pflichtinhalte in den Lehrplänen wieder.
- *Innovative Inhalte* müssen dagegen einen langen Weg bis zum Einzug in die Lehrpläne zurücklegen. Selbst wenn sie didaktisch erschlossen und mit Lehr-/Lernmaterialien ausgestattet wurden, stehen ihnen noch bildungspolitische und

bürokratische Hürden im Weg. Immerhin haben mehrere innovative Inhalte wie Silicone, bioabbaubare Polymere, Nanomodifikationen von Kohlenstoff, Brennstoffzellen und das Energiestufenmodell diese Hürden überwunden und es während der letzten zwei Jahrzehnte in die Lehrpläne einiger Bundesländer geschafft.

Energie ist eines der Basiskonzepte im Chemieunterricht und entsprechend in allen Lehrplänen ausgewiesen. Bereits für den Anfangsunterricht wird explizit gefordert, die chemische Reaktion als Stoff- *und* Energieumwandlung zu vermitteln und an Beispielen zu veranschaulichen. Im weiteren Verlauf der Curricula soll die Energiebeteiligung bei chemischen Reaktionen unter qualitativen und quantitativen Gesichtspunkten laut Lehrplan differenziert, erweitert und vertieft werden. Im Vergleich zu anderen Energieformen (Wärme, elektrische Energie, mechanische Arbeit) muss leider festgestellt werden: Licht führt in den Lehrplänen ein Schattendasein. Angesichts der (Abschn. 2.5) Bedeutung von Licht besteht dringend Nachholbedarf und es ist zu erwarten, dass dem nachgekommen wird.

Aber selbst mit den geltenden Lehrplänen ist es möglich und empfehlenswert, *Licht* im Chemieunterricht an *Pflichtinhalte* der Lehrpläne anzubinden, beispielsweise in folgenden Zusammenhängen:

- *Stoffeigenschaften* – Farbe durch Lichtabsorption und Lichtemission (Lumineszenz);
- *Chemische Reaktion* – Wärme, Licht und elektrische Energie als energetischer Antrieb für eine Reaktion und als verfügbare Energie aus einer Reaktion;
- *Chemisches Gleichgewicht* und photostationärer Zustand – unterschiedliche Zustände in chemischen Systemen mit zeitlich konstanten Anteilen der Reaktionsteilnehmer;
- *Energiestufenmodell* – Energieschalenmodell für Atome und Energiestufenmodell für Moleküle; Grundzustand und elektronisch angeregter Zustand;
- *Katalyse* und Photokatalyse – Wirkungsweise eines Katalysators und eines Photokatalysators;
- *Elektrochemie* – galvanische, photogalvanische Zellen und photovoltaische Zellen;
- *Reaktionstypen* – thermische und photochemische Radikalkettenreaktionen (z. B. Substitutionen, Polymerisationen), Isomerisierungen, Redoxreaktionen u. a.;
- *Kunststoffe* – Eigenschaften: elektrische Isolatoren, Leiter und Halbleiter; mit Licht schaltbare Eigenschaften (Farbe, Löslichkeit, Viskosität, elektrische Leitfähigkeit);
- *Farbstoffe* – herkömmliche und funktionelle Farbstoffe.

Experimente, Modelle und Medien zu diesen und anderen Kombinationen aus lehrplankonformen und photochemischen Inhalten werden in Kap. 7 angeboten.

5.10   Die Curricula und das Licht

Curricula sind Lehrgänge, in denen die Lehr-/Lerninhalte nach den Forderungen der Lehrpläne (Basiskonzepte, Kompetenz- und Kontextorientierung) sachlogisch und didaktisch-methodisch kohärent aufbereitet und angeordnet wurden. Viele Curricula für die *Sekundarstufe I* folgen unabhängig vom Bundesland in etwa der thematischen Anordnung aus Abb. 5.12.

In den Kästen aus Abb. 5.12 sind die *Inhaltsfelder* und *Fachinhalte* jeweils in Schwarz, die *Kontexte,* in denen sie erschlossen werden können, in Blau angegeben. Die thematische Folge 1. bis 10. aus Abb. 5.12 unterstützt einen kumulativen Erwerb von Kompetenzen in allen (s. Abschn. 5.4) vier *Kompetenzbereichen:* Fachwissen, Erkenntnisgewinnung, Kommunikation und Bewertung.

Die mit einem Stern markierten Inhaltsfelder in Abb. 5.12 weisen auf lehrplankonforme Inhalte hin, in die Phänomene und Konzepte mit *Licht* ins Curriculum eingebunden werden können. Die *Farbe* eines Stoffes gehört zu den unmittelbar und augenscheinlich wahrnehmbaren Eigenschaften. Sie ist aber keine charakteristische Stoffeigenschaft wie etwa die Dichte und kommt nur im Wechselspiel zwischen Stoff und Licht zustande. Daher sollten bereits im *ersten* Chemiejahr – oder schon im naturwissenschaftlichen Unterricht der Jahrgangsstufen 5 und 6 – die in Kap. 7 beschriebenen Experimente zur Entstehung von Farben und Leuchtfarben durchgeführt und die elementaren Grundlagen zur *Farbigkeit durch Lichtabsorption*

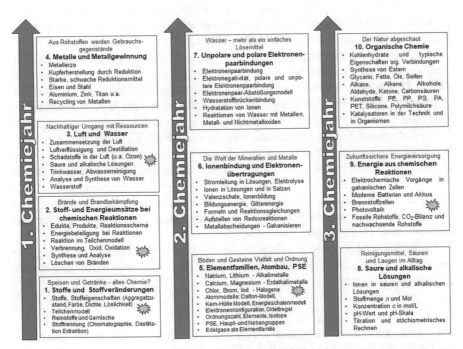

Abb. 5.12   Beispiel eines Curriculums für die Sek. I – vgl. Erläuterungen im Fließtext

und -emission erschlossen werden. Das ist ganz ohne Teilchenmodelle und chemische Formeln möglich und so kann bereits zu Beginn des naturwissenschaftlichen Unterrichts die Bedeutung von Licht hervorgehoben werden.

Gleiches gilt auch für die Beteiligung der (s. Kap. 7 – „intelligente" Folie) *Energie* bei chemischen Reaktionen in Form von Licht und für die im Abschn. 5.6 beschriebene (s. Abschn. 5.6.1 konstruktivistischer Lernzyklus) konstruktivistische Lernschleife „Licht – der Antrieb fürs Leben", in der Licht als Antrieb für die Photosynthese, die wichtigste Reaktion für die Biosphäre auf unserem Planeten, anhand von Modellexperimenten ins Bewusstsein gebracht wird.

Die weiteren drei markierten Inhaltsfelder des Curriculums für die Sekundarstufe I aus Abb. 5.12 betreffen das Ozon als UV-Filter und Luftschadstoff, die Chlorknallgasreaktion und die Solarzellen. Darauf wird im Abschn. 6.2.3 genauer eingegangen.

In der *Sekundarstufe II,* d. h. in der *Einführungs-* und in der *Qualifikationsphase,* geben die Lehrpläne der Bundesländer nicht nur teilweise unterschiedliche obligatorische Inhaltsfelder vor, es werden auch unterschiedliche Folgen für die Inhaltsfelder vorgeschrieben. Da das Zentralabitur jeweils landesspezifisch ist, werden auch die Curricula jeweils landesspezifisch an die Vorgaben der Lehrpläne angepasst, um die Lernenden möglichst gut auf die Prüfungsanforderungen vorzubereiten. Dennoch gibt es noch Spielräume für Ergänzungen zu den Pflichtinhalten der Lehrpläne. Wenn inhaltliche Ergänzungen kohärent zu den Inhalten des landesspezifischen Curriculums sind, d. h. diese aufgreifen, anwenden und vertiefen und zudem innovativen, nachhaltigen und zukunftsträchtigen Entwicklungen Rechnung tragen, können sie die Akzeptanz und Effizienz des Chemieunterrichts in besonderem Maße steigern.

In Abb. 5.13 ist eine ländergemeinsame Auswahl von Fachinhalten der Einführungs- und Qualifikationsphase in *Inhaltsfelder* zusammengefasst. Anders als in Abb. 5.12 sind die Inhaltsfelder in Abb. 5.13 nicht nummeriert, weil die Reihenfolge ihrer Behandlung im Unterricht in den Bundesländern sehr unterschiedlich sein kann. Analog zu Abb. 5.12 ist in Abb. 5.13 jedem Inhaltsfeld ein möglicher Kontext in blauer Schrift zugeordnet. Bei allen in Abb. 5.13 angegebenen Inhaltsfeldern lassen sich einige der darin enthaltenen Pflichtinhalte kohärent mit *photochemischen Inhalten* ergänzen, zu denen dieses Buch und seine Internetplattform Experimente, Konzepte und Materialien anbieten. Da die Auswahl der Inhaltsfelder in Abb. 5.13 nach diesem Kriterium erfolgte, darf es nicht wundern, dass beispielsweise das in allen Bundesländern obligatorische Inhaltsfeld „Säuren und Basen – Protolysegleichgewichte" fehlt.[5]

Unabhängig von der Reihenfolge in Abb. 5.13 und erst recht unabhängig von der Reihenfolge im Curriculum kennzeichnen die Markierungen u. a. folgende *Fachinhalte* mit *Licht:*

---

[5]Auch dazu gäbe es kohärente Ergänzungen mit *Photosäuren* und *Photobasen.* Das sind Säuren und Basen nach dem Brönsted-Konzept, d. h. Protonendonatoren und -akzeptoren. Sie werden allerdings erst im elektronisch angeregten Zustand wirksam. Darauf kann im Studium und/oder in Facharbeiten eingegangen werden, nicht aber im regulären Chemieunterricht.

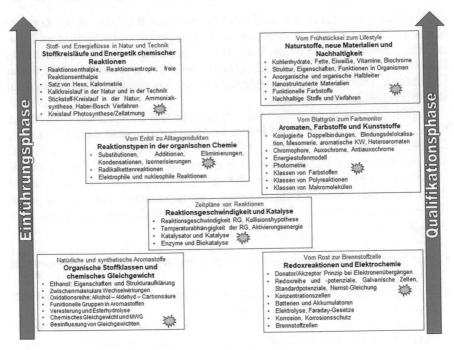

Abb. 5.13 Ausgewählte Inhaltsfelder eines Curriculums für die Sek. II – vgl. Erläuterungen im Fließtext

- Energieumwandlungen: i) Licht → chemische Energie (photochemische Reaktionen, z. B. Isomerisierungen), ii) Licht → elektrische Energie (photogalvanische, photoelektrochemische und photovoltaische Zellen), iii) chemische Energie → Licht (Chemolumineszenz) und iv) elektrische Energie → Licht (anorganische und organische Leuchtdioden – LED und OLED),
- Photochemische Radikalkettenreaktionen (Substitutionen und Polymerisationen),
- Photoredoxreaktionen (endergonische Reduktion, Photosynthese),
- Photosensibilisatoren,
- Photokatalyse im Vergleich zu Katalyse und Biokatalyse,
- Photostationärer Zustand im Vergleich zum chemischen Gleichgewicht,
- Photolumineszenz (Fluoreszenz und Phosphoreszenz),
- Photochromie, Solvatochromie und Photosensibilisation.

In Kap. 6 und 7 wird auf diese Inhalte ausführlich eingegangen.

5.11 Die Digitalisierung und das Licht

Die am Ende des 20. Jahrhunderts begonnene und sich jetzt fortsetzende *digitale Revolution* ist mit der *industriellen Revolution* im 18. und 19. Jahrhundert vergleichbar. Computergesteuerte Maschinen, Fahrzeuge und Geräte aller Art setzen sich bei der Produktion in industriellen und landwirtschaftlichen Betrieben, in der Kommunikation zwischen Firmen, Institutionen und Einzelpersonen, im Verkehr an Land, auf dem Wasser und in der Luft, beim Handel mit Gütern und Wertpapieren, im Bankwesen und nicht zuletzt im gesamten Bildungssystem durch. Die Folgen sind tiefgreifende, umwälzende und dauerhafte, also revolutionierende Veränderungen in allen Bereichen der Gesellschaft.

Digitales Lernen und Lehren gehört an Schulen und Universitäten zum Alltag. Es beginnt allerdings schon viel früher. Im Kindesalter lernen bereits Zwei- bis Dreijährige parallel zum Sprechen in Sätzen auch den Umgang mit digitalen Bildern und Spielen auf Tablets und anderen elektronischen Geräten. Bei Beginn des Chemieunterrichts in der Sekundarstufe I verfügen Kinder und Jugendliche in der Regel über ausreichende Erfahrungen mit elektronischen Geräten und digitalen Medien, um diese gewinnbringend im Unterricht einzubinden. Voraussetzungen sind allerdings

- eine gute technische Ausstattung der Schulen mit moderner *Hardware* und schnellem Netz,
- die Verfügbarkeit über didaktisch prägnante und wissenschaftlich konsistente *Software* für den Chemieunterricht und
- die Kompetenz der Lehrer*innen, geeignete digitale Medien auszuwählen und sinnvoll in forschend-entwickelndem Chemieunterricht einzusetzen.

Bei der Entwicklung geeigneter Software und *digitaler Lernumgebungen* beteiligen sich in hohem Maße Lehrer*innen aus der Schulpraxis und Arbeitsgruppen aus der Chemiedidaktik [41–47]. Die Autoren zeigen, wie Computer, Whiteboards, Tablets, Smartphones und verschiedene Geräte zur digitalen Messwerterfassung in einem digitalen Chemiefachraum eingesetzt werden können, und liefern Beispiele für die Nutzung von WLAN, Apps, Clouds und eigenen Internetseiten mit digitaler Software.

Eine mögliche Konfiguration der digitalen Hardware-Bausteine für einen Chemiefachraum ist in Abb. 5.14 angegeben. Digitale Software für den Chemieunterricht und das Chemie-Lehramtsstudium liegt in folgenden Formaten vor:

- Programme zur *Messwerterfassung* und *-auswertung,* z. B. [42–46]; hervorzuheben ist das umfangreiche ALL-CHEM-MISST-Paket aus Hard- und Software von F. KAPPENBERG [47];
- Internet-Portale mit Einzelexperimenten, Experimentierkoffern, Videos, *molecular modeling* (animierte 3D-Darstellungen von Molekülmodellen), Modellanimationen mit Teilchen- und Energiediagrammen, vertonten Lehrfilmen (Tutorials), Arbeitsblättern, didaktischen Hinweisen, Gefährdungsbeurteilungen etc. zu lehrplanpflichtigen Inhalten des Unterrichts und zu Themen für Facharbeiten in der Qualifikationsstufe sowie Abschlussarbeiten im Lehramtsstudium (Bachelor und Master). Das Internetportal dieses Buches enthält Links zu weiteren geprüften Web-Seiten.
- Schulbücher für den Chemieunterricht als *E-Book*-Versionen (z. B. von den Verlagen C.C. Buchner, Cornelsen, Klett und Schroedel)

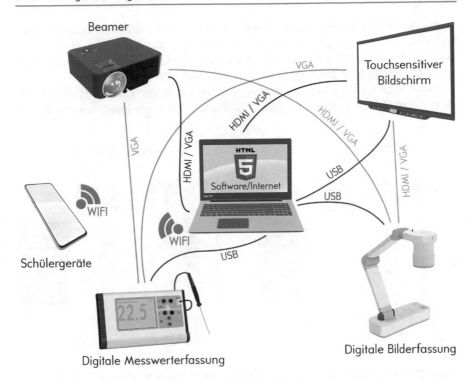

Abb. 5.14 Interaktives Whiteboard mit touchsensitivem Bildschirm, zentralem Computer und möglicher Peripherie aus weiteren digitalen Werkzeugen nach © B. Sieve [42], erstellt von Nico Meuter

Digitale, multimediale Lehr-/Lernarrangements können im Unterricht gegenüber klassischen Medien und Methoden motivierender und effizienter sein. Sie sollten aber nicht die Experimente ersetzen. Die Primärerfahrungen mit den Eigenschaften von Stoffen und Reaktionen, also Stoff- und Energieumwandlungen, sind und bleiben die faktische Grundlage allen Wissens und Könnens, das es in der Chemie zu vermitteln gilt.

> Insbesondere für die forschend-entwickelnde Vorgehensweise im Chemieunterricht (vgl. Abschn. 5.6.1) ist *digitale Assistenz* sinnvoll und hilfreich – digitale Autonomie kann sich als sinnwidrig und untauglich erweisen.

Um für Lehrende und Lernende den „roten Faden" im Unterrichtsgang hervorzuheben und ein „Verirren" im Netz der digitalen Medien zu vermeiden, müssen diese mit dem *Schulbuch,* dem wichtigsten Printmedium für den Unterricht, eng verzahnt sein. Diese Forderung wird bei modernen Schul- und Lehrbüchern, die auch als elektronische *E-Book*-Versionen vorliegen, erfüllt.

Zu diesem Buch sind digitale Medien in allen oben genannten Formaten verfügbar auf der *Internetplattform* www.chemiemitlicht.uni-wuppertal.de verfügbar und über Links im E-Book bzw. QR-codes im gedruckten Buch abrufbar. Als Beispiele sind die beiden *Screenshots* in Abb. 5.15 und 5.16 angeführt.

Diese interaktiven *Modellanimationen* können über die QR-Codes auf Smartphones und Tablets aktiviert werden. Auf ihren Unterrichtseinsatz wird in Kap. 7

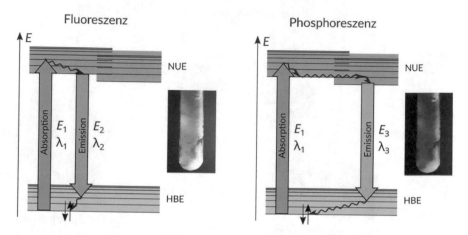

Abb. 5.15   Animiertes Funktionsmodell für die Elementarprozesse bei der (QR 5.5) Fluoreszenz (**a**) und Phosphoreszenz (**b**)

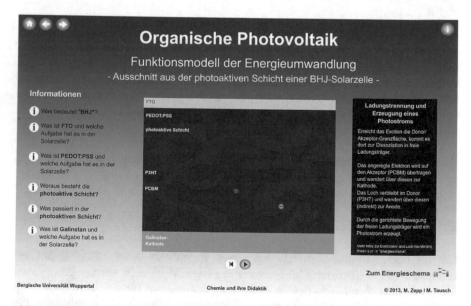

Abb. 5.16   Animiertes, interaktives Funktionsmodell für die Energieumwandlung in einer (QR 5.6) organischen Photovoltazelle

eingegangen. Dort werden auch zahlreiche weitere digitale Medien zu Photoprozessen vorgestellt, erläutert und curricular eingebunden.

Unter den verschiedenen Formaten „digitaler Assistenten" sind interaktive Modellanimationen besonders effiziente Lehr-/Lernhilfen – insbesondere dann, wenn sie mit sinnstiftenden Kontexten und Pflichtinhalten des Chemieunterrichts oder anderer MINT-Fächer vernetzt sind. Da auch Modellanimationen eben „nur" Modelle sind, gelten für sie die gleichen Merkmale, Leitlinien und Qualitätskriterien wie die im Abschn. 5.7.1 diskutierten.

Die Entwicklungsperspektiven der Digitalisierung im Chemieunterricht, der Lehramtsausbildung und -fortbildung schließen die Beteiligung aller Akteure ein, d. h. der Schüler*innen, der Student*innen und der Lehrer*innen. Sie können experimentelle Vorrichtungen und Beobachtungen, Alltagsphänomene etc. als Fotos oder Kurzvideos aufzeichnen und – je nach Status und zu erfüllende Aufgabe – beispielsweise in Protokolle, Hausarbeiten oder Klausuren einbauen. Sie können vorliegende Modellanimationen kritisch bewerten, gegebenenfalls „zerpflücken" und durch bessere ersetzen.

Für Lernende und Lehrende ist es besonders motivierend und in vielfacher Hinsicht (fachlich, sprachlich, ästhetisch, künstlerisch, sportlich, ethisch) herausfordernd, wenn sie sich der Konzeption und der Erstellung von vertonten *Lehrfilmen (Tutorials)* widmen. Um die Filme für Unterricht und Lehre tauglich zu gestalten, muss besonders auf didaktische Prägnanz und wissenschaftliche Konsistenz großer Wert gelegt werden. Zur „Faszinierenden Welt der Photochemie" werden auf der Internetplattform dieses Buches folgende (QR 5.7) Lehrfilme aus eigener Produktion angeboten:

1. Was ist ein Photon? – Teilchen-Welle-Dualismus,
2. An und aus mit Licht – Ein photoaktiver molekularer Schalter,
3. Ein chemisches Chamäleon – Molekulare Umgebung und Solvatochromie,
4. Ungleiche Gleichgewichte – thermodynamisches Gleichgewicht *vs.* photostationärer Zustand,
5. Underground Minigolf – Abwärts- und Aufwärtskonvertierung von Photonen,
6. Photolumineszenz – Farbe durch Lichtemisssion,
7. Photosynthese – ein Fall für zwei, Teil 1: Photokatalyse und Elektronentransfer bei Redoxreaktionen, Energiekonversion und -speicherung in einem reduzierten System
8. Photosynthese – ein Fall für zwei, Teil 2: Chlorophyll und β-Carotin, Energietransfer, Wirkung von β-Carotin als Photosensibilisator und Photoprotektor.

Die Filme 1. bis 5. sind im Tutorial-Format als Dialog zwischen zwei jungen Menschen erstellt. Einer der Protagonisten ist in allen fünf Filmen ein naturwissenschaftlich interessierter Laie, der von seinen Alltagserfahrungen (Regenbogen, tönende Sonnenbrille, Chamäleon etc.) ausgehend, Erklärungen bei Jungchemiker*innen aus der Chemiedidaktik sucht. Diese bringen ihn mithilfe von Experimenten, Modellen und Erklärungen jeweils zu einem „Aha-Erlebnis", das seine Neugier für die Welt der Photonen und Moleküle immer wieder aufs Neue anregt.

Die Filme 6. bis 8. sind als *Abschlussarbeiten* (Masterthesis) erstellt worden. Sie haben die Farbigkeit durch Lichtemission und die Photosynthese als übergeordnete Kontexte, die auch hier anhand von Modellexperimenten, Animationen und gesprochenen Kommentaren erschlossen werden.

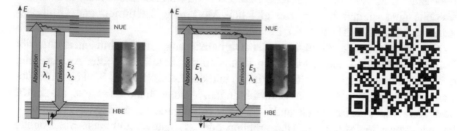

QR 5.5   Animationen mit Funktionsmodellen zur Fluoreszenz und Phosphoreszenz

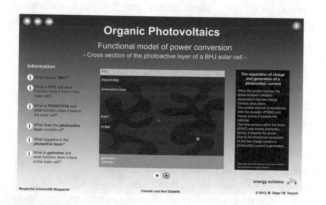

QR 5.6   Animationen mit Bauanleitung und Funktionsmodellen zu organischen Photovoltazellen OPV

QR 5.7   Lehrfilme „Faszinierende Welt der Photochemie"

Literatur

1. Turro, N.J.: Modern Molecular Photochemistry. The Benjamin/Cummings Publishing Co. Inc., California (1978)
2. Tausch, M.W.: Chemische Schlüsselkonzepte – Netzwerk aus Leitideen für Unterricht und Lehre. Prax. Naturwiss. Chem. Sch. **66**(1), 5 (2017); vgl. auch S. 55–68
3. Kuhn, T.S.: Die Struktur wissenschaftlicher Revolutionen, 4. Aufl. Suhrkamp, Frankfurt a. M. (1979)
4. Sekretariat der Kultusministerkonferenz (Hrsg.): Bildungsstandards Chemie. Luchterhand, München (2005)
5. Ministerium für Schule und Weiterbildung in Düsseldorf (Hrsg.): Kernlehrplan Chemie Gymnasium Sek. I in Nordrhein-Westfalen. Ritterbach, Frechen (2008)
6. Niedersächsisches Kultusministerium (Hrsg.): Kerncurriculum für das Gymnasium, Naturwissenschaften. Unidruck, Hannover (2007)
7. Bildungsstandards für Chemie in Baden-Württemberg: www.bildung-staerkt-menschen.de/service/downloads/Bildungsstandards/Gym/Gym_Ch_bs.pdf
8. Marx, L.: Schlüsselkonzepte – Chemieunterricht mithilfe von Leitideen planen und gestalten. J. Prax. **66**(1), 10 (2017)
9. Herdt, C.: Strukturorientierung – ein Schlüsselkonzept. Prax. Naturwiss. Chem. Sch. **66**(1), 14 (2017)
10. Graulich, N., Hopf, H., Schreiner, P.R.: Heuristic thinking makes a chemist smart. Chem. Soc. Rev. **39**, 1503–1512 (2010)
11. Programme for International Student Assessment PISA, OECD (Organisation for Economic Co-operation and Development), Paris 1999
12. Tausch, M.W., Haas, L.: Die Standard-Matrix, ein Paradigma für den Chemieunterricht. Prax. Naturwiss. Chem. Sch. **52**(1), 7 (2003)
13. Ministerium für Schule und Weiterbildung in Düsseldorf (Hrsg.): Kernlehrplan Chemie Gymnasium/Gesamtschule Sek. II in Nordrhein-Westfalen. Ritterbach, Frechen (2008)
14. Tausch, M.W.: Innovation und Bildung durch Chemie: Aktivierung der Kommunikation von Chemie in Lehre und Gesellschaft. In: Gusten, H., Reinermann, H. (Hrsg.) Die Chemie zwischen Hoffnung und Skepsis – J. J. Becher-Preis 2007. Nomos, Baden-Baden (2008)
15. Schwanitz, D.: Bildung – Alles, was man wissen muss. Goldmann, München (2002)
16. Fischer, E.P.: Die andere Bildung – Was man von den Naturwissenschaften wissen sollte. Ullstein, München (2001)
17. Scheid, K.: Methodik des chemischen Unterrichts. Quelle & Meyer, Leipzig (1927)
18. Becker, H.J., Glöckner, W., Hoffmann, F., Jüngel, G.: Fachdidaktik Chemie. Aulis, Köln (1992)
19. Schmidkunz, H., Lindemann, H.: Das forschend-entwickelnde Unterrichtsverfahren. Westarp Verlage, Hohenwarsleben. Mehrere Auflagen von 1994 bis 2003
20. Himmerich, K., Weiß, M.: Das forschend-entwickelnde Unterrichtsverfahren am Beispiel „Vorsicht: Rhabarber! – Wie gefährlich ist unsere Nahrung?". Prax. Naturwiss. Chem. Sch. **65**(5), 5 (2016)
21. Pfeifer, P., Häusler, K., Lutz, B. (Hrsg.): Konkrete Fachdidaktik Chemie. Oldenburg, München (1996)
22. Huntemann, H., Paschmann, A., Parchmann, I.: Chemie im Kontext – ein neues Konzept für den Chemieunterricht? CHEMKON **6**(4), 191 (1999)
23. Parchmann, I., Ralle, B.: Lernen von und in sinnstiftenden Zusammenhängen. Prax. Naturwiss. Chem. Sch. **65**(5), 14 (2016)
24. di Fuccia, D., Ralle, B.: Forschend-entwickelnd und kontextorientiert. MNU **63**(5), 296 (2010)
25. Tausch, M.W.: Didaktische Integration – die Versöhnung von Fachsystematik und Alltagsbezug. Chem. Sch. **47**(3), 179 (2000)

26. Tausch, M.W.: Didaktisch integrativer Chemieunterricht – Kohärente Inhalte, Methoden und Medien. Prax. Naturwiss. Chem. Sch. **65**(5), 44 (2016)
27. Anton, M.: Kompendium Fachdidaktik. Klinkhardt, Bad Heilbrunn (2008)
28. Kranz, J., Schorn, J. (Hrsg.): Chemie Methodik – Handbuch für die Sekundarstufe I und II. Cornelsen Scriptor, Berlin (2008)
29. Barke, H.-D., Harsch, G.: Chemiedidaktik kompakt. Springer, Heidelberg (2011)
30. Reiners, C.S.: Chemie vermitteln – Fachdidaktische Grundlagen und Implikationen. Springer, Heidelberg (2017)
31. Eilks, I., Marks, R., Stuckey, M.: Das gesellschaftskritisch-problemorientierte Unterrichtsverfahren. Prax. Naturwiss. Chem. Sch. **65**(5), 33 (2016)
32. http://www.lern-psychologie.de/kognitiv/piaget.htm
33. Marohn, A., Schillmüller, R.: choise²learn – Schülervorstellungen verändern am Beispiel ‚Lösen von Kochsalz‘. Prax. Naturwiss. Chem. Sch. **65**(5), 18 (2016)
34. Duit, R., Gropengießer, H., Marohn, A.: Schülervorstellungen und conceptual change. In: Krüger, D., Parchmann, I., Schecker, H. (Hrsg.) Theoretische Rahmungen in der naturwissenschaftsdidaktischen Forschung. Springer, Heidelberg (2018)
35. Friedrich, J., Bröll, L., Petermann, K., Oetken, M.: Das an Schülervorstellungen orientierte Unterrichtsverfahren. Prax. Naturwiss. Chem. Sch. **65**(5), 25 (2016)
36. Popper, K.: Logik der Forschung, 11. Aufl. Mohr, Tübingen (2005)
37. Popper, K.: Tübinger Vorlesung, gehalten am 27. Juli 1982
38. Tausch, M.W.: Modelle im Chemieunterricht. MNU, Math. Naturwiss. Unterr. **35**(4), 226 (1982)
39. Bohrmann-Linde, C., Krees, S., Tausch, M., von Wachtendonk, M. (Hrsg.): CHEMIE 2000+, Einführungsphase und Qualifikationsphase. C. C. Buchner, Bamberg (2015). (Erstveröffentlichung 2012)
40. Schwartz, R.S., Lederman, N.G.: „It's the nature of the beast". The influence of knowledge and intention on learning and teaching nature of science. J. Res. Sci. Teach. **39**(3), 205–236 (2002)
41. Kappenberg, F.: Unterricht mit Whiteboard, Tablets & Co. Prax. Naturwiss. Chem. Sch. **63**(4), 10 (2014)
42. Sieve, B.: Interaktive Whiteboards – Beispiele für den lernförderlichen Einsatz im Chemieunterricht. Prax. Naturwiss. Chem. Sch. **63**(4), 5 (2014)
43. Krause, M., Eilks, I.: Tablet-Computer im Chemieunterricht – Apps und Anwendungen. Prax. Naturwiss. Chem. Sch. **63**(4), 17 (2014)
44. Lühken, A., Weiß, S., Wigger, N.: Smartphones im Chemieunterricht – Recherchieren und Experimentieren mit Apps. Prax. Naturwiss. Chem. Sch. **63**(4), 22 (2014)
45. Plehn, J.: Vernetzte Messtechnik – Datenerfassung und -austausch per WLAN. Prax. Naturwiss. Chem. Sch. **63**(4), 31 (2014)
46. Krees, S.: Licht quantitativ erfassen – Messexperimente mit dem Datenlogger Xplorer GLX und dem Emissionsspektrometer RedTide. Prax. Naturwiss. Chem. Sch. **63**(4), 34 (2014)
47. Kappenberg, F.: www.kappenberg.com

Konzeptionelle Grundlagen der Photochemie

6

Inhaltsverzeichnis

In diesem Kapitel werden die wichtigsten konzeptionellen Grundlagen für Photoprozesse jeweils in drei Stufen nach dem *Top-down*-Prinzip angeboten (Abb. 6.1). Diese Vorgehensweise wendet sich an *Studierende* und *Lehrende*. Dabei werden konzeptionelle Grundlagen aus der Anorganischen, Organischen, Physikalischen und Theoretischen Chemie extrahiert, die unmittelbar an die MO-Theorie und andere Fachinhalte anknüpfen. Daraus werden durch didaktische Reduktion schrittweise Konzepte und Modelle entwickelt, die für das Lehramtsstudium und für den Unterricht geeignet sind. Bei den Konzepten für den Unterricht wird jeweils die Kompatibilität mit lehrplangebundenen Basiskonzepten, Pflichtinhalten und Kompetenzen des Chemieunterrichts in der Sekundarstufe II bzw. Sekundarstufe I berücksichtigt[1].

Als Einstimmung auf die folgenden Ausführungen sollten zuerst die historischen Betrachtungen in Kap. 1 gelesen werden. Um den Zugang zu den folgenden Konzepten zu erleichtern, ist es ratsam, vorher die Zusammenhänge *Licht – Farbe, Teilchen – Wellen* und *Wellenlänge – Frequenz – Energie – Farbe* in

---

[1]Bei der Einführung von theoretischen Konzepten und Modellen wird im Unterricht aus pädagogischen Gründen genau anders herum als in diesem Kapitel verfahren, d. h. nach dem *Bottum-up*-Prinzip. So können Konzepte und Modelle adäquat dem Alter und Bildungsstand der Lernenden zugeschnitten werden.

© Springer-Verlag GmbH Deutschland, ein Teil von Springer Nature 2019
M. Tausch, *Chemie mit Licht*, https://doi.org/10.1007/978-3-662-60376-5_6

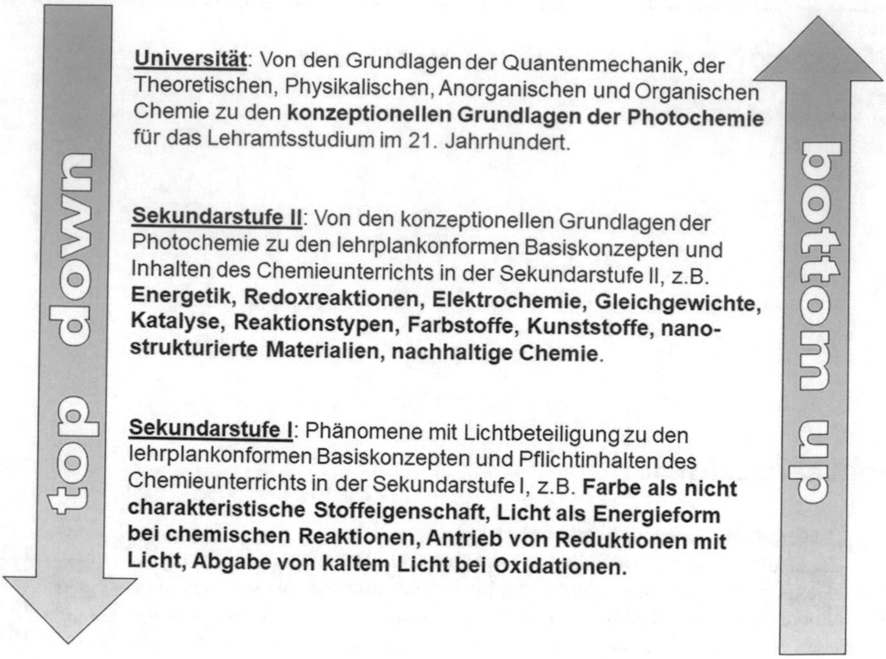

Universität: Von den Grundlagen der Quantenmechanik, der Theoretischen, Physikalischen, Anorganischen und Organischen Chemie zu den **konzeptionellen Grundlagen der Photochemie** für das Lehramtsstudium im 21. Jahrhundert.

Sekundarstufe II: Von den konzeptionellen Grundlagen der Photochemie zu den lehrplankonformen Basiskonzepten und Inhalten des Chemieunterrichts in der Sekundarstufe II, z.B. **Energetik, Redoxreaktionen, Elektrochemie, Gleichgewichte, Katalyse, Reaktionstypen, Farbstoffe, Kunststoffe, nanostrukturierte Materialien, nachhaltige Chemie**.

Sekundarstufe I: Phänomene mit Lichtbeteiligung zu den lehrplankonformen Basiskonzepten und Pflichtinhalten des Chemieunterrichts in der Sekundarstufe I, z.B. **Farbe als nicht charakteristische Stoffeigenschaft, Licht als Energieform bei chemischen Reaktionen, Antrieb von Reduktionen mit Licht, Abgabe von kaltem Licht bei Oxidationen**.

Abb. 6.1 Didaktische Reduktion und konstruktivistische Entwicklung von photochemischen Konzepten nach dem Top-down- bzw. dem Bottom-up-Prinzip

Abschn. 1.3 bis 1.6 sowie die Relation *Basiskonzepte – Schlüsselkonzepte – Licht* in Abschn. 5.1 und 5.2 nachzuschlagen und aufzufrischen. Wer darüber hinaus noch mehr theoretischen Tiefgang in die quantenmechanischen Grundlagen der Photoprozesse wünscht, kann dies beispielsweise durch Einarbeitung in die einführenden Kapitel aus Lit. [1] erreichen.

Als auflockernde Einführung in die hier beabsichtigte *„Didaktisierung des Lichts"* aus der Perspektive des Faches Chemie eignet sich der (QR 6.1) Lehrfilm *„Was ist ein Photon?"*. Im Film interessiert sich ein naturwissenschaftlicher Laie für die Antwort auf die Titelfrage und sucht diese bei einer Chemiedidaktikerin. Sie unterrichtet ihn über die komplementären Eigenschaften des Photons und veranschaulicht den *Teilchen-Welle-Dualismus* mithilfe von Experimenten zur Reflexion, Beugung und Interferenz des Lichts. Der besondere Reiz des Films ist die metaphorische Szene am Schluss: An der Skulptur „Photon" des Künstlers TONY CRAGG lassen die beiden Protagonisten ihrer Fantasie freien Lauf und entdecken in diesem originellen Meisterwerk eine sinnbildliche Analogie zum Teilchen-Welle-Dualismus des Photons. Es ist offensichtlich, dass diese Analogie (und andere) einer exakten und abschließenden Antwort auf die Frage „Was ist ein Photon?" eigentlich aus dem Weg geht. Allerdings sind Lehrende der Chemie berechtigt und aufgerufen, solche Analogien zu finden und didaktisch zu nutzen, denn es gibt keine eindeutige, allgemein anerkannte Antwort auf die Frage „Was ist ein Photon?" Dazu sei an das EINSTEIN-Zitat aus Abschn. 1.5 erinnert.

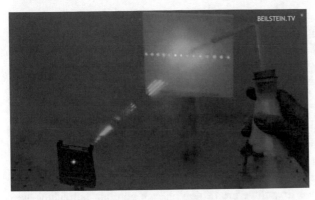

QR 6.1 Beugung und Interferenz – Szene aus dem Lehrfilm „Was ist ein Photon?"

6.1 Elektronische Anregung, elektronisch angeregte Zustände und ihre Desaktivierung *ohne* chemische Reaktion

6.1.1 Das quantenchemische MO-Modell im Lehramtsstudium

Bereits im ersten Studiensemester in der Allgemeinen Chemie werden Kenntnisse über die Quantenchemie und *Orbitale* vermittelt. Es hat sich in der Chemie eingebürgert, Orbitale als räumliche Bereiche zu deuten, in denen die *Aufenthaltswahrscheinlichkeit* (oder *Elektronendichte*) für Elektronen einer bestimmten Energie groß ist. Man stellt sich Orbitale als „Elektronenwolken" vor und nutzt sie in dieser Interpretation sehr erfolgreich auf vielen Teilgebieten der Anorganischen, Organischen und Physikalischen Chemie.

Allerdings sind Orbitale aus Sicht der Quantenmechanik Lösungen der SCHRÖDINGER-Gleichung, also *Wellenfunktionen* von Elektronen in stationären Zuständen. Es handelt sich um abstrakte mathematische Konstrukte, die mit der Vorstellungskraft des Menschen nicht „begreifbar" sind. Diese Wellenfunktionen basieren auf den (Abschn. 4.2) Prinzipien der *Quantenmechanik* (Quantifizierungsprinzip, Komplementaritätsprinzip und Unschärferelation). Eine anschauliche Zusammenfassung über die Prinzipien der Quantenmechanik, die Quantenzahlen sowie die Atom- und Molekülorbitale enthält auch das zu diesem Buch bereitgestellte Materialienpaket „Orbital-Modell"(QR 6.2).

Paradoxerweise stehen die Prinzipien der Quantenmechanik in krassem Widerspruch zu den Prinzipen der klassischen Mechanik. Während im Weltbild der *klassischen Mechanik* vorausgesetzt wird, dass es eine klare Trennung zwischen dem forschenden Subjekt und dem erforschten Objekt gibt und der Zustand eines mechanischen Systems als genau berechenbar angenommen wird, gilt im ganzheitlichen Weltbild der *Quantenmechanik* in beiden Punkten genau das Gegenteil: Die Trennung Subjekt – Objekt ist unzulässig, vielmehr hängt im ganzen Universum, im Makro- wie auch im Mikrokosmos, alles mit allem zusammen (*holistisches* Prinzip) und der Zustand eines Quantensystems ist nicht mit beliebiger Genauigkeit berechenbar.

Das holistische Prinzip wird in der *MO-Theorie* bei der Berechnung von Molekülorbitalen durch eine weitreichende Hypothese, die BORN-OPPENHEIMER-Approximation, außer Kraft gesetzt. Die vereinfachende Näherung besteht in der Annahme, dass die Bewegung der „leichten, schnellen" Elektronen von der Bewegung der vergleichsweise „schweren, trägen" Kerne getrennt betrachtet werden kann. Unter dieser Arbeitshypothese werden aus Atomorbitalen AO Molekülorbitale MO berechnet.

Auch ohne quantenmechanische Berechnungen kann man sich in Analogie zur Überlagerung (Interferenz) von Wellen vorstellen, dass Orbitale aus den Valenzschalen von Atomen zu Molekülorbitalen überlappen („verschmelzen"), wobei es zu σ-MO oder π-MO kommt (Abb. 6.2).

Bei Kohlenstoff-Kohlenstoff-Bindungen entstehen durch Überlappung („Verschmelzung") von hybridisierten sp^3-, sp^2- oder sp-Atomorbitalen σ-MO, die zur Kernverbindungsachse rotationssymmetrisch sind (Abb. 6.2)[2]. Durch Überlappung nicht hybridisierter p-Atomorbitale aus den beiden Kohlenstoff-Atomen entstehen π-MO. Diese sind nicht rotationssymmetrisch, wohl aber antisymmetrisch zur Ebene, in der die beiden Atome und ihre Substituenten liegen. Bei *bindenden* σ-MO und π-MO wird die Aufenthaltswahrscheinlichkeit (Elektronendichte) zwischen den Atomen erhöht, bei *antibindenden* σ*-MO und π*-MO wird sie vermindert oder auf null herabgesetzt. Im Grundzustand von Molekülen sind die bindenden MO mit jeweils zwei Elektronen entgegengesetzten Spins besetzt, die antibindenden MO bleiben unbesetzt (Abb. 6.2). Salopp formuliert lässt sich bereits hier feststellen:

Wärmechemie ist die Chemie der Grundzustände. Dabei bleiben die antibindenden MO unbesetzt („Phantom-Orbitale"). Dagegen ist Photochemie die Chemie der elektronisch angeregten Zustände, also der Zustände, in denen auch antibindende MO besetzt sind.

---

[2]Die Vorzeichen plus und minus in den AO dienen dazu, eine formale Analogie zur In-Phase- bzw. Außer-Phase-Überlagerung bei der Interferenz von Schwingungen und Wellen anzudeuten.

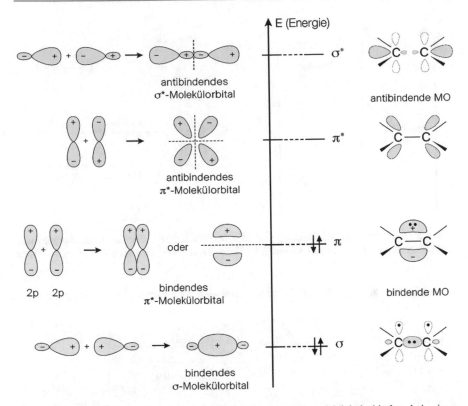

Abb. 6.2 „Verschmelzung" von Atomorbitalen zu σ- und π-Molekülorbitalen bei einem Alken-Molekül sowie deren relative Energien und Besetzungen mit Elektronen im Grundzustand

Für alle Prozesse mit Lichtbeteiligung sind das höchste besetzte Molekülorbital *HOMO (highest occupied molecular orbital)* und das niedrigste unbesetzte Molekülorbital *LUMO (lowest unoccupied molecular orbital)* von essenzieller Bedeutung. Bei der Absorption eines Photons geeigneter Energie wird in den meisten Fällen ein Elektron aus dem HOMO ins LUMO angehoben. Dabei geht das Molekül aus dem Grundzustand A in den (Abschn. 5.2) elektronisch angeregten Zustand A* über. Bei einem Wasserstoff-Molekül ist ein HOMO-LUMO Übergang nur aus dem σ-MO ins σ*-MO möglich (Abb. 6.3).

Dadurch wird die *energetische Stabilisierung* (vgl. „Energiegrube" in Abb. 6.3) komplett aufgehoben, das Molekül im angeregten Zustand zerfällt in zwei Wasserstoff-Atome. Bei einem Alken-Molekül (Abb. 6.2) entspricht der HOMO-LUMO Übergang einer π-π*-Anregung. Die bindende Wirkung der π-Bindung wird dadurch zwar aufgehoben, aber die der σ-Bindung bleibt bestehen, das Molekül im angeregten Zustand zerfällt nicht in zwei Bruchstücke.

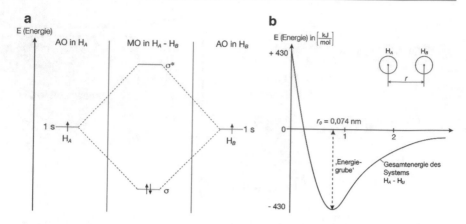

Abb. 6.3 a Energetische Aufspaltung der MO im Wasserstoff-Molekül, **b** Bindungsenergie („Energiegrube") des Wasserstoff-Moleküls im Vergleich zu zwei getrennten Wasserstoff-Atomen

Der Unterschied aus Abb. 6.2 und 6.3 lässt sich folgendermaßen verallgemeinern:

> Eine σ-σ^*-Anregung in Molekülen ohne Doppelbindungen hat die homolytische Bindungstrennung mit Bildung von Radikalen als Folge (z. B. photochemische Bildung von Chlor- bzw. Brom-Radikalen bei der Halogenierung von Alkanen), eine π-π^*-Anregung in Molekülen mit Doppelbindungen erzeugt einen angeregten Zustand, der nicht sofort den Zerfall in Radikale zur Folge hat, sondern auf anderen Wegen desaktiviert wird (z. B. Emission von Licht, Isomerisierung, Energie- oder Elektronenübertragung).

Dies ist allerdings nur eine Faustregel, die für praktisch relevante photoaktive Verbindungen mehrfacher Präzisierungen bedarf. Moleküle lichtaktiver Stoffe zeichnen sich durch *delokalisierte π-MO* aus. Diese erstrecken sich über mehr als zwei Atome, beispielsweise beim Benzol-Molekül über sechs Atome (Abb. 6.4). Die sechs delokalisierten π-Elektronen im Benzol-Molekül besetzen drei delokalisierte π-MO. Es ist anzumerken, dass die häufig anzutreffende Annahme, alle sechs π-Elektronen besetzten das eine ringförmige π-MO aus Abb. 6.4 eine *Fehlvorstellung* darstellt[3]. Benzol-Moleküle benötigen für eine π-π^*-Anregung aus dem HOMO, einem der beiden energiegleichen besetzten π-MO in Abb. 6.4, ins LUMO, eines der beiden energiegleichen unbesetzten π^*-MO in Abb. 6.4, Photonen aus dem UV-Bereich.

Wenngleich Benzol nicht zu den für sichtbares Licht photoaktiven Verbindungen gehört, liefern seine Absorptionsspektren einige wichtige Erkenntnisse

---

[3]Hierbei handelt es sich in der Regel um eine in der Lehre (Abschn. 5.7) „hausgemachte Fehlvorstellung".

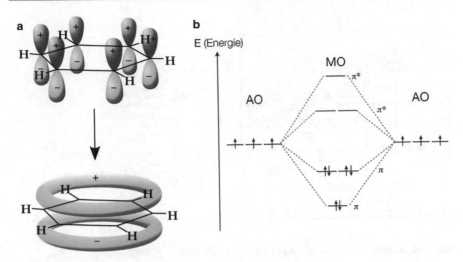

Abb. 6.4 **a** Energieärmstes delokalisiertes π-Molekülorbital MO im Benzol-Molekül und **b** relative Energien der sechs Atom- und Molekülorbitale. (vgl. Erläuterungen im Text)

für die oben erwähnten Präzisierungen. Das Absorptionsspektrum von Benzol zeigt mehrere, relativ nahe beieinanderliegende Absorptionsmaxima bei Wellenlängen in der Umgebung von 250 nm (Abb. 6.5). Weitere Maxima liegen bei höheren Energien der Photonen entsprechend $\lambda \approx 200$ nm und $\lambda \approx 170$ nm.

Diese Fakten können mit dem JABLONSKI-*Diagramm* und dem FRANCK-CON-DON-*Prinzip* erklärt werden (Abb. 6.6). Die Ordinate zeigt in beiden Diagrammen die Energie an. Die Abszisse im JABLONSKI-Diagramm hat keine physikalische Bedeutung.

Im Diagramm zum FRANCK-CONDON-Prinzip korreliert die Abszisse mit der geometrischen Anordnung der Kerne in einem Molekül (bei einem zweiatomigen Molekül ist das der Abstand r zwischen den Kernen wie in Abb. 6.3). In beiden Diagrammen stellen S_0, S_1, S_2 usw. die *elektronischen Zustände* und die dünnen

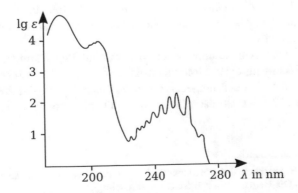

Abb. 6.5 Absorptionsspektrum von Benzol

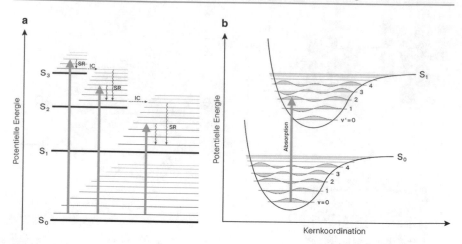

Abb. 6.6 **a** Jablonski-Diagramm, **b** Franck-Condon-Prinzip. (vgl. Erläuterungen im Text)

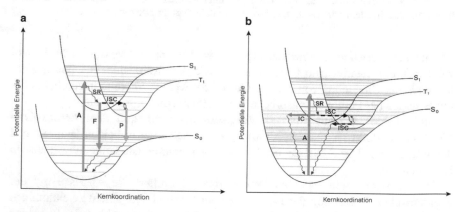

Abb. 6.7 Strahlende (**a**) und strahlungslose (**b**) Desaktivierungsprozesse von elektronisch angeregten Zuständen. (vgl. Erläuterungen im Text)

waagerechten Linien die *Schwingungszustände* in den Molekülen dar. Auch diese sind wie die elektronischen Zustände quantifiziert, d. h., sie können nur bestimmte Energien annehmen[4].

Eine molekulare Schwingung dauert nur wenige Pikosekunden (10^{-12} s bis 10^{-11} s). Der Übergang eines Moleküls zwischen zwei elektronischen Zuständen, z. B. von S_0 nach S_1 oder umgekehrt von S_1 nach S_0, erfolgt innerhalb einer Femtosekunde (10^{-15} s), ist also 1000- bis 10 000-mal schneller als die maximal

---

[4]Weiterhin unterliegen auch die Rotations- und sogar die Translationszustände dem Quantifizierungsprinzip. Die werden in Abb. 6.6 nicht berücksichtigt.

mögliche Kernumordnung während einer Schwingung. Das bedeutet, dass sich die geometrische Anordnung der Kerne in einem Molekül während der elektronischen Anregung bei Absorption eines Photons oder durch elektronische Desaktivierung mit Emission eines Photons um weniger als ein Tausendstel, also praktisch nicht, verändert. Das ist die Aussage des FRANCK-CONDON-Prinzips und dies entspricht in den Diagrammen aus Abb. 6.6 und 6.7 *vertikalen Übergängen* bei der elektronischen Anregung und Desaktivierung.

Bei Raumtemperatur führen die Moleküle im elektronischen Grundzustand S_0 praktisch ausschließlich die Nullpunktschwingung entsprechend $v = 0$ in Abb. 6.6 durch. Die größte Wahrscheinlichkeit für eine bestimmte Kernanordnung entspricht der Mitte der waagerechten Linie für die Nullpunktschwingung in Abb. 6.6. Von dieser Kernanordnung in S_0 aus erfolgt die elektronische Anregung bei der Absorption eines Photons am wahrscheinlichsten. Der vertikale Übergang führt am wahrscheinlichsten zu jenem Schwingungszustand im elektronischen Anregungszustand S_1, bei dem ebenfalls ein Wahrscheinlichkeitsmaximum der Kernanordnung erreicht wird. Das entspricht im Diagramm aus Abb. 6.6 dem Schwingungszustand $v' = 2$. Der eingezeichnete blaue Pfeil gibt also den wahrscheinlichsten (jedoch nicht den einzig möglichen!) Übergang für das fiktive Molekül aus Abb. 6.6 an. Im Absorptionsspektrum eines realen Stoffes ist dieser Übergang maßgebend für die intensivste Bande[5] in der *Schwingungsfeinstruktur,* die im langwelligen Bereich des Spektrums auftritt. Bei Benzol (Abb. 6.4) ist das der Bereich um 250 nm. Die Absorptionsmaxima der anderen Banden in diesem Spektralbereich werden durch andere mögliche, aber weniger wahrscheinliche Übergänge erzeugt. Diese Übergänge werden in der Modellanimation zum (QR 6.3) FRANCK-CONDON-Prinzip veranschaulicht.

Der bei der Absorption eines geeigneten Photons zunächst gebildete elektronisch angeregte Zustand ist also aufgrund des FRANCK-CONDON-Prinzips mehr oder weniger schwingungsangeregt. Darauf folgt innerhalb von einer Pikosekunde (10^{-12} s) zeitlich konkurrenzlos eine Folge von *Schwingungsrelaxationen SR* bis zum niedrigsten Schwingungszustand des elektronisch angeregten Zustands (roter, geschlängelter Pfeil in Abb. 6.7a). Von hier starten alle weiteren Elementarvorgänge bei der Desaktivierung des elektronisch angeregten Zustands. Dieser Grundsatz ist als KASHA-*Regel* oder auch als *„photochemisches Dogma"* bekannt.

Trotz der kurzen Verweildauer von 10^{-9} s im elektronisch angeregten S_1-Zustand kommt es bei der Desaktivierung in den elektronischen Grundzustand S_0 zu mehreren konkurrierenden Prozessen. Phänomenologisch kann die Desaktivierung strahlend, also mit Lichtemission, oder strahlungslos erfolgen. Die drei wichtigsten Routen sind in Abb. 6.7 getrennt dargestellt. Dies sind:

---

[5]Dass Molekülspektren *Banden* und nicht scharfe *Linien* enthalten, hat mehrere Gründe, u. a. die Rotations- und Translationszustände sowie Stöße zwischen den Molekülen und das beschränkte Auflösungsvermögen der Spektrometer.

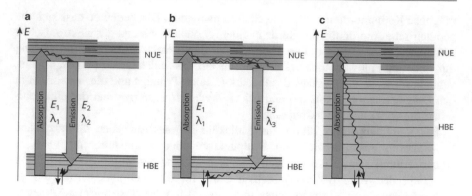

Abb. 6.8 Energiestufenmodell mit Schwingungszuständen für die Bildung des elektronisch angeregten Zustands und die Desaktivierungen durch Fluoreszenz (**a**), Phosphoreszenz (**b**) und strahlungslose Desaktivierung (**c**)

- *Fluoreszenz* (Abb. 6.7a): Bei der elektronischen Anregung durch Absorption eines geeigneten Photons gelangt das Molekül aufgrund des FRANCK-CONDON-Prinzips in einen schwingungsangeregten Zustand aus S_1. Der erste Schritt auf der Desaktivierungsroute ist eine Schwingungsrelaxation SR in den Schwingungsgrundzustand des elektronisch angeregten Zustands *Singlett-Zustands* S_1. Durch Fluoreszenz, d. h. einen *erlaubten Übergang*[6] $S_1 \rightarrow S_0$, gelangt das Molekül unter Emission eines Photons in einen schwingungsangeregten Zustand des elektronischen Grundzustands S_0. Es folgt letztlich eine Schwingungsrelaxation SR in die Nullpunktschwingung. Wegen der bei den Schwingungsrelaxationen SR in Wärme umgewandelten Energie ist das emittierte Photon energieärmer als das absorbierte. Die Differenz zwischen den Wellenlängen des absorbierten und emittierten Photons wird als *STOKES-Shift* bezeichnet.

- *Phosphoreszenz* (Abb. 6.7a): Hierbei handelt es sich um einen *nicht erlaubten Übergang* $T_1 \rightarrow S_0$. Der dafür notwendige *Triplett-Zustand* T_1 wird durch eine isoenergetische *Interkombination* $S_1 \rightarrow T_1$ gebildet, die in Abb. 6.7 als *ISC* (*Intersystem Crossing*) bezeichnet ist. Der so generierte schwingungsangeregte Zustand von T_1 relaxiert sofort thermisch zu seinem Schwingungsgrundzustand. Die Interkombination bedeutet eine Spinumkehr und ist in der Regel verboten. Das Verbot wird gelockert, wenn die Wechselwirkung zwischen dem

---

[6]Nach der *Multiplizitätsregel* oder *Spinauswahlregel* sind nur Übergänge erlaubt, bei denen sich die Multiplizität M, also auch der Gesamtspin S des Moleküls nicht ändert. Die *Multiplizität* M ist nach der Formel $M = 2S + 1$ definiert. Dabei ist S der *Gesamtspin* des Moleküls. In Teilchen, die ausschließlich Elektronen mit antiparallelem Spin enthalten, ist der Gesamtspin $S = (+1/2) + (-1/2) = 0$. Daraus ergibt sich $M = 1$; solche Teilchen befinden sich in *Singlett-Zuständen* S_0, S_1, S_2 usw. Bei Molekülen, die zwei Elektronen mit parallelem Spin enthalten, ergibt sich die Bezeichnung *Triplett T*, denn in diesem Fall ist $S = (+1/2) + (+1/2) = 1$ und $M = 3$.

Spin und der Bahn des Elektrons zunimmt (Spin-Bahn-Kopplung). Als Faustregel gilt, dass dies durch Schweratome im Molekül (Schweratomeffekt) oder durch Immobilisierung in rigiden Matrizen begünstigt wird (Abschn. 7.3). Die Lebensdauer des T_1-Zustands ist ca. 10^9-mal länger als die des S_1-Zustands; man bezeichnet ihn daher auch als „Triplett-Falle". In einem Molekül verläuft der Übergang $T_1 \to S_0$ durch Emission eines Photons wie alle Übergänge zwischen unterschiedlichen elektronischen Zuständen äußerst schnell innerhalb von 10^{-15} s. Bei einer Stoffprobe ist die Halbwertszeit für die Teilchen im T_1-Zustand allerdings etwa 10^9-mal länger als für Teilchen im S_1-Zustand. Die damit verbundenen phänomenologischen Unterschiede zur Fluoreszenz werden im Abschn. 6.1.2 erörtert[7].

- *Strahlungslose Desaktivierung* (Abb. 6.7b): Wenn die energetischen Verhältnisse der Zustände S_0, S_1 und T_1 wie in dieser Grafik vorliegen, kann die gesamte Energie des absorbierten Photons durch *Schwingungsrelaxationen* SR in Wärme umgewandelt werden. Neben den oben (bei der Phosphoreszenz) diskutierten Interkombinationen ISC ist hier auch ein Übergang beteiligt, der als *innere Umwandlung* IC *(Internal Conversion)* bezeichnet wird. Dies ist ein isoenergetischer Übergang ohne Spinumkehr vom Schwingungsgrundzustand in S_1 zu einem hoch angeregten Schwingungszustand in S_0. Die Übergangswahrscheinlichkeit und damit auch die Kinetik der inneren Umwandlung IC hängt so stark von der Molekülstruktur ab, dass eine Faustregel nicht möglich ist.

Außer den in Abb. 6.7 dargestellten und oben diskutierten Desaktivierungsmöglichkeiten gibt es für den elektronisch angeregten Zustand A* auch folgende Möglichkeiten, in den gleichen Grundzustand A, der vor der Anregung vorlag, zurückzukehren:

- *Energieübertragung* von A* auf D: A*+D $\to$ D*+A
  Man unterscheidet bei dieser Energieübertragung zwischen dem FÖRSTER-Mechanismus und dem DEXTER-Mechanismus. Während sich die beiden Teilchen A* und D bei der Energieübertragung nach dem DEXTER-Mechanismus „berühren" müssen, findet die Energieübertragung nach dem FÖRSTER-Mechanismus berührungslos über einen Abstand von bis zu 10 nm statt. Die quantenmechanische Erklärung dieser „Fernübertragung" ist nicht trivial [1]. Vereinfachend kann man sich vorstellen, dass der oszillierende Dipol A* in D einen oszillierenden Dipol induziert und die beiden gekoppelten Dipole zur Resonanz kommen. In diesem Zustand erfolgt der Energietransfer. Es gilt die Regel, dass aus A* im S_1-Zustand D* ebenfalls im S_1-Zustand

---

[7]Im vergleichsweise langlebigen T_1-Zustand können thermische Schwingungsanregungen und anschließende ISC-Übergänge den S_1-Zustand zurückbilden. Dieser desaktiviert sehr rasch durch Fluoreszenz. Die so zustande kommende Fluoreszenz bezeichnet man als *verlangsamte Fluoreszenz*.

gebildet wird. An Energieübertragungen sind allgemein *Photosensibilisatoren* beteiligt, beispielsweise in (Abschn. 6.3.2) *farbstoffsensibilisierten Solarzellen* und bei der (QR 6.4) *Aufwärtskonversion (up conversion)* von Photonen durch Triplett-Triplett-Annihilation TTA.

- *Exciplex-Bildung* von A* mit D: A*+D→ [D⋯⋯A]*

  Exciplex ist die Kurzform für *excited complex* und bezeichnet intermolekulare Komplexe, die nur im elektronisch angeregten Zustand existieren. Auf die Orbitalwechselwirkungen, zu denen es dabei kommt, wird hier nicht eingegangen. Eine Besonderheit des Exciplexes [D⋯⋯A]* ist seine Fluoreszenz bei deutlich größeren Wellenlängen als die Emission von A* [1]. Exciplexe zwischen A* und A werden *Excimere (excited dimer)* genannt.

- *Elektronenübertragung* von A* auf D: A*+D→ D⁻˙+A⁺˙

  Hier handelt es sich prinzipiell um eine Redoxreaktion. Man bezeichnet sie in der Literatur als *Photoelektronentransfer PET*. Aus elektrisch neutralen Teilchen A* und D werden ein Radikal-Anion D⁻˙ und ein Radikal-Kation A⁺˙ gebildet. Elektronenübertragungen kommen beispielweise in (Abschn. 6.2.2) *photokatalyschen Redoxreaktionen,* (Abschn. 6.3.2) *photogalvanischen, photoelektrochemischen* und *photovoltaischen Zellen* sowie in *organischen Leuchtdioden* vor.

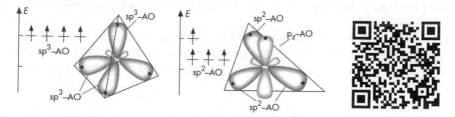

QR 6.2 Materialienpaket „Orbital-Modell und Photonen". (Bild aus © Tausch/von Wachtendonk, CHEMIE 2000+Gesamtband, C. C. Buchner-Verlag, S. 294)

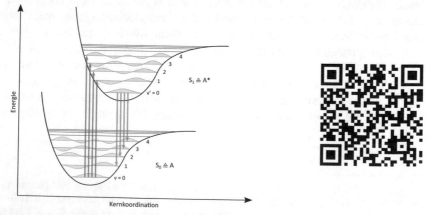

QR 6.3 Modellanimation zum FRANCK-CONDON-Prinzip

QR 6.4   Materialienpaket zur Triplett-Triplett-Annhilation TTA

6.1.2   Auswahl und didaktische Reduktionen für die Sekundarstufe II

Eine *erste* didaktische Reduktion der oben anhand von Abb. 6.7 diskutierten Desaktivierungsrouten des elektronisch angeregten Zustands A* wird mit dem *Energiestufenmodell* aus Abb. 6.8 und den (QR 6.5) Modellanimationen von der Internetplattform dieses Buches dargestellt. Es handelt sich um vereinfachte Varianten des JABLONSKI-Diagramms.

Der Orbitalbegriff kann in diesen Darstellungen des Energiestufenmodells vermieden werden. Statt mit HOMO und LUMO werden die Bezeichnungen *höchste besetzte und niedrigste unbesetzte Energiestufe* mit den Abkürzungen HBE und NUE verwendet. Sie entsprechen den farblich unterlegten Balken in Abb. 6.8; innerhalb der HBE und NUE sind die Schwingungsniveaus (schwarze, waagerechte Striche) eingezeichnet[8]. Die Elementarschritte bei der *Photolumineszenz,* d. h. der *Fluoreszenz* und *Phosphoreszenz,* können mit den Modellen aus Abb. 6.8 nachvollzogen werden, die auch als (QR 6.5) Modellanimationen und weitere didaktische Materialien vorliegen. Die *Abwärtskonvertierung* der Photonen bei der Fluoreszenz und Phosphoreszenz stimmt qualitativ mit den Angaben $E_2 < E_1$, $\lambda_2 > \lambda_1$ und $E_3 < E_2$, $\lambda_3 > \lambda_2$ aus den beiden Diagrammen Abb. 6.8a, b überein. Die beiden Diagramme liefern die Erklärung dafür, dass Stoffe, die zwar bei ähnlichen Wellenlängen Licht absorbieren, ganz unterschiedliche Eigenschaften bezüglich der Fluoreszenz zeigen können. Im Sinne des *Bottom-up*-Prinzip, d. h. von den einfacheren zu den komplexeren Modellen, ist es empfehlenswert, das Energiestufenmodell noch eine Stufe weiter zu vereinfachen.

---

[8]Im Seminar können (sollten) die didaktisch reduzieren Modelle jeweils mit den Modellen aus dem Lehramtsstudium mithilfe der *Leitlinien* aus Abschn. 5.8 verglichen werden.

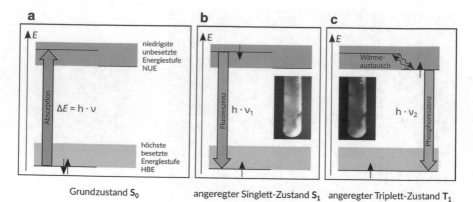

Abb. 6.9 Vereinfachtes Energiestufenmodell für die Bildung des elektronisch angeregten Zustands (**a**) und die Desaktivierungen durch Fluoreszenz (**b**) und Phosphoreszenz (**c**)

Diese *zweite* didaktische Reduktion für die Sekundarstufe II verzichtet auf die Schwingungszustände und berücksichtigt nur noch die elektronischen Energiestufen. Dieses stark *vereinfachte Energiestufenmodell* eignet sich in den Darstellungen aus Abb. 6.9 als *Einstieg* im Unterricht zur Erklärung der Farbigkeit durch Lichtabsorption und -emission.

Es liegt in (QR 6.7) Unterrichtsreihen für die Sekundarstufe II eingebunden in Schulbüchern vor [2]. Darin werden in forschend-entwickelnder Vorgehensweise die Unterschiede bei der Farbentstehung durch Lichtabsorption und -emission sowie zwischen der Fluoreszenz und Phosphoreszenz experimentell erschlossen. Die Befunde zeigen, dass

- Stoffe, die in Lösung fluoreszieren, aber nicht phosphoreszieren, in einer Feststoffmatrix auch phosphoreszieren können,
- die Phosphoreszenz eine nach Rot verschobene Farbe im Vergleich zur Fluoreszenz aufweist,
- die Dauer der Phosphoreszenz bei niedrigeren Temperaturen zunimmt.

Für diese Befunde liefert das einfache Energiestufenmodell aus Abb. 6.9 schlüssige Erklärungen. Dabei spielen neben den in Abb. 6.9 genannten Begriffen der *Spin* des Elektrons und die sehr unterschiedlichen *Lebensdauern* des *Singlett-* und *Triplett-Zustands* eine wichtige Rolle. Zur Veranschaulichung dieses und anderer Unterschiede aus dem „zeitlichen Mikro- und Makrokosmos" hilft die *Zeitskala* aus Abb. 6.10. Sie kann ein „Gefühl" für die unvorstellbar schnellen Elementarprozesse bei der elektronischen Anregung und Desaktivierung erzeugen, indem sie deutlich macht, dass die Dauer der gesamten Elementarschritte bei der Fluoreszenz im Bereich einer Nanosekunde (10^{-9} s) liegt und die Dauer eines Menschenlebens im Bereich einer Gigasekunde (10^9 s) – die Dauern dieser Vorgänge sind also im Vergleich zu einer Sekunde etwa gleich weit „nach unten" und „nach oben" entfernt.

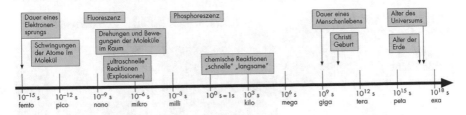

Abb. 6.10 Zeitskala zum Vergleich von Vorgängen aus dem „zeitlichen Mikrokosmos" und aus dem „zeitlichen Makrokosmos"

Ergänzend zur Zeitskala aus Abb. 6.10 kann auch die (Abschn. 1.6) *Energie-skala* mit dem Spektrum der elektromagnetischen Strahlung, den zugehörigen Energien, Wellenlägen, Frequenzen und Vorgängen in Molekülen herangezogen werden.

Allerdings erklärt das vereinfachte Energiestufenmodell aus Abb. 6.9 nicht, warum die bei der Fluoreszenz emittierten Photonen energieärmer als die absorbierten Photonen sind, die Farbe der Fluoreszenzstrahlung also im Vergleich zur absorbierten Strahlung rotverschoben ist *(STOKES-Shift)*. Das wird nicht nur bei Experimenten zur Fluoreszenz offensichtlich, sondern ist auch aus vielen Alltagserfahrungen, z. B. den bunten Leuchtfarben, die Gegenstände im „Schwarzlicht" (UV-Licht) zeigen, bekannt. Der (Link bzw. QR 6.6) Lehrfilm „Photolumineszenz" liefert dazu einen interessanten Kontext und geht auf technische Anwendungen der Fluorcszenz ein.

Es ist daher im Sinne der gestuften Anpassung und Verbesserung von Modellen nach dem *Bottom-up*-Prinzip, d. h. von den einfacheren zu den komplexeren Modellen, sinnvoll, das Energiestufenmodell in einem zweiten Schritt bereits in der Sekundarstufe II durch die Hinzunahme der Schwingungszustände innerhalb der elektronischen Energiezustände wie in Abb. 6.8 zu ergänzen. Damit kann sowohl die *STOKES*-Verschiebung bei der Fluoreszenz als auch die weitere Rotverschiebung bei der Phosphoreszenz stichhaltig erklärt werden. Bei den *Schwingungsrelaxationen,* die in Abb. 6.8 durch absteigende, geschlängelte Pfeile gekennzeichnet sind, wird jeweils etwas Energie in Wärme umgewandelt. Daraus folgt, dass für die Wellenlängen λ_1, λ_2 und λ_3 des bei der Anregung absorbierten und bei der Fluoreszenz und Phosphoreszenz emittierten Lichts die Relation gilt: $\lambda_1 < \lambda_2 < \lambda_3$. Auf der Teilchenebene gilt diese Relation für die bei der Anregung absorbierten bzw. bei der Fluoreszenz und Phosphoreszenz emittierten Photonen.

Die Erweiterung des Energiestufenmodells von der Version aus Abb. 6.9 auf die Version mit Schwingungszuständen aus Abb. 6.8 ist sinnvoll und notwendig, um auch die „normalen" *Farben* von Stoffen im Tageslicht in eine (QR 6.7) Unterrichtssequenz einzubinden, in der die Farbentstehung experimentell und konzeptionell umfassend erschlossen werden kann. Die „normale" Farbigkeit kommt durch Absorption jener Photonen aus dem sichtbaren Spektrum zustande, die im Absorptionsspektrum des betreffenden Stoffes den Absorptionsbanden entsprechen (Abb. 6.11).

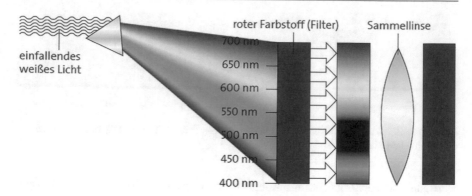

Abb. 6.11 Roter Farbstoff mit ausgeprägter Absorptionsbande im Wellenlängenbereich von 450 nm bis 550 nm

Bei dem im weißen Licht rot erscheinenden Stoff aus Abb. 6.11 werden durch Absorption von Photonen im Wellenlängenbereich zwischen 450 nm und 550 nm elektronisch angeregte Zustände A* erzeugt. Anders als bei der Fluoreszenz und Phosphoreszenz desaktivieren sie strahlungslos durch *Schwingungsrelaxation* (vgl. dazu Abb. 6.8c). Die gesamte Energie der absorbierten Photonen wird dabei in Wärme umgewandelt. Ganz allgemein erscheint ein Stoff in weißem Licht, das alle Spektralfarben enthält, jeweils in der Farbe, die sich durch (QR 1.3) *Farbsubtraktion* ergibt.

> Die *Leistungsfähigkeit des Energiestufenmodells* erstreckt sich somit über *alle* Arten von Farbigkeit, die bei Bestrahlung mit weißem und mit UV-Licht durch Lichtabsorption und/oder Lichtemission (Photolumineszenz) zustande kommt.

Einige farberzeugende Stoffe zeigen bei Tageslicht unterschiedliche Farben, wenn sie in unterschiedlichen farblosen Lösemitteln gelöst oder in unterschiedlichen farblosen Feststoffen eingeschlossen vorliegen. Dieses Phänomen wird als *Solvatochromie* bezeichnet. Wenn sich bei zunehmender Polarität der Lösungsmittel die Farbe in Richtung Rot ändert (negative Solvatochromie), liegt der Grund darin, dass sich das Absorptionsmaximum nach kleineren Wellenlängen, entsprechend größeren Energien der absorbierten Photonen versschiebt (Abb. 6.12).

Das Energiestufenmodell liefert für alle Formen von Solvatochromie (sowohl negative als auch positive und sowohl durch Absorption als auch durch Emission erzeugte Solvatochromie) plausible Erklärungen. Im Fall der negativen Solvatochromie des (QR 6.8) „chemischen Chamäleons" Merocyanin wird die höchste besetzte Energiestufe HBE im zwitterionischen Merocyanin-Molekül durch Wechselwirkung mit den polaren Lösemittel-Molekülen stabilisiert,

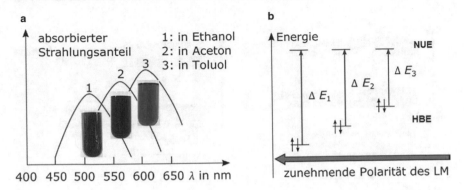

Abb. 6.12 Negative Solvatochromie (Link bzw. QR 6.8) beim „chemischen Chamäleon" Mero-cyanin)): Bei steigender Polarität der Lösemittel-Moleküle wird das Absorptionsmaximum hypsochrom verschoben (**a**); das ist auf die energetische Absenkung der HBE zurückzuführen (**b**)

d. h. energetisch abgesenkt, während sich die Lage der niedrigsten unbesetzten Energiestufe NUE praktisch nicht verändert (Abb. 6.12). Die Energiedifferenz ΔE zwischen der NUE und der HBE nimmt bei zunehmender Polarität der Löse-mittel-Moleküle zu und das geht mit der Verschiebung des Absorptionsmaximums nach kleineren Wellenlängen einher. Als in wahrstem Sinne des Wortes augen-scheinliches Phänomen ist die Solvatochromie eine phänomenologisch sehr moti-vierende Eigenschaft. Andererseits ist sie konzeptionell ergiebig, denn sie macht deutlich, dass die Nano-Umgebung der Teilchen, die für eine Eigenschaft (in die-sem Fall die Farbe) maßgeblich sind, diese Eigenschaft stark beeinflussen kann (in diesem Fall einen gewaltigen Farbwechsel von Blau nach Rot). Auf die didakti-sche Verwertung von Solvatochromie wird in Kap. 7 eingegangen.

Auch die *Elektrolumineszenz*, z. B. die Farbgenerierung in LED-Lampen und auf Displays mit OLED, und die *Chemolumineszenz,* die Emission von kaltem Licht aus chemischen Reaktionen, lassen sich mit dem Energiestufenmodell einfach erklären: Bei der Elektrolumineszenz wird mithilfe einer Gleichstromquelle gleichzeitig ein Elektron in die NUE eines Moleküls „injiziert" und ein Elektron aus der HBE „extrahiert" (Abb. 6.13a), wobei ein elektronisch angeregter Zustand entsteht.

Man bezeichnet diesen Zustand (insbesondere in der Physik) auch als *Elek-tron-Loch-Paar* (Abb. 6.13b). Bei seiner Desaktivierung wird ein Photon der Energie $E = h \cdot \nu$ emittiert (Abb. 6.13c). Bei der *Chemolumineszenz* bildet sich der elektronisch angeregte Zustand eines Moleküls als Primärprodukt direkt aus einer stark exergonischen chemischen Reaktion.

Da die Elektrolumineszenz und die Chemolumineszenz exemplarische Phä-nomene für die Umwandlung von elektrischer bzw. chemischer Energie in Licht sind, können (sollten) sie ebenso wie die Fluoreszenz und die Phosphoreszenz an

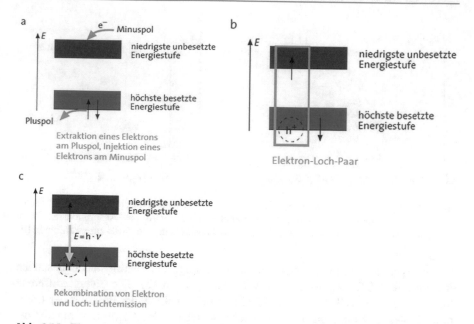

Abb. 6.13 Elementarschritte bei der Elektrolumineszenz im Energiestufenmodell

geeigneten Stellen in den Chemieunterricht eingebunden werden. Beispiele für Experimente und die curriculare Einbindung der Lumineszenz sind in Kap. 7 und in der (QR 6.7) *Unterrichtssequenz* zur Entstehung von Farbigkeit enthalten.

Unter der Überschrift „Die Lehrpläne und das Licht" werden im Abschn. 5.9 übersichtsweise Stellen im Chemieunterricht angegeben, die sich in der Sekundarstufe II und in der Sekundarstufe I für die Integration der Inhalte aus diesem Kapitel eignen.

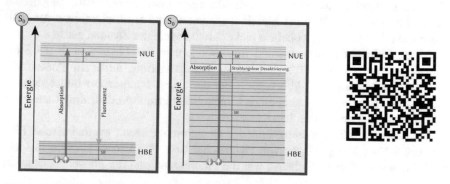

QR 6.5 Materialienpaket zur Fluoreszenz, Phosphoreszenz und strahlungslosen Desaktivierung

QR 6.6 Lehrfilm „Photolumineszenz – Farbigkeit durch Lichtemission"

QR 6.7 Lehrbausteine der Unterrichtssequenz „Farbigkeit durch Lichtabsorption und -emission"

6.1.3 Auswahl und didaktische Reduktionen für Sekundarstufe I

Bereits in den ersten Chemiestunden wird im „Steckbrief" eines Stoffes u. a. auch seine Farbe angegeben. Wenngleich die Farbe keine so charakteristische Stoffeigenschaft ist wie beispielsweise die Dichte, die Schmelz- und die Siedetemperatur, so ist sie doch wichtig – schließlich handelt es sich um eine *augenscheinlich* wahrnehmbare Eigenschaft, die Kinder bereits in frühestem Alter kennenlernen und aktiv damit umgehen. Anders als noch vor wenigen Jahrzehnten kennen Kinder heute aus ihrem Alltag neben den „normalen" Farben, die wir bei Tageslicht sehen, auch „Leuchtfarben" (z. B. Fluoreszenz), die erst im violetten oder ultravioletten „Schwarzlicht" sichtbar werden. Diese beiden Arten von Farben können und sollten im Anfangsunterricht experimentell untersucht und konzeptionell unterschieden werden.

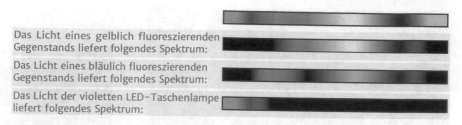

Das Licht eines gelblich fluoreszierenden
Gegenstands liefert folgendes Spektrum:

Das Licht eines bläulich fluoreszierenden
Gegenstands liefert folgendes Spektrum:

Das Licht der violetten LED-Taschenlampe
liefert folgendes Spektrum:

Abb. 6.14 Farbliche Zusammensetzung (Spektren) von weißem Sonnenlicht (oben) und Licht
aus verschieden farbig leuchtenden Gegenständen

Für ein durchgreifend *didaktisch reduziertes Konzept,* mit dem ausschließlich
auf der makroskopischen, sinnlich wahrnehmbaren Stoffebene argumentiert wird,
benötigt man weder die Begriffe Photonen und Moleküle, noch Energiestufendia-
gramme und elektronisch angeregte Zustände. Was aber benötigt wird, sind erste,
rudimentäre Kenntnisse über die farbliche Zusammensetzung von ausgestrahltem
Licht, z. B. weißes Sonnenlicht und Licht verschiedener Farben aus fluoreszierenden Stoffen und aus LED-Taschenlampen (Abb. 6.14).

Mithilfe des (QR 3.1) Experimentierkoffers PHOTO-MOL können Schüler*innen in einfachen, didaktisch prägnanten Experimenten Leuchtfarben (Fluoreszenz) erzeugen und mit den Farben bei Tageslicht vergleichen. Spektren wie die
aus Abb. 6.14 können sie ebenfalls mithilfe eines Prismas selbst erzeugen und
beobachten. Aus den experimentellen Beobachtungen lassen sich mithilfe der
Angaben aus Abb. 6.14 folgende Zusammenhänge ableiten:

• Im Sonnenlicht sehen wir Gegenstände nur in den Farben, die auch im Sonnen-
  licht enthalten sind.
• Das Licht aus der violetten LED-Taschenlampe erzeugt an einigen Stoffen Leucht-
  farben (Fluoreszenz), die im Licht der LED-Taschenlampe nicht enthalten sind.
• Die im Licht aus der violetten LED-Taschenlampe erzeugte Leuchtfarbe eines
  Stoffes nimmt im Spektrum des Sonnenlichts stets eine nach Rot verschobene
  Position ein.

Die dritte Aussage wirft die Frage auf, was eine Rotverschiebung bedeutet und
warum es dazu kommt. Eine befriedigende Antwort darauf ergibt sich aus dem in
Abb. 6.15 dargestellten

Energie des Lichts nimmt ab

Abb. 6.15 Darstellung des Zusammenhangs zwischen Farbe und Energie des Lichts im
Anfangsunterricht

Zusammenhang, der an dieser Stelle zwar noch nicht experimentell erarbeitet wird, aber mit den vorhandenen experimentellen Ergebnissen in Übereinstimmung steht. Die oben angeführten Aussagen lassen sich jetzt folgendermaßen ergänzen:

- Ein Stoff kann nur Leuchtfarben erzeugen, die energieärmer sind als das Licht, mit dem der Stoff bestrahlt wird.
- Ein Stoff, der eine Leuchtfarbe erzeugt, z. B. im violetten Licht blau oder gelb fluoresziert, wandelt das Licht, mit dem er bestrahlt wird, in energieärmeres Licht, das er selbst ausstrahlt, um.
- Die Energiedifferenz geht nicht verloren. Sie wird in eine andere Energieform, in Wärme, umgewandelt.

Dieses im wahrsten Sinne des Wortes auf „augenfällige" Beobachtungen basierende Konzept enthält den Grundgedanken, dass Leuchtfarben (Fluoreszenz) durch *Energieumwandlung* bei der *Wechselwirkung* von Licht mit Stoffen entstehen. Es liefert auch für die Entstehung der „normalen Farben" bei Tageslicht oder im Licht von Lampen, die weißes Licht ausstrahlen, auf dem Niveau der Sekundarstufe I eine ausreichende Erklärung. Hier wird ein Teil des weißen Lichts vollständig in Wärme umgewandelt. Wir sehen die Farbe, die sich aus Überlagerung der nicht in Wärme umgewandelten Farben ergibt. Alltagserfahrungen der Schüler*innen (z. B. Wärmeempfinden in weißer, bunter und schwarzer Kleidung bei starkem Sonnenlicht) bestätigen dies. Das Verschwinden bestimmter Farben bei der Wechselwirkung von weißem Licht mit farbigen Stoffen kann gegebenenfalls durch Experimente wie das aus Abb. 6.16 unterstützt werden.

Zusammenfassend wird festgestellt, dass das Basiskonzept *Energie* am Beispiel Farbe in den ersten Stunden des Chemieunterrichts (oder bereits im fächerübergreifenden naturwissenschaftlichen Unterricht der Klassen 5 und 6) ins Curriculum eingefädelt kann. Dieser Einstieg ist kontextorientiert, experimentbasiert, didaktisch prägnant und wissenschaftlich konsistent am Beispiel des Lehrfilms (QR 6.6) „Leuchtfarben im Schwarzlicht" sowie geeigneter Versuche und Arbeitsblätter aus dem (QR 3.1) PHOTO-MOL-Koffer möglich [3–5].

Im 2. Chemiejahr kann die Farbigkeit durch Lichtemission bei der *Flammenfärbung* durch Alkali- und Erdalkalisalze wieder aufgegriffen werden (vgl. Abschn. 5.9, Abb. 5.12). Die entsprechenden Experimente gehören längst zum etablierten Repertoire an Versuchen in Schulbüchern. Sie werden in einem (QR 6.9) Materialienpaket durch weitere Versuche mit Licht in der Sekundarstufe I ergänzt.

Die Umwandlung von Licht in elektrische Energie sollte in der Sekundarstufe I – wenn überhaupt – nur auf der Phänomenebene betrachtet werden. Auf die Elementarschritte wird im Abschn. 6.3 unter dem Motto „Aus Licht wird Strom" eingegangen.

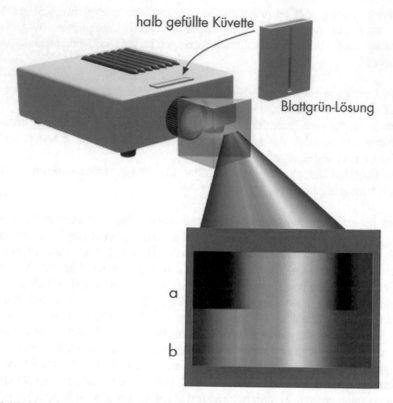

Abb. 6.16 Vorrichtung zur Untersuchung der Farbanteile aus weißem Licht, die von farbigen Stoffen vollständig in Wärme umgewandelt werden – vgl. Dunkelzonen im Teil a der Grafik

QR 6.8 Szene aus dem Lehrfilm „Chemisches Chamäleon – Molekulare Umgebung und Solvatochromie"

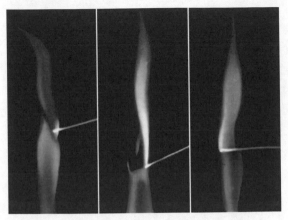

QR 6.9 Curriculare Einbindung photochemischer Inhalte in der Sekundarstufe I. (Bild aus Tausch/v.Wachtendonk, CHEMIE 2000+, Sek. I, C. C. Buchner)

6.2 Desaktivierung des angeregten Zustands *mit* chemischer Reaktion

6.2.1 Auswahl und didaktische Reduktionen für das Lehramtsstudium

„Der angeregte Zustand A* ist ein ‚Elektronenisomer' des Grundzustands A" – ist diese Aussage N. J. Turros zutreffend? Streng genommen sind zwei Moleküle aus gleichen Atomen aber mit unterschiedlichen Strukturen und unterschiedlichen Eigenschaften Isomere. Das gilt auch dann, wenn das eine Isomer im Vergleich zu dem anderen sehr viel instabiler ist und sich sehr schnell und spontan in dieses umwandelt. So gesehen müssten auch ein Molekül A im Grundzustand und sein elektronisch angeregter Zustand A* (ganz gleich, ob im Singlett- oder im Triplett-Zustand) Isomere sein. Aber sind ihre Struktur und ihre Eigenschaften tatsächlich verschieden?

Dass dies der Fall ist, kann am Beispiel des Methanals nachvollzogen werden (Abb. 6.17).

Im Methanal-Molekül entspricht der HOMO-LUMO Anregung eine Anhebung des Elektrons aus einem nicht-bindenden Orbital (n-Orbital) vom Sauerstoff-Atom in das antibindende π^*-MO der C=O Doppelbindung. Dadurch nimmt die Elektronendichte am Sauerstoff-Atom ab und am Kohlenstoff-Atom zu (Abb. 6.17a). Das bewirkt folgende Änderungen für den angeregten Zustand des Methanal-Moleküls (des „Elektronenisomers") im Vergleich zum Methanal-Molekül im Grundzustand:

- das Kohlenstoff-Atom ist weniger elektrophil,
- das Sauerstoff-Atom ist weniger nucleophil,
- Biradikale mit je einem ungepaarten Elektron am Sauerstoff- und am Kohlenstoff-Atom der Carbonyl-Gruppe sind stabiler.

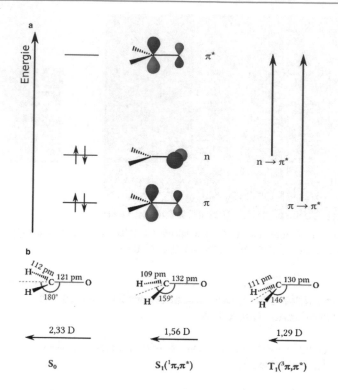

Abb. 6.17 **a** Orbitale im Methanal-Molekül, **b** geometrische Strukturen und Dipol-Momente des Methanal-Moleküls im Grundzustand und im angeregten S_1- und T_1-Zustand

Auch die geometrische Struktur und das Dipol-Moment des Methanal-Moleküls ändern sich im angeregten Zustand entscheidend (Abb. 6.17b). Diese Änderungen auf molekularer Ebene haben durchgreifenden Einfluss auf die photochemischen Eigenschaften des Stoffes Methanal. Aldehyde und Ketone haben ganz allgemein sehr mannigfaltige photochemische Eigenschaften, die grundverschieden von der „Dunkelchemie" dieser Stoffklassen sind. Im Wesentlichen ist das auf die in Abb. 6.17 angedeuteten Merkmale der $n\pi^*$ angeregten Zustände zurückzuführen.

Die Säure-Base-Eigenschaften und die Redoxeigenschaften von elektronisch angeregten Zuständen können sich ebenfalls dramatisch von denen des Grundzustands unterscheiden.

Das trifft insbesondere auf aromatische Säuren und Basen bzw. auf redoxaktive Photokatalysatoren-Farbstoffe zu (Abb. 6.18).

Die meisten bekannten Reaktionstypen der Organischen und Anorganischen Chemie haben auch eine oder mehrere photochemische Varianten. In diesem Werk werden insbesondere Reaktionen mit Lichtbeteiligung betrachtet, die folgende Kriterien erfüllen:

a

	$pK_a(S_0)$	$pK_a(S_1)$
2- Naphthol	9,5	3,2
3-Methoxyphenol	9,7	4,8
Naphthalin-1-carbonsäure	3,7	7,7
2-Aminonaphthalin	4,1	-2

b

Proflavin

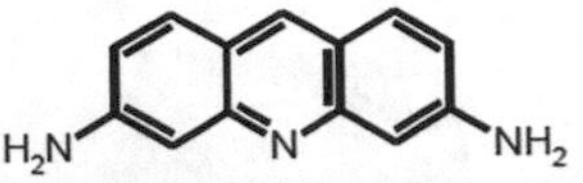

H_2N — — N — — NH_2

*1/2 H_2SO_4

Redoxpotentiale
$E^o(PF^+)/PF^{++}) = + 1,1$ V
$E^o(PF^+)/PF^{++})^* = - 0,6$ V

Abb. 6.18 Eigenschaftsunterschiede von Grundzuständen und elektronisch angeregten Zuständen: Aciditäten, Basizitäten (**a**) und Redoxpotentiale (**b**) Einheitlich zeichnen

- Sie sollen Reaktionstypen zugeordnet werden, die im Studium und im Chemie-unterricht bekannt und relevant sind,
- an den ausgewählten Beispielen sollen die Gemeinsamkeiten und Unterschiede der photochemischen Varianten im Vergleich zu den Varianten ohne Lichtbeteiligung phänomenologisch und konzeptionell deutlich zum Ausdruck kommen,
- experimentelle Zugänge zu diesen Reaktionen sollen auch unter Schul-bedingungen möglich sein und
- die ausgewählten Beispiele sollen das Potential der Photochemie für nach-haltige Entwicklungen konkretisieren.

In Abschn. 5.2 wurde bereits die Faustregel hergeleitet, dass durch Wärme akti-vierte Reaktionen ausschließlich im elektronischen Grundzustand der Moleküle ablaufen. Dagegen beinhalten photochemische Reaktionen auf den „Reaktions-wegen" ihrer Moleküle immer auch elektronisch angeregte Zustände[9], sei es, dass sie durch Licht „nur" ausgelöst werden, aber insgesamt exergonisch verlaufen, oder durch fortdauernde Lichtzufuhr angetrieben werden müssen weil, sie end-ergonisch verlaufen.

Die Energie eines Systems aus n Atomen kann quantenchemisch in Abhängig-keit von der geometrischen Anordnung der Atome, d. h. in Abhängigkeit aller möglichen Bindungslängen, Bindungswinkel und Torsionswinkel, berechnet und mathematisch als *Energiehyperfläche* interpretiert werden. Eine anschauliche Vor-stellung der Energiehyperfläche ist für Systeme aus mehr als drei Atomen ($n > 3$) nicht möglich, denn sie müsste eine „Landschaft" mit $3n - 6$ Dimensionen sein.

---

[9]Die übliche Bezeichnung „elektronisch angeregte Zustände" wird beibehalten, wenngleich wei-ter oben in diesem Abschnitt gezeigt wurde, dass es sich um eigenständige, kurzlebige Spezies handelt, die auch als „Elektronenisomere" der Moleküle im Grundzustand bezeichnet werden können.

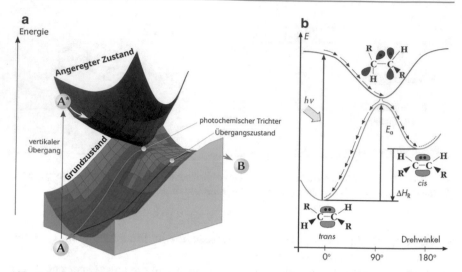

Abb. 6.19 Darstellung möglicher Reaktionspfade für photochemische E-Z-Isomerisierungen mit (**a**) vereinfachten Energiehyperflächen und (**b**) Energieprofilkurven

Bei einem relativ „kleinen" Farbstoff-Molekül wie Azobenzol wäre das eine 66-dimensionale Hyperfläche. Das ist weit jenseits unserer Erfahrungswelt im *dreidimensionalen* Raum. Allerdings können wir stark vereinfachend die Minima, Maxima und Sattelpunkte auf der virtuellen, multidimensionalen Energiehyperfläche als Talsenken, Bergspitzen und Passübergänge in einer realen Landschaft, z. B. einer Alpenregion, deuten.

Die Talsenken entsprechen geometrischen Anordnungen der Atome, in denen das atomare System jeweils ein Energieminimum hat. Das sind Anordnungen, in denen die Atome als Moleküle angeordnet sind. Eine chemische Reaktion, bei der ein Molekül in ein anderes Molekül umgewandelt wird, ist in dieser Deutung eine „Wanderung" des atomaren Systems zwischen zwei Talsenken auf der Energiehyperfläche des Grundzustands. Bei einer thermischen Reaktion wird die Energiehyperfläche des Grundzustands nicht verlassen, bei einer photochemischen Reaktion verläuft ein Teil der „Wanderung" auf der Energiehyperfläche des elektronisch angeregten Zustands. Dessen „Landschaft" ist in der Regel ganz anders gestaltet als die des Grundzustands, beispielsweise wie Abb. 6.19a. Die Talsenke A entspricht der Kernanordnung des Moleküls im Grundzustand. Genau diese Kernanordnung entspricht aber auf der vereinfachten Energiehyperfläche des elektronisch angeregten Zustands A* in Abb. 6.19b nicht einer Talsenke, sondern einem Berghang[10]. Von dort aus „wandert" A* in die „nächstgelegene" Talsenke des angeregten Zustands. Die ist bei jener Geometrie der Atomkerne erreicht,

---

[10]Die Energiehyperflächen des Singlett- und Triplett-Zustands, S_1 und T_1, unterscheiden sich nur geringfügig.

die dem Passübergang (Sattelpunkt) zwischen den beiden Talsenken A und B im Grundzustand entspricht. Man bezeichnet diese Sachlage, bei der sich die beiden Energiehyperflächen beinahe „berühren", als *photochemischen Trichter*. Hier kann mit großer Wahrscheinlichkeit eine strahlungslose Desaktivierung aus dem elektronisch angeregten Zustand A* in den Grundzustand A erfolgen (vgl. *Energieprofilkurven* in Abb. 6.19).

Bei der Kernanordnung im photochemischen Trichter ist A aber hoch schwingungsangeregt und „wandert" nun durch Schwingungsrelaxation auf der Energiehyperfläche des Grundzustands in die Talsenke des Edukt-Moleküls A oder des Produkt-Moleküls B. Dieser *Reaktionspfad* kann z. B. für eine photochemische *E-Z-(trans-cis-)*Isomerisierung zutreffen.

Bereits bei der dreidimensionalen Darstellung der Energiehyperflächen wie in Abb. 6.19a wurde eine starke Reduktion der Dimensionen vorgenommen. Noch einen Schritt weiter geht man in der zweidimensionalen Darstellung mit *Energieprofilkurven* in Abb. 6.19b. Darin wird die *Energie* des atomaren Systems weiterhin als eine Dimension beibehalten und in der Ordinate aufgetragen. Eine zweite Dimension, soll in der Abszisse stellvertretend *alle* für die jeweils betrachtete Reaktion entscheidenden geometrischen Kernanordnungen zusammenfassen. Bei einer photochemischen *E-Z-(trans-cis-)*Isomerisierung erfüllt der *Drehwinkel (Torsionswinkel)* zwischen den Ebenen, in denen die an die π-Bindung angrenzenden Atomgruppen enthalten sind, diese Forderung. Das Diagramm mit den Energieprofilkurven in Abb. 6.19b ist in diesem Fall sogar noch aussagekräftiger als das Diagramm mit den Energiehyperflächen, denn es macht deutlich, dass der oben definierte *photochemische Trichter* bei einer Kernanordnung vorliegt, bei der die Ebenen der beiden Molekülhälften senkrecht aufeinander stehen. Der eingezeichnete Reaktionspfad zeigt, dass unmittelbar nach der elektronischen Anregung des *E*-Isomers der Drehwinkel durch Schwingungsrelaxationen entlang der Energieprofilkurve des angeregten Zustands von 0° auf 90° ansteigt. Aus dem so erreichten photochemischen Trichter desaktiviert das System in den Grundzustand und „landet" dabei in der geometrisch ungünstigsten Kernanordnung entsprechend dem *Übergangszustand* zwischen den zwei *E-Z*-Isomeren auf der Energieprofilkurve des Grundzustands. Durch Schwingungsrelaxationen und gleichzeitige Änderung des Drehwinkels um 90° weiter bzw. zurück gelangt das System in die stabile geometrische Anordnung des *Z*- bzw. des *E*-Isomers.

Im weiteren Verlauf dieses Buches werden Energieprofildiagramme als konzeptionelle Grundlage für die Erklärung ganz unterschiedlicher photochemischer und thermischer Reaktionen verwendet. Darin wird die Abszisse jedoch anders als bei der *E-Z*-Isomerisierung aus Abb. 6.19 als *Reaktionskoordinate* bezeichnet (Abb. 6.20). Der Begriff Reaktionskoordinate wird weitläufig benutzt, auch bei Energiediagrammen thermischer Reaktionen, die nur die Kurve des Grundzustands enthalten. Es wäre allerdings eine Fehlvorstellung anzunehmen, die Reaktionskoordinate hätte die Bedeutung einer Zeitachse für den Reaktionsverlauf. Um die Bedeutung der Reaktionskoordinate zu verstehen, müssen wir uns zunächst vorstellen, die Energieprofilkurve stelle einen „senkrechten" Schnitt durch die Energiehyperfläche des reagierenden Systems dar. Dieser Schnitt

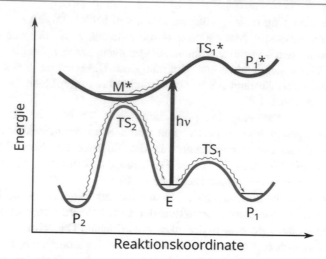

Abb. 6.20 Energieprofildiagramme des Grundzustands und des elektronisch angeregten Zustands eines hypothetischen Edukt-Moleküls E und zwei möglicher Produkt-Moleküle P_1 und P_2

erfolgt jeweils entlang desjenigen Pfades zwischen zwei Minima, der über den tiefstgelegenen Sattelpunkt zwischen diesen Minima führt. Jedem Punkt auf der Reaktionskoordinate entspricht also eine *geometrische Kernanordnung* im reagierenden System, die „näher" oder „weiter weg" von den Kernanordnungen in den benachbarten Minima sein kann.

Bei dem hypothetischen System aus Abb. 6.20 sind das die energetischen Minima des Edukt-Moleküls E und der Produkt-Moleküle P_1 und P_2. Die Aktivierungsenergien, also die Höhen der beiden „Energieberge" auf der Kurve des Grundzustands, seien so unterschiedlich, dass die thermische Reaktion ausschließlich zum Produkt P_1 führt[11]. Bei der Sachlage aus Abb. 6.20 ist es aber möglich, durch Bestrahlung mit Licht geeigneter Wellenlänge, die Reaktion so zu steuern, dass praktisch ausschließlich P_2 gebildet wird. Je nachdem, ob man P_1 oder P_2 herstellen will, bedient man sich einer Heizquelle, z. B. Bunsenbrenner, bzw. einer Lichtquelle, z. B. LED oder Sonne.

Viele Arten von *Isomerisierungen,* beispielsweise die von *E-* und *Z*-Azobenzol und die von Spiropyran und Merocyanin (Abb. 6.21), verlaufen in unterschiedliche Richtungen, je nachdem, ob sie thermisch oder photochemisch mit Licht verschiedener Wellenlängen angetrieben werden (Abb. 6.21). Die beiden Isomere unterscheiden sich oft nicht nur durch die Farbe, sondern auch durch andere Eigenschaften, beispielsweise die Dipolmomente der Moleküle (vgl. *E-* und *Z*-Azobenzol in Abb. 6.21a). Daher eignen sich solche Isomerisierungen im

---

[11]Wenn die Differenz der Aktivierungsenergien z. B. 20 kJ/mol beträgt, bildet sich bei Raumtemperatur 10 000-mal mehr P_1 als P_2; bei 300 °C sind es immer noch 100-mal mehr P_1 als P_2.

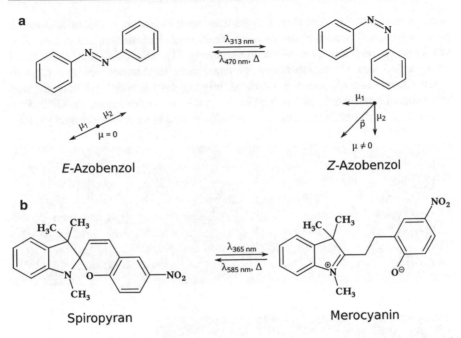

Abb. 6.21 Photochemische und thermische Isomerisierungen von (**a**) *E*- und *Z*-Azobenzol sowie von (**b**) Spiropyran SP und Merocyanin MC

Lehramtsstudium hervorragend für die experimentelle Erschließung von Aspekten der Relation Molekülstruktur – Stoffeigenschaften, der Energetik chemischer Reaktionen und der Gleichgewichte. Am Beispiel der *E-Z*-Isomerisierungen von Azobenzol und anderen Azo-Verbindungen können die Studierenden in Praktika und/oder Abschlussarbeiten thermische und photochemische Reaktionen, dünnschichtchromatographische Trennungen und photometrische Messungen durchführen, die allesamt zur Vervollkommnung ihrer laborpraktischen Fertigkeiten und ihres theoretischen Verständnisses beitragen. Fachliche Hintergründe, experimentelle Einzelheiten und didaktische Hinweise zu *E-Z*-Isomerisierungen liefert beispielsweise René Krämer in seiner Dissertation (QR 6.10).

Wegen des Verbots für Azobenzol an Schulen und der eingeschränkten Verfügbarkeit anderer geeigneter Azo-Derivate wurden analoge Experimente und Lehr-/Lernmaterialien für das kommerziell günstig zugängliche und sicherheitstechnisch harmlose Isomerenpaar Spiropyran/Merocyanin entwickelt [3–8]. Darauf wird ausführlich im Abschn. 6.2.2 und in Kap. 7 eingegangen. Die (QR 6.10) *Dissertationen* von Nico Meuter und Sebastian Spinnen enthalten dazu ausführliche fachliche Hintergrundinformationen, umfangreiche Angaben zu Experimenten und inspirierende Details für neue Forschungsfragen.

Für viele Reaktionstypen in der Allgemeinen und Organischen Chemie, beispielsweise Redoxreaktionen, Protolysen, Dissoziationen, Isomerisierungen, Additions-, Substitutions- und Polymerisationsreaktionen, elektrocyclische Reaktionen, Cycloadditionen und -reversionen, gibt es sowohl thermische als auch photochemische Varianten. Es gibt aber auch Reaktionen, die ausschließlich photochemisch ablaufen, beispielsweise die Norrish-Reaktionen, die Paterno-Büchi-Reaktion und die Di-π-Methanumlagerung [1]. Die (Link bzw. QR 6.11) *Dissertation* von HEIKO HOFFMANN systematisiert Reaktionen aus der *Organischen Chemie* unter besonderer Berücksichtigung der Carbonylverbindungen und präsentiert Experimente, die sich teilweise auch für Vorlesungen, Praktika, Forschungs- und Abschlussarbeiten an Universitäten und Hochschulen eignen [9, 10].

Besondere Beachtung sollten im *Lehramtsstudium,* insbesondere in den Praktika zu schulorientiertem Experimentieren und in fachdidaktischen Projekten (z. B. im Rahmen von Schülerlaboren), jene photochemischen Reaktionen finden, die *lehrplankonformen Reaktionstypen* angehören und Perspektiven zu innovativen Anwendungen in den Material- und Lebenswissenschaften, nachhaltigen Technologien und grüner Chemie eröffnen. In Abschn. 6.2.2 und 6.2.3 werden einige Beispiele solcher Reaktionen erörtert.

QR 6.10 Dissertationen zu „Chemie mit Licht" (Auszug aus der Dissertation von SEBASTIAN SPINNEN, Wuppertal, 2018)

QR 6.11 Materialienpaket „Photochemie der Ketone". (Foto: „Heiko Hoffmann")

6.2.2 Auswahl und didaktische Reduktionen für die Sekundarstufe II

Die erste Auswahl eines für die Sekundarstufe II relevanten Reaktionstyps stellt das Phänomen der *Isomerie* in den Vordergrund. Dies ist ein ländergemeinsamer Pflichtinhalt, der üblicherweise für verschiedene Arten von *Konstitutionsisomerie (Strukturisomerie)* und *Stereoisomerie (Raumisomerie)* anhand von Formeln und tabellierten Eigenschaften erläutert wird. Deutliche und eindrucksvolle Eigenschaftsunterschiede von Isomeren werden insbesondere bei funktionellen Isomeren wie Ethanol und Dimethylether diskutiert, wobei aber in der Regel nur mit einem Isomer, in diesem Fall mit Ethanol, experimentiert wird.

Experimente, bei denen mehrere *Konstitutionsisomere* verglichen werden, sind rar. Es bietet sich beispielsweise der bekannte Schulversuch an, bei dem heißes Kupferoxid an einem Kupferblech oder Kupferdrahtnetz in einen Alkohol getaucht wird. Ein primärer und sekundärer Alkohol reduziert heißes Kupferoxid zu Kupfer, der isomere tertiäre Alkohol dagegen nicht. Der Versuch kann erfolgreich mit isomeren Butanolen durchgeführt werden.

Experimentelle Unterschiede bei *Z/E-(cis-trans-)Stereoisomeren* können beispielsweise mit *Z*- und *E*-Butendisäure durch deren Erhitzen erschlossen werden. Das *Z*-Isomer (Maleinsäure) zersetzt sich ab 135 °C unter Abspaltung von Wasser, das *E*-Isomer (Fumarsäure) zeigt bis 200 °C keine Veränderung.

Am Beispiel der Isomere Fumarsäure und Maleinsäure können auch *photochemische Isomerisierungen* experimentell durchgeführt werden. Bei UV-Bestrahlung einer wässrigen *E*-Butendisäure-Lösung fällt der pH-Wert, weil sich photochemisch *Z*-Butendisäure bildet, die eine stärkere Säure ist. Geht man umgekehrt von einer *Z*-Butendisäure-Lösung aus, so steigt der pH-Wert bei UV-Bestrahlung, weil sich das geringer acide *E*-Isomer bildet [11]. Für den Chemieunterricht ist dieser Versuch allerdings zu zeit- und materialaufwändig, die Beobachtungen sind nicht unmittelbar sinnlich wahrnehmbar und die Isomere können nicht mehrere Male hin- und hergeschaltet werden.

Alle diese Nachteile fallen weg, wenn man mit den *Konstitutionsisomeren* Spiropyran und Merocyanin experimentiert (Abb. 6.22). Ihre gemeinsame Summenformel ist $C_{19}H_{18}O_3N_2$ und sie können in einem unpolaren Lösemittel (z. B. Toluol oder Xylol), aber auch in einer unpolaren Feststoffmatrix (z. B. Polystyrol) reversibel mit violettem Licht in die eine und mit grünem Licht oder Wärme in die andere Richtung überführt werden.

Mit der Strukturänderung ändert sich eine ganze Reihe von Stoffeigenschaften, z. B. die elektrische Leitfähigkeit und die Hydrophilie von Materialien [12–16]. Unmittelbar sichtbar und damit aus didaktischer Sicht am wertvollsten ist jedoch die Farbänderung. Die Hinreaktion vom farblosen Spiropyran zum blauen Merocyanin erfolgt auch im Sonnenlicht; in der Dunkelheit verläuft nur die Rückreaktion, erkennbar an der Entfärbung der Probe. Die Geschwindigkeit der photochemischen Hinreaktion A → B ist temperatur*un*abhängig, die Rückreaktion B → A verläuft im Dunkeln umso schneller, je wärmer die Probe ist. Diese Experimente können im Chemieunterricht mit kommerziell erhältlichem Spiropyran

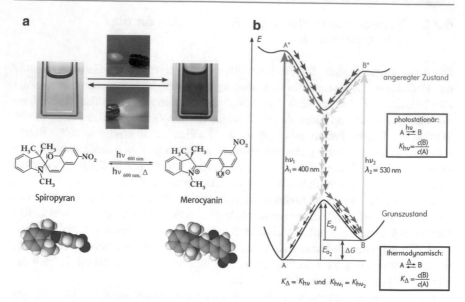

Abb. 6.22 **a** Reversible Isomerisierungen zwischen Spiropyran und Merocyanin, **b** Energiediagramm zu den Reaktionswegen, vgl. Erläuterungen im Text

und LED-Taschenlampen durchgeführt und die Beobachtungen mit dem Energiediagramm aus Abb. 6.22b erklärt werden. Erläuterungen zur *Photochromie* des *molekularen Schalters* Spiropyran/Merocyanin, zu dem damit verbundenen *thermodynamischen* Gleichgewicht und dem *photostationären* Zustand sind auf der Internetplattform in (QR 6.12) *Unterrichtsbausteinen* aus der Schulbuchreihe CHEMIE 2000+ zu finden [2]. Darin sind photochemische Isomerisierungen in das Inhaltsfeld „Neue Materialien" eingebunden und curricular vernetzt.

Die Isomerisierungen mit dem System Spiropyran/Merocyanin sind aus didaktischer Sicht eigentlich vom Kindergarten bis zum Doktorat nutzbar, weil die Experimente und Konzepte an unterschiedliche Alters- und Bildungsstufen angepasst werden können und aus verschiedenen fachlichen Perspektiven zugänglich sind [13–16]. Darauf wird in Abschn. 7.4 ausführlich eingegangen. Experimentelles Equipment, Arbeitsblätter, Gefährdungsbeurteilungen und weitere didaktische Materialien zu Isomerisierungen mit Spiropyran und Merocyanin sind im (QR 3.1) PHOTO-MOL-Koffer enthalten.

Ein Reaktionstyp, der in der Sekundarstufe II in verschiedenen Variationen vorkommt, fällt unter den Sammelbegriff *Dissoziationen*. Diese bezeichnen einen allgemeinen Reaktionstyp, bei dem Moleküle oder andere Verbände aus Atomen oder Ionen gespalten werden. Je nachdem, ob die Dissoziation einer Verbindung aus stofflicher, mechanistischer oder energetischer Sicht betrachtet wird, kann man sie beispielsweise als eine *Hydrolyse, Solvolyse, Protolyse, Thermolyse, Elektrolyse* oder *Photolyse* einstufen. Während bei Hydrolysen, Solvolysen und Protolysen eine Bezugssubstanz, z. B. ein Polysaccharid, ein Ester oder eine Carbonsäure nur

Licht-farbe	Wellen-längenbereich in nm $\Delta\lambda$	Energie-bereich in kJ/mol
Violett	440 bis 400	271 bis 298
Blau	480 bis 440	248 bis 271
Grünblau	490 bis 480	243 bis 248
Blaugrün	500 bis 490	238 bis 243
Grün	560 bis 500	213 bis 238
Gelb	595 bis 580	200 bis 206
Rot	700 bis 605	170 bis 197

Halogen	Bindungs-energie in kJ/mol	Wellenlänge in nm
$\overline{\underline{F}}$—$\overline{\underline{F}}$	155	769 (!)
$\overline{\underline{Cl}}$—$\overline{\underline{Cl}}$	243	490
$\overline{\underline{Br}}$—$\overline{\underline{Br}}$	193	618
$\underline{\overline{I}}$—$\underline{\overline{I}}$	151	789

Abb. 6.23   Energetische Daten zur Photolyse von Halogenen

unter Mitwirkung einer anderen Substanz, z. B. Wasser, gespalten werden kann, erfolgt die Dissoziation bei einer Elektro-, Thermo- oder Photolyse ausschließlich durch Energiezufuhr. *Photolysen* von Molekülen, also Dissoziationen, die unter Lichtzufuhr erfolgen, können im Chemieunterricht der Sekundarstufe II an mehreren Stellen eingebunden werden:

- Im Zusammenhang mit der *Halogenierung von Alkanen* nach dem Radikal-ketten-mechanismus gehört Bildung von Radikalen durch Spaltung von Halogen-Molekülen sogar zu den lehrplankonformen Pflichtinhalten. Entsprechende Experimente sind in allen Schulbüchern und in der (QR 6.12) *Unterrichtssequenz* von der Internet-Plattform www.chemiemitlicht.uni-wuppertal.de zu finden. Die phänomenologischen Unterschiede bei radikalischen Substitutionen mit unterschiedlichen Halogenen werden mithilfe der Relation zwischen der Lichtfarbe, der Wellenlänge der entsprechenden Photonen, ihrer Energie und den Bindungsenergien in den Halogenen erklärt (Abb. 6.23).

Da die Photolyse eines Halogen-Moleküls für den Start eine Radikalketten-reaktion notwendig ist, muss das eingestrahlte Licht geeignete Photonen für die erforderliche Bindungsspaltung enthalten. Für die homolytische Dissoziation eines Chlor-Moleküls ist ein Photon mit $\lambda < 490$ nm notwendig, bei einem Brom-Molekül ein Photon mit $\lambda < 618$ nm. Daher können Bromierungen mit Licht verschiedener Farben aus dem sichtbaren Spektrum durchgeführt werden, Chlorierungen dagegen nur mit blauem, violettem oder ultraviolettem Licht. Dass Halogen-Moleküle überhaupt – im Gegensatz zu Molekülen mit Doppelbindungen – bei Absorption von Photonen sofort in Radikale spalten, kann anhand eines Energieschemas nach dem Muster aus Abb. 6.4 erklärt werden. Wenn ein Elektron aus der höchsten besetzten Energiestufe HBE (aus dem bindenden σ-MO) in die niedrigste unbesetzte Energiestufe NUE (in das antibindende σ*-MO) angehoben wurde, entfällt die energetische Stabilisierung des Moleküls gegenüber zwei getrennten Atomen. Das elektronisch angeregte Halogen-Molekül hat keinen energetischen Vorteil, jedoch einen entropischen Nachteil gegenüber getrennten Atomen. Daher zerfällt es in zwei Atome, die aufgrund der ungeraden Anzahl von Elektronen in der Valenzschale Radikale sind.

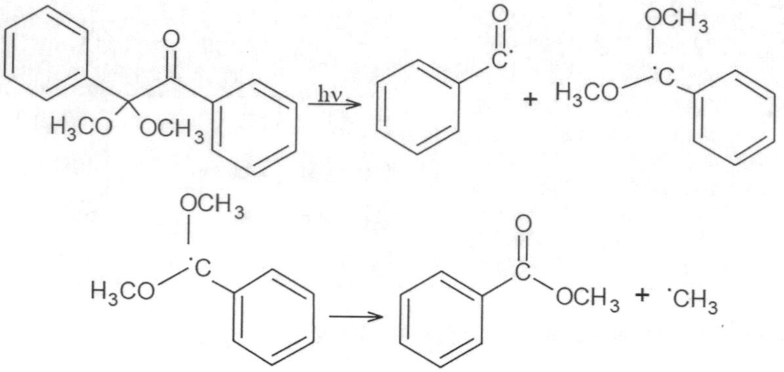

Abb. 6.24 Photolyse des Radikalstarters 2,2-Dimethoxy-2-phenylacetophenon (DMPA) und Folgereaktion

- Ebenfalls durch Photolyse können auch Radikale für den Start von *radikalischen Polymerisationen* erzeugt werden. Als *Photoinitiatoren* werden organische Verbindungen bevorzugt, die bei Bestrahlung mit UV-Licht in Radikale dissoziieren. Häufig sind nicht die primär gebildeten Radikale die Starter der Polymerisation, sondern Radikale aus deren Folgereaktionen (Abb. 6.24).

Das Beispiel aus Abb. 6.24 zeigt ein aromatisches Keton, das mit Photonen aus dem UV-Bereich ($\lambda = 365$ nm) dissoziiert werden kann. Im ersten Schritt nach der Absorption spaltet im DMPA-Molekül die zur Carbonyl-Gruppe benachbarte Einfachbindung homolytisch (α-Spaltung). Aus einem der beiden Primärradikale, dem Dimethoxy-phenylmethyl-Radikal, bildet sich im zweiten Schritt ein stabiles Benzoesäuremethylester-Molekül und ein hochreaktives Methyl-Radikal, das die Polymerisation eines vinylischen Monomers (Styrol, Methylmethacrylat u. a.) starten kann. Auch das andere Primärradikal kann nach Abspaltung von Kohlenstoffmonooxid ein ebenfalls hochreaktives Phenyl-Radikal bilden, das ebenfalls als Radikalkettenstarter wirkt. Photopolymerisationen gewinnen zunehmend an (QR 6.13) Anwendungen in der Industrie, Medizintechnik und Kosmetik, beispielsweise bei der UV-Härtung von Kunststoffen für 3D-Druck, Autolacke, Zahnfüllungen oder Nagellacken.

- Eine weitere Einbindung von Photolysen in den Chemieunterricht besteht im Zusammenhang mit *Reaktionen in der Atmosphäre*. Die Atmosphäre ist in der Tat ein natürlicher, solargetriebener Zweikammer-Photoreaktor. Die beiden Kammern, die Stratosphäre und die Troposphäre, sind durch die um ca. 50 °C kältere Tropopause getrennt, durch die der Stoffaustausch zwischen der unteren und der oberen Kammer stark gehemmt ist (Abb. 6.25).

In den beiden Kammern der Atmosphäre laufen enorm viele lichtgetriebene Reaktionen ab. Sie beginnen in der Regel mit der Photolyse von Molekülen. Beim

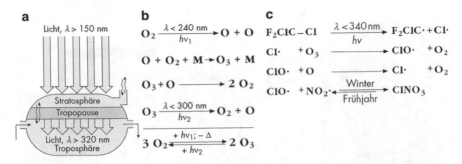

Abb. 6.25 Modell des Zweikammer-Photoreaktors Atmosphäre (**a**) und Reaktionszyklen in der Stratosphäre: Chapman-Zyklus des Sauerstoff-Ozon-Gleichgewichts (**b**) und Chlor-Katalyse-Zyklus des Ozonabbaus (**c**), vgl. Text

Chapman-Zyklus (Abb. 6.25b) werden im ersten Schritt Sauerstoff-Moleküle unter Absorption von sehr energiereichem UV-Licht gespalten. Auch das im Folgeschritt gebildete Ozon-Molekül spaltet photolytisch, benötigt dafür aber weniger energie-reiche Photonen aus dem UV-Bereich. Insgesamt gewährleistet der Chapman-Zy-klus in der Stratosphäre ein Gleichgewicht zwischen Sauerstoff und *Ozon,* bei dem UV-Strahlung in Wärme umgewandelt wird. Daher wirkt die Stratosphäre als Filter für den lebensfeindlichen UV-Anteil der Sonnenstrahlung. Auch der strato-sphärische *Chlor-Katalyse-Zyklus* (Abb. 6.25c) beginnt mit einer Photolyse. Es ist die homolytische Spaltung einer Kohlenstoff-Chlor-Bindung in einem Dichlor-difluormethan-Molekül, das zu den berüchtigten Fluorchlorkohlenwasserstoffen FCKW gehört. Die gebildeten Radikale initiieren Kettenreaktionen, bei denen Ozon abgebaut wird. Das hat über mehrere Jahrzehnte zu starken Abnahmen der Ozonkonzentration in der Stratosphäre geführt (Stichwort: Ozonloch). Da FCKW ausschließlich von Menschen in die Atmosphäre gebracht wurden, aufgrund ihrer hohen Dichte nur langsam bis in die Stratosphäre hochsteigen und die Ketten-abbruchreaktion im Chlor-Katalyse-Zyklus reversibel ist (Abb. 6.25c), wurde und wird das stratosphärische Ozon-Gleichgewicht über viele Jahrzehnte anthropogen beeinflusst. Ausführliche Informationen über weitere Reaktionen und Zusammen-hänge im Photoreaktor Atmosphäre, insbesondere über die essenzielle Bedeutung des Ozons für das Leben auf der Erde sind *online* im (QR 6.14) Materialienpaket „Drei Millimeter Ozon – *conditio sine qua non*" zu finden.

Redoxreaktionen bestimmen in der Sekundarstufe II inhaltlich und zeitlich einen großen Teil des Chemieunterrichts. In der Interpretation als *Elektronentrans-ferprozesse* nach dem *Donator-Akzeptor-Prinzip* erfasst das Konzept der Redox-reaktionen alle Reaktionen aus der Elektrochemie und eine Vielzahl weiterer Reaktionen anorganischer und organischer Verbindungen. Photochemische Redox-reaktionen werden in den Lehrplänen für die Sekundarstufe II noch nicht explizit gefordert und fehlen auch in den meisten Schulbüchern.

In Anbetracht der fundamentalen Bedeutung der Photosynthese für die Bio-sphäre unseres Planeten und der Renaissance von G. Ciamicians Idee, dass

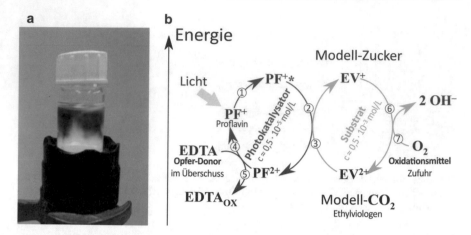

Abb. 6.26 Photokatalytische Reduktion von Ethylviologen mit dem Photokatalysator Proflavin und dem Opferdonor EDTA in wässriger Lösung (**a**); gekoppelte Reaktionszyklen beim Photo-Blue-Bottle-Experiment (**b**)

(Abschn. 1.7) „die Solarstrahlung für industrielle Zwecke nutzbar ist", wird das Gebiet der photokatalytischen Redoxreaktionen mit dem Hinblick auf die Synthese „grüner Treibstoffe" in der Fachwissenschaft stark beforscht [17, 18]. Im Schulbuch [2] sind (QR 6.11) *photokatalytische Redoxreaktionen* als fakultative Lerninhalte einigen Beispielen experimentell, kontextorientiert und modelltheoretisch in den Lehrgang eingebunden.

Das *online* umfassend dargestellte und ausgewertete (QR 5.3) *Photo-Blue-Bottle*-Experiment *in homogener Phase* (Abb. 6.26) dient als Modell für den Kohlenstoffkreislauf und die Energieumwandlungen bei der Photosynthese und Zellatmung in der belebten Natur.

Im Einzelnen lassen sich zwischen dem Modellexperiment in verschiedenen Versionen und den natürlichen Vorgängen beim Kreislauf Photosynthese/Atmung anhand von experimentellen Fakten folgende *Analogien* erschließen, die in Abb. 6.26 verdeutlicht sind:

- Der Kreislauf des Substrats Ethylviologen im Experiment aus der oxidierten Form EV^{2+} zur reduzierten Form EV^+ und zurück entspricht dem Kohlenstoffkreislauf in der Natur aus der oxidierten Form im Kohlenstoffdioxid zur reduzierten Form in Zuckern und zurück;
- beide Kreisläufe beinhalten eine durch Licht angetriebene Reduktion und Oxidation, in der Sauerstoff aus der Luft als Oxidationsmittel wirkt;
- in beiden Kreisläufen ist die endergonische Reduktion nur unter Beteiligung farbiger Photokatalysatoren, die sichtbares Licht absorbieren, möglich;
- in beiden Fällen bilden sich zunächst durch Lichtabsorption elektronisch angeregte Zustände der Photokatalysatoren, aus denen anschließend Elektronentransfer an das Substrat erfolgt;

- in beiden Kreisläufen laufen die Reaktionen in wässriger Lösung ab;
- in beiden Kreisläufen wird Licht in chemische Energie umgewandelt und im reduzierten Substrat (Ethylviologen-Monokation EV^+ bzw. Zucker) bis zu dessen Oxidation gespeichert.

Wie immer bei Modellexperimenten gibt es auch grundlegende *Unterschiede* zwischen dem *Photo-Blue-Bottle*-Experiment und dem Kreislauf Photosynthese/ Atmung in der Natur:

- Anders als im Experiment ist in der Natur an den Kohlensoffkreislauf auch der Sauerstoffkreislauf gekoppelt;
- anders als im Experiment verlaufen sowohl die Reduktion von Kohlenstoffdioxid im Blatt als auch die intrazelluläre Oxidation von Kohlenhydraten in offenen Systemen ab;
- anders als im Experiment ist beim natürlichen Stoffkreislauf eine Vielzahl von Stoffen (Blattpigmente, Enzyme u.v.a.) beteiligt;
- die Zahl der Reaktionsschritte (Elementarreaktionen) ist sowohl bei der Photosynthese als auch bei der Atmung weitaus höher als im Modellexperiment.

Und dennoch: Mit nur drei Chemikalien (Ethylviologen, Proflavin und EDTA) und einfachen Geräten (Schraubdeckelgläschen und LED-Taschenlampen) können in Schulexperimenten die fundamentalen Merkmale des wichtigsten biochemischen Stoffkreislaufs und der dabei beteiligten Energieformen erschlossen werden.

Mit dem *Photo-Blue-Bottle*-Experiment, können mehrere lehrplankonforme Inhalte der Sekundarstufe II, z. B. *Redoxpotenziale, Konzentrationszellen, Energetik, Relation Molekülstruktur – Farbigkeit* und *Katalyse* aufgegriffen, angewandt und vertieft werden. Darauf wird im Einzelnen im Abschn. 7.10 und in dem in Kap. 3 verlinkten (QR 5.3) eingegangen. An dieser Stelle sei nur auf einen Unterschied der Begriffe Katalysator und Photokatalysator hingewiesen. Die *Photo-Blue-Bottle* Lösung enthält den Photokatalysator Proflavin lediglich zu 1 % bezogen auf das Substrat Ethylviologen. Dies reicht aus, um das gesamte Substrat zu reduzieren – und das in zahlreichen Wiederholungen. Das ist möglich, weil die Teilchen des Photokatalysators sehr viele Zyklen durchlaufen können, ohne verbraucht zu werden. Bei jedem Zyklus wird ein Photon absorbiert und aus dem elektronisch angeregten Photokatalysator-Teilchen auf ein Substrat-Teilchen übertragen *(Photoelektronentransfer)*. Der Zyklus des Photokatalysator-Teilchens schließt sich durch Einfang eines Elektrons vom Opferdonor. Ein Photokatalysator wird also ganz ähnlich wie ein Katalysator in nur kleiner Menge benötigt und wird nicht verbraucht, weil seine Teilchen viele Zyklen durchlaufen, er benötigt jedoch Licht, um aktiv zu werden.

Diese Experimentreihe eignet sich somit zur Erschließung grundlegender Prämissen für die photokatalytische Synthese „grüner Treibstoffe" aus Kohlenstoffdioxid und Wasser mithilfe von Solarlicht. Die (QR 6.10) *Dissertationen* von Maria Heffen, Yasemin Yurdanur und Richard Kremer liefern Hintergrundinformationen zu photokatalytischen Redoxreaktionen, Arbeitsblätter und Vorschläge für die Einbindung in den Unterricht sowie weitere Varianten des

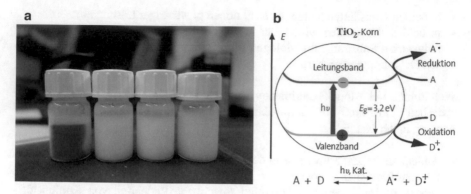

Abb. 6.27 **a** Ethylviologen in wässriger Titandioxid-Suspension nach der Bestrahlung mit UV-, blauem, grünem und rotem Licht (v.l.n.r.), **b** Energiebändermodell zur Wirkungsweise des Photokatalysators

Photo-Blue-Bottle-Experiments. Dazu gehört auch die photokatalytische Reduktion von Ethylviologen mit dem Photokatalysator Titandioxid (Anatas-Modifikation) *in heterogener Phase*, die mit einer UV-LED-Taschenlampe angetrieben werden kann (Abb. 6.27).

Die Titandioxid-Nanopartikel mit Durchmessern von 5 nm bis 50 nm zeigen die Eigenschaften eines anorganischen *Halbleiters*. Zur Beschreibung der Energie von Elektronen in Halbleitern eignet sich das *Energiebändermodell*. Danach befinden sich im Grundzustand alle Valenzelektronen der im Halbleiter-Korn gebundenen Atome oder Ionen im *Valenzband*. Dieses ist durch eine für Elektronen verbotene Energie- oder *Bandlücke* (energy gap E_g) vom *Leitungsband* getrennt, ähnlich wie die höchste besetzte und niedrigste unbesetzte Energiestufe bei Molekülen (Abb. 6.27). Bei Titandioxid beträgt die Bandlücke $E_g = 3,2$ eV[12]. Durch Absorption eines Lichtquants mit $\lambda < 388$ nm wird ein Elektron aus dem Valenzband des Titandioxid-Korns ins Leitungsband angeregt. Dies entspricht dem elektronisch angeregten Zustand in Molekülen und wird bei Halbleitern als *Elektron-Loch-Paar* oder auch als *Exciton* bezeichnet. Je nachdem wie das Elektron-Loch-Paar „vernichtet" wird, erfüllt das Nano-Titandioxid verschiedene Funktionen in entsprechenden Einsatzbereichen.

In Abb. 6.27 ist die Wirkung von Nano-Titandioxid als Photokatalysator einer Redoxreaktion dargestellt. Dabei wird das angeregte Elektron aus dem Leitungsband an ein anderes Teilchen aus der Umgebung, an den Elektronenakzeptor A, abgegeben. Das positive „Loch" aus dem Valenzband wird durch den Einfang eines Elektrons von einem Elektronendonor D aus der Umgebung ausgeglichen.

---

[12]eV (Elektronvolt) ist eine Energieeinheit. Zwischen der Energie E eines Photons in eV und seiner Wellenlänge λ in nm besteht die Beziehung $E = 1240/\lambda$.

Auf diese Weise wird D oxidiert und A reduziert. Bei dem in Abb. 6.27 dargestellten *Photo-Blue-Bottle*-Experiment ist das Substrat Ethylviologen EV^{2+} der Akzeptor A, als Donor D eignet sich in diesem Fall Triethanolamin. Auch der Farbstoff Methylenblau kann mit Nano-Titandioxid in wässriger Suspension photokatalytisch nach dem Schema aus Abb. 6.27 reduziert werden. In diesem Fall wird eine Entfärbung beobachtet, weil Methylenblau zu farblosem Leukomethylenblau reduziert wird. Die Funktion der Opferdonor-Teilchen D im Katalysezyklus übernehmen in diesem Fall Wasser-Moleküle. Dabei wird der im Wasser gebundene Sauerstoff zu elementarem Sauerstoff oxidiert, der an den Titandioxid-Körnern adsorbiert bleibt. Er bewirkt beim Schütteln der bestrahlten und entfärbten Lösung die Rückoxidation von Leukomethylenblau zu Methylenblau und die damit einhergehende Blaufärbung des Reaktionsgemisches.

Titandioxid wird als *Photokatalysator* vor allem in technischen Anlagen zur (QR 6.13) *Dekontamination* von Abwässern aus der Industrie und aus Krankenhäusern eingesetzt. Diese sind oft mit organischen Halogenverbindungen aus Lösemitteln bzw. Medikamenten belastet, die sehr schwer abbaubar sind. Sie müssen entfernt werden, bevor sie in Flüsse und Seen gelangen, weil sie sich sonst in Nahrungsketten anreichern und die Gesundheit von Tieren und Menschen gefährden. Das gelingt durch *photokatalytische Oxidation* von organischen Halogenverbindungen durch UV-Bestrahlung mit Titandioxid (Anatas) als Photokatalysator und Luft- oder Sauerstoffzufuhr. Selbst so persistente Chlorverbindungen wie Tetrachlorethen werden auf diese Weise vollständig zu Kohlenstoffdioxid und Chlorid-Ionen mineralisiert:

$$Cl_2C = CCl_2 + O_2(g) + 2\,H_2O(l) \rightarrow 2\,CO_2(aq) + 4\,HCl(aq)$$

Die photokatalytische Spaltung von Wasser, die *Wasserphotolyse,* wäre eine nachhaltige Methode, Wasserstoff, den umweltfreundlichsten aller Energieträger, mithilfe von Sonnenlicht zu gewinnen:

$$H_2O \rightarrow H_2 + \tfrac{1}{2}O_2; \quad \Delta G^\circ = +237\,kJ$$

Das ist prinzipiell möglich, denn die freie Reaktionsenthalpie ΔG° bei der Zersetzung eines Wasser-Moleküls entspricht der Energie eines Lichtquants von $2,45\,eV$ mit $\lambda = 504\,nm$, also einem Photon aus dem sichtbaren Bereich. Nano-Titandioxid mit $E_g = 3,2\,eV$ ist dafür jedoch nicht geeignet. Durch *Sensibilisierung* von Titandioxid mit Farbstoffen kann die Absorption in den sichtbaren Bereich verschoben werden. Das so modifizierte Titandioxid eignet sich zwar für (Abschn. 6.3.2) *farbstoffsensibilisierte Solarzellen,* nicht aber für die Wasserphotolyse. Für die photolytische Erzeugung von Wasserstoff wurden bereits andere Photokatalysatoren entwickelt und unter Laborbedingungen in homogener und heterogener Katalyse erfolgreich getestet [19–23]. Auf diesem Gebiet wird intensiv geforscht.

Zurück zum nicht sensibilisierten Nano-Titandioxid aus dem Modell in Abb. 6.27: Wenn das angeregte Elektron ins Valenzband zurückfällt, spricht man von der *Rekombination* des Elektron-Loch-Paares. Die Energie des absorbierten Lichtquants wird dabei als Fluoreszenz emittiert oder in Schwingungsenergie umgewandelt, d. h., die Schwingungen der Ionen im Titandioxid-Gitter werden stärker. Ist das Titandioxid-Nanopartikel von anderen Teilchen umgeben, beispielsweise von den Molekülen aus einer Sonnenschutzcreme, einer Textilfaser oder einem anderen makromolekularen Material, übernehmen diese die Energie des angeregten Titandioxid-Partikels. Als Endergebnis dieser Energieübertragung bewegen sich die Moleküle bzw. die Molekülteile schneller, ohne dass es zu Bindungsdissoziationen kommt. Die absorbierte Strahlungsenergie wird also vollständig in Wärme umgewandelt, es findet keine chemische Reaktion statt. Auf diese Weise funktioniert Titandioxid nicht als Katalysator für eine UV-getriebene chemische Reaktion, sondern genau gegenteilig. Es „vernichtet" die UV-Strahlung, indem es sie in Wärme umwandelt.

QR 6.12 Unterrichtsbausteine zur curricularen Einbindung photochemischer Reaktionen in der Sekundarstufe II

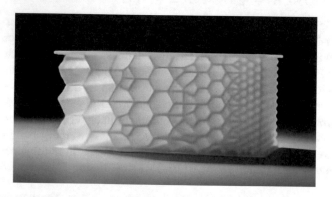

QR 6.13 Technische Anwendungen von Photoreaktionen

QR 6.14 Materialienpaket „Drei Millimeter Ozon – *conditio sine qua non*"

6.2.3 Auswahl und didaktische Reduktionen für Sekundarstufe I

Die Energiebeteiligung bei Stoffumwandlungen ist ein Definitionsmerkmal chemischer Reaktionen. Folgerichtig fordern alle Lehrpläne für die Sekundarstufe I diesen Lehrinhalt und alle Lehrbücher enthalten ihn. Ob Energie aus einer Reaktion „frei wird" (korrekter müsste es heißen: „verfügbar wird") oder für den Reaktionsablauf zugeführt werden muss, wird experimentell gewöhnlich an Beispielen mit Beteiligung der Energie als *Wärme* oder als *elektrische Energie* untersucht. Chemische Reaktionen, die durch *Licht* angetrieben werden (photochemische Reaktionen), und solche, bei denen kaltes Licht frei (Chemolumineszenz) wird, können mithilfe des (QR 6.15) *Materialienpakets* für die Sek. I experimentell erschlossen werden. Dafür gibt es im Anfangsunterricht mehrere *didaktische Gründe,* weil sie

- die *wichtigste Energieform* hervorheben, die das Leben auf der Erde antreibt, die nachhaltigste und umweltfreundlichste unter allen Energieformen ist und in den größten Mengen über längste Zeiträume kostenlos zur Verfügung steht,
- zu den *Alltagserfahrungen* der Lernenden gehören, in der Regel allerdings unbewusst (z. B. Hautbräunung in der Sonne und Knicklichter in Spielwaren und bei Volksfesten),
- mit sinnstiftenden, die *eigene Person* betreffenden Kontexten verknüpft werden können (z. B. Verhalten bei starker Sonnenstrahlung und Photosmog und Umgang mit erloschenen Knicklichtern),
- weitere sinnstiftende Kontexte betreffend *technische Anwendungen* anpeilen (z. B. in der Medizin und in der Umwelttechnik),
- *interdisziplinäre Brücken* zu Lehrinhalten der benachbarten Fächer Physik und Biologie aufbauen (z. B. Biolumineszenz und Photovoltaik),

- junge Lernende an aktuelle Forschungsbereiche und *ungelöste Probleme* in den Naturwissenschaften heranführen und sie für die Mitarbeit an deren Lösung motivieren.

Am einfachsten durchzuführen sind die Versuche mit der (siehe Abschn. 7.5) „intelligenten" Folie oder mit Spiropyran-Lösung und/oder der „intelligenten Folie". Damit können durch *Licht* angetriebene Reaktionen zur Bildung und zum Abbau eines neuen, in diesem Fall farbigen Stoffes schnell und detailliert mithilfe verschiedenfarbiger LED-Taschenlampen untersucht werden. Auch der Vergleich von *Licht* und *Wärme* als Antrieb dieser Reaktionen mit Farbwechsel ist möglich und empfehlenswert. Die curriculare Einbindung dieses Unterrichtsbausteins kann gemäß Abb. 5.12 im Abschn. 5.9 bereits als Abschluss der ersten oder Beginn der zweiten Unterrichtsreihe des 1. Chemiejahres erfolgen. Dazu gehören auch Versuche, bei denen Licht (kaltes Licht!) aus einer chemischen Reaktion frei wird. Reaktionen mit Chemolumineszenz können beispielsweise mit der (siehe Abschn. 7.1) „kalten Weißglut" und/oder anderen Luminol-Versuchen demonstriert werden. Bei all diesen Versuchen und Lerninhalten zur Energiebeteiligung wird auf die Formeln der beteiligten Substanzen verzichtet.

Das gilt auch für die einfachen Versionen des (siehe Abschn. 7.8) *Photo-Blue-Bottle*-Experiments im kleinen Schraubdeckelglas. Diese Versuche sind wesentliche Teile der konstruktivistischen Lernschleife „Licht – der Antrieb zum Leben", die im Abschn. 5.6.1 als Unterrichtsbaustein beschrieben ist. Da gleich im Anschluss an die Einführung des Begriffs der chemischen Reaktion in den meisten Lehrgängen Oxidationen und Reduktionen thematisiert werden, bietet sich für die curriculare Einbindung der genannten Lernschleife der zweite Themenblock aus dem 1. Chemiejahr an (vgl. Abschn. 5.9, Abb. 5.12) an.

Für den dritten Themenblock „Luft und Wasser" des 1. Chemiejahres (vgl. Abschn. 5.9, Abb. 5.12) bieten sich didaktisch reduzierte Inhalte zu den Phänomenen *Treibhauseffekt, Klimawandel, Sommersmog (Photosmog), Ozonloch* und *UV-Strahlung* an. Alle diese Phänomene beruhen primär auf photochemischen Prozessen und experimentelle Zugänge dazu sind bereits im (QR-6.15) *Curriculum* der Sekundarstufe I möglich. Sie sollten sinnvollerweise genutzt werden, um bei der Schuljugend mit einigen Fehlvorstellungen, die in der Öffentlichkeit herrschen und oft selbst durch seriöse Medien befeuert werden, aufzuräumen. Es gilt, das Wissen über folgende Zusammenhänge auf elementare, aber wissenschaftlich konsistente Grundlagen zu stellen:

- die Zusammensetzung der Luft in Bodennähe (Anteile von Stickstoff, Sauersoff und anderer Gase, darunter die der weiter unten genannten Treibhausgase);
- das Zustandekommen des Treibhauseffekts: Umwandlung von Lichtstrahlung durch die Erdoberfläche in Wärmestrahlung und deren Absorption durch die Treibhausgase in der Atmosphäre;
- die Bedeutung des globalen Treibhauseffekts von ca. 33 °C für das irdische Leben;

- die Beiträge der wichtigsten Treibhausgase zum Treibhauseffekt: Wasserdampf: 20,6 °C, Kohlenstoffdioxid 7,6 °C, Ozon 2,4 °C, Distickstoffmonooxid 1,4 °C, Methan 1 °C;
- den Zusammenhang zwischen der mittleren Temperatur auf der Erde und dem Kohlenstoffdioxidgehalt in der Atmosphäre über lange Zeiträume, also den Zusammenhang zwischen Kohlenstoffdioxidgehalt in der Atmosphäre und Klimawandel;
- die Bildung und der Abbau von Ozon in der Stratosphäre und die damit verbundene Wirkung als Filter für die UV-Strahlung der Sonne;
- die Ausdünnung des Ozongehalts in der Stratosphäre (Ozonloch) unter Wirkung anthropogener Fluorchlorkohlenwasserstoffe und die Folgen für die auf die Erdoberfläche auftreffende Sonnenstrahlung;
- die Bildung von gesundheitsschädigendem Ozon (Photosmog) in der bodennahen Luft bei starker Sonnenstrahlung unter Mitwirkung von Stickstoffdioxid.

Diese Formulierungen erscheinen für den Anfangsunterricht teilweise überzogen. Es sei daher betont, dass es um die Vermittlung der Begriffsbedeutungen und um die großen Zusammenhänge geht. Die Experimente zur Ozonproblematik (Ozon als Treibhausgas, als UV-Filter in der Stratosphäre und als Schadstoff in der bodennahen Luft) stehen auf der Plattform www.chemiemitlicht.uni-wuppertal.de als Videos zur Verfügung. Ausnahmsweise sollten sie in Schulräumen den realen Experimenten vorgezogen werden, um die Schülerinnen und Schüler vor unnötigen Belastungen mit schädlicher Atemluft zu schützen. In Schülerlaboren an Unis und Hochschulen können sie im Abzug durchgeführt werden. Auf konkrete Reaktionen im Photoreaktor Atmosphäre und die damit schrittweise einhergehende Umwandlung der Strahlungsenergie der Sonne in Wärme auf, in und über der Erde sollte ausführlicher erst in der (siehe Abschn. 6.2.2) Sekundarstufe II eingegangen werden.

QR 6.15 Curriculare Einbindung photochemischer Inhalte in der Sekundarstufe I (Erzeugung eines blauen Stoffes auf der „intelligenten Folie" mit violettem Licht aus einer LED-Taschenlampe; mit grünem Licht wird der blaue Stoff wieder abgebaut.)

6.3   Photovoltaik und Elektrolumineszenz

6.3.1   Auswahl und didaktische Reduktionen für das Lehramtsstudium

Diesem Unterkapitel wird ein Sonderplatz eingeräumt, obwohl die zu betrachtenden Prozesse auch unter Abschn. 6.1 hätten eingeordnet werden können. Immerhin laufen sowohl bei der Photovoltaik als auch bei der Elektrolumineszenz Desaktivierungen angeregter Zustände *ohne* chemische Reaktion ab. Allerdings sind für die didaktische Erschließung der Elementarprozesse bei der Umwandlung von Licht in elektrischen Strom *photogalvanische* und *photoelektrochemische Zellen* besser geeignet als photovoltaische Solarzellen aus Silicium oder anderen anorganischen Halbleitern. Letztere bleiben für Lernende hinsichtlich der Vorgänge auf der Teilchenebene „black boxes“. Dagegen können mit photogalvanischen und photoelektrochemischen Zellen (Abschn. 6.3.2) auf der Basis von Halbleitern wie Titandioxid (Abb. 6.27) die Elementarprozesse Schritt für Schritt erschlossen werden. In diesen Fällen aber laufen immer auch chemische Reaktionen ab.

Bei der elektronischen Anregung in einem Halbleiter-Korn aus Titandioxid wird ein *Elektron-Loch-Paar* e⁻/h⁺ gebildet (Abb. 6.28a). Das Loch h⁺, d. h. das Elektronendefizit im Valenzband, wird durch Elektronentransfer von einem Donor D ausgeglichen, der dabei oxidiert wird; das Elektron aus dem Leitungsband kann in einen äußeren Stromkreis abfließen und so einen elektrischen Strom generieren, es kann aber auch auf einen Akzeptor, z. B. ein $H^+(aq)$-Ion, übertragen werden und dieses reduzieren (Abb. 6.28b und 6.27).

Ganz allgemein können nach dem Energiebändermodell (Abb. 6.28 und 6.29) nur Photonen absorbiert werden, deren Energie größer ist als die *Bandlücke* E_g. Das sind bei Titandioxid Photonen aus dem UV-Bereich mit $\lambda < 388$ nm. Die Bandlücke E_g ist auch für den Umkehrprozess, die Emission von Photonen in

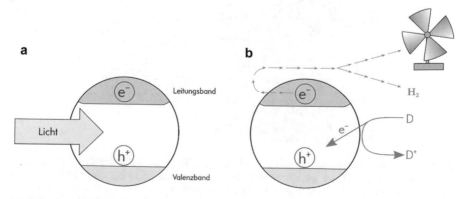

Abb. 6.28 Elektronische Anregung und mögliche Folgeprozesse in einer photogalvanischen Zelle mit Titandioxid

Leuchtdioden LED (light emitting diodes), eine entscheidende Größe. Es werden Photonen genau der Energie emittiert, die der Bandlücke E_g entspricht. Daher sind Betrachtungen der Möglichkeiten, auf die Bandlücke E_g Einfluss zu nehmen, so wichtig, dass darüber in der Auswahl für die Sekundarstufe II im folgenden Abschnitt eingegangen wird.

Der Begriff Bandlücke E_g kann auch auf organische Materialien aus Makromolekülen, die in der Hauptkette ausschließlich sp^2-hybridisierte Kohlenstoff-Atome enthalten, angewendet werden (Abb. 6.29). Bei zunehmender Anzahl von konjugierten Doppelbindungen in einem Molekül wird die Anzahl der bindenden, besetzten π-Molekülorbitale und die der antibindenden, unbesetzten π^*-Molekülorbitale immer größer und die Orbitale rücken energetisch immer näher zusammen. In Abb. 6.29 wird angedeutet, dass im Makromolekül alle HOMO und alle LUMO jeweils zu einem Band verschmelzen. Die energetische Bandlücke E_g zwischen dem Band der HOMO und dem der LUMO ist im Polyacetylen-Makromolekül wesentlich kleiner als bei dem entsprechenden kleinsten konjugierten Molekül, in Abb. 6.29 dem 1,3-Butadien. Die Struktureinheiten einiger Polymere, die in organischen Photovoltazellen OPV und organischen Leuchtdioden OLED (organic light emitting diodes) Anwendungen finden, sind in Abb. 6.30 dargestellt.

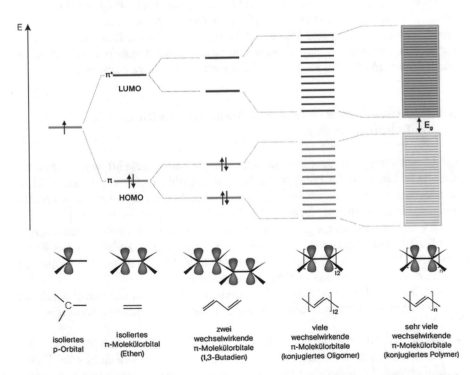

Abb. 6.29 Ausbildung bandenähnlicher Strukturen in Polymeren. (Grafik aus Dissertation © M. Zepp, Wuppertal, 2017)

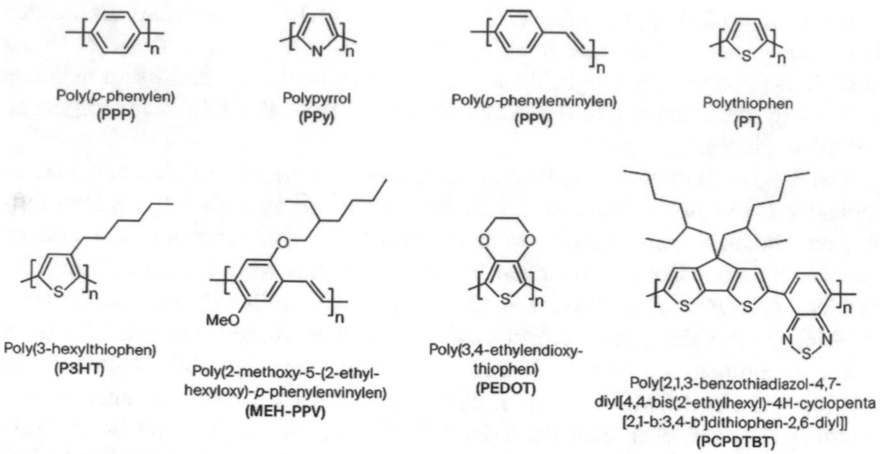

Abb. 6.30 Konjugierte Polymere in organischen Leuchtdioden OPV und organischen Photovoltazellen OLED. (Grafik aus Dissertation © M. Zepp, Wuppertal, 2017)

Vertiefende theoretische Betrachtungen und Anwendungen zum Halbleiter Titandioxid (Abb. 6.27 und 6.28) und zu organischen Polymer-Halbleitern (Abb. 6.29 und 6.30) sind in den (QR 6.10) *Dissertationen* von CLAUDIA BOHRMANN, AMITABH BANERJI und MELANIE ZEPP zu finden. Die im Rahmen dieser Dissertationen entwickelten Experimente und Lehr-/Lernmaterialien zum Titelthema dieses Unterkapitels sind im Abschn. 6.3.2 zusammenfassend dargestellt.

6.3.2 Auswahl und didaktische Reduktionen für die Sekundarstufe II

Die Umwandlung von Licht in elektrische Energie und umgekehrt, von elektrischer Energie in Licht, ist aus didaktischer Sicht so ergiebig und aus technischer Sicht so relevant, dass dazu bereits viele Experimente und Lehr-/Lernmaterialien erstellt, getestet und in Lehrbücher für die Sekundarstufe II eingebunden wurden [2].

Das auf der Internetplattform verfügbare (QR 6.16) *Materialienpaket „Aus Licht wird Strom und vice versa"* stellt u. a. ausgewählte Seiten aus der Reihe CHEMIE 2000 + zur Verfügung. Auf das didaktische Potenzial der Lerninhalte von diesen Buchseiten wird hier in Kürze eingegangen.

Mithilfe der drei in Abb. 6.31 dargestellten Zellen kann schrittweise anhand von Versuchsbeobachtungen erarbeitet werden, dass in der *photogalvanischen*

- *Zweitopf-Zelle,* die ganz ähnlich aufgebaut ist, wie beispielsweise das Daniell-Element, Spannung und Strom erzeugt werden, jedoch nur bei Lichtbestrahlung der Photoelektrode aus Titandioxid, diese dabei nicht verbraucht

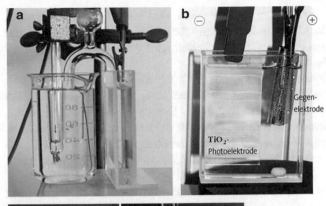

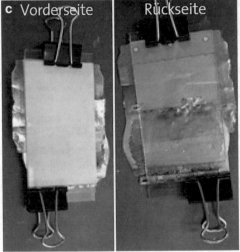

Abb. 6.31 **a** Photogalvanische Zweitopf-Zelle, **b** Eintopf-Zelle und **c** Kompakt-Zelle. (Bilder aus © Tausch/von Wachtendonk, CHEMIE 2000+Gesamtband, C. C. Buchner-Verlag)

wird, dafür aber Bromid-Ionen aus der Lösung zu Brom-Molekülen oxidiert und in der anderen Halbzelle Wasserstoff-Ionen zu molekularem Wasserstoff reduziert werden;

- *Eintopf-Zelle* ebenfalls Redoxreaktionen ablaufen, aber aufgrund der Zellgeometrie und der eingesetzten Stoffe höhere Stromwerte erreicht werden, sodass ein kleiner Elektromotor angetrieben werden kann;
- *Kompakt-Zelle*, die im Gegensatz zu den voranstehenden Zellen keine auslaufbare Flüssigkeit enthält, nochmal eine Steigerung der Stromstärke erreicht wird, sodass auch bei Sonnenlicht ein kleiner Elektromotor angetrieben werden kann.

Die drei photogalvanischen Zellen aus Abb. 6.31 sind wegen der relativ großen Bandlücke des Titandioxids ($E_g = 3{,}2$ eV) nur für einen sehr kleinen Anteil des Sonnenlichts empfindlich und in allen drei Zellen wird der Donor verbraucht. Er wird daher oft als „Opferdonor" bezeichnet.

Beide Nachteile können beseitigt werden: Durch *Sensibilisierung* der Titandioxid-Photoelektrode mit geeigneten Farbstoffen kann auch farbiges Licht aus dem Sonnenspektrum genutzt werden und durch Einsatz cyclischer *Redoxmediatoren,* die an den Elektroden der Zelle reversibel oxidiert und reduziert werden, also Kreisprozesse durchlaufen, vermeidet man, dass beim Betrieb der Zelle Stoffe irreversibel umgesetzt, also verbraucht werden. Solche Zellen werden nach ihrem Entdecker auch GRÄTZEL-*Zellen* genannt (Abb. 6.32).

Die kovalent an das Titandioxid gebundenen Sensibilisator-Moleküle sind nun die eigentlichen Absorber von Photonen, also kommt es auf die Energiedifferenz zwischen der NUE und der HBE an. Diese ist geringer als die Bandlücke beim Titandioxid. Das blauviolette Gemisch aus Anthocyanen im Himbeersaft absorbiert Photonen mit Wellenlängen zwischen 470 nm und 570 nm, das käufliche Crocin zwische 370 und 520 nm [24]. Während Anthocyane bei Dauerbestrahlung ziemlich schnell ausbleichen, behält Crocin seine Farbe und damit auch seine Wirkung als Sensibilisator wesentlich länger.

Um als *Photosensibilisator* in einer GRÄTZEL-Zelle wirksam zu sein, ist es nicht ausreichend, dass ein Farbstoff im sichtbaren Bereich absorbiert. Damit das bei der Absorption eines Photons in die niedrigste unbesetzte Energiestufe NUE angehobene Elektron ins Leitungsband LB des Titandioxid-Korns eingeschleust werden kann, muss die NUE energetisch über der Bandkante des LB liegen (Abb. 6.32 c).

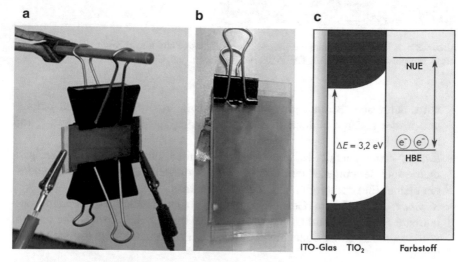

Abb. 6.32 Farbstoffsensibilisierte elektrochemische Zellen (Grätzel-Zellen) mit verschiedenen Pflanzenfarbstoffen (vgl. Text). **a** Blauviolettes Anthocyan-Gemisch [2], **b** gelboranges Crocin [24]) und **c** Energiemodell zur Sensibilisierung von Titandioxid

Als cyclisch arbeitender *Redoxmediator* kann das Redoxpaar aus Iodid-Ionen und Iod-Molekülen $2\,I^-/I_2$ eingesetzt werden. Die Iodid-Ionen wirken als Elektronen-Donoren und gleichen die bei der elektronischen Anregung entstandenen Elektronendefizite in den HBE der Sensibilisator-Moleküle aus. Die Iodid-Ionen werden also zu Iod-Molekülen oxidiert. An der Gegenelektrode wirken die Iod-Moleküle als Elektronen-Akzeptoren. Sie nehmen Elektronen, die über den äußeren Stromkreis zur Elektrode gelangen, auf und werden dabei zu Iodid-Ionen reduziert. Die Balance zwischen Iodid-Ionen und Iod-Molekülen in der Zelle bleibt also ausgeglichen, es werden keine Stoffe verbraucht oder neu gebildet. Es wird „lediglich" Licht in Strom umgewandelt.

Um das geniale Konzept der GRÄTZEL-Zelle technisch konkurrenzfähig zu anderen Zelltypen zu machen, muss an der Entwicklung besserer Sensibilisatoren und Redoxmediatoren noch geforscht werden. Nichtsdestotrotz ist der hier beschriebene Weg „Vom Daniell-Element zur Solarzelle" didaktisch ausgereift, weil er die experimentbasierte, forschend-entwickelnde Erschließung der Elementarprozesse bei der Umwandlung von Licht in elektrische Energie unter Anwendung von Pflichtinhalten des Chemieunterrichts ermöglicht. Dass bei diesem Zelltyp noch Verbesserungen nötig und möglich sind, ist für den Unterricht und die Lehre nicht von Nachteil, sondern von Vorteil, denn sie eröffnen Perspektiven für Forschung und Entwicklung für die junge Generation.

Das ist auch bei den *organischen Photovoltazellen OPV* der Fall (Abb. 6.33). Solche Zellen können ebenso wie GRÄTZEL-Zellen (im Gegensatz zu Silicium-Solarzellen!) im Schul- oder Uni-Labor aus käuflichen Materialien zusammengebaut, betrieben und hinsichtlich ihrer Leistungsparameter untersucht werden [25]. Bei dem Beispiel aus Abb. 6.33 kommt ein lichtabsorbierendes und halbleitendes Polymer (vgl. auch Abb. 6.29 und 6.30) sowie ein Derivat der Nano-Modifikation des Kohlenstoffs, Fulleren C_{60}, zur Anwendung. Sowohl innovative Kunststoffe als auch Nano-Modifikationen des Kohlenstoffs gehören mittlerweile zu den lehrplankonformen Inhalten in der Sekundarstufe II. Das vereinfachte Reaktionsschema

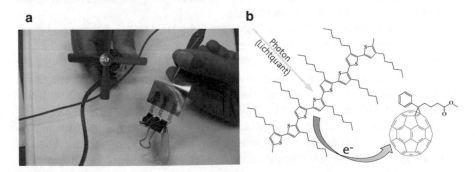

a　　　　　　　　**b**

Abb. 6.33 Organische Photovoltazelle OPV mit photoaktiver Schicht aus Poly(3-hexylthiophen P3HT und Phenyl-C61-Butansäuremethylester PCBM

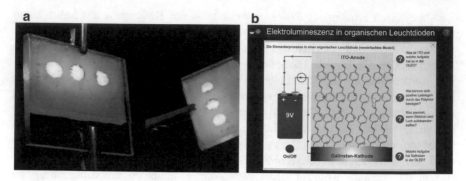

Abb. 6.34 a Organische Leuchtdiode OLED in Funktion, **b** vereinfachtes Modell zur Funktionsweise (Screenshot aus einer Modellanimation)

in Abb. 6.33 zeigt die beiden essenziellen Schritte bei der Erzeugung von elektrischen Ladungen in der OPV. Das konjugierte Polymer-Molekül P3HT absorbiert ein Photon und überträgt anschließend ein Elektron an das PCBM-Molekül. Diese und die folgenden Elementarschritte bis zur Entstehung einer Spannung und eines elektrischen Stroms können ebenso wie die Bauanleitung zur OPV ausführlich und interaktiv mithilfe der im Abschn. 5.11 verlinkten (QR 5.6) *Modellanimation* „Organische Photovoltaik" erschlossen werden.

Analog können die Bauanleitung und die Funktionsweise einer OLED mithilfe der (QR 6.15) *Modellanimation* „Elektrolumineszenz in organischen Leuchtdioden" erschlossen werden (Abb. 6.34). In der OLED aus einem polymeren Halbleiter werden am Minuspol Elektronen in die NUE des Polymers injiziert und am Pluspol Elektronen aus der HBE des Polymers extrahiert. Die injizierten Elektronen und die wegen der Elektronenextraktion generierten positiven „Löcher" wandern durch den polymeren Halbleiter aufeinander zu.

Wenn sich ein Elektron und ein Loch auf einer Struktureinheit des Polymers treffen, diese sich also im elektronisch angeregten Zustand befindet, kommt es zur Desaktivierung mit Emission eines Photons.

Die zusammenfassende Grafik in Abb. 6.35 hebt die Begriffe *Photon* und *Exziton* als zentrale Begriffe beim Konzept der Umwandlung von *Strom in Licht* in der OLED und von *Licht in Strom* in der OPV hervor. Der Begriff „Exziton" steht für den elektronisch angeregten Zustand in einem Polymer-Molekül[13] und entspricht näherungsweise dem *Elektron-Loch-Paar* e^-/h^+ in einem anorganischen Halbleiter, z. B. in Titandioxid (Abb. 6.28). Das Exziton in einem Polymer zeichnet sich dadurch aus, dass die beiden elektrischen Ladungen im Elektron-Loch-Paar durch Coulomb'sche Kräfte räumlich eng zusammengehalten werden, also de facto an ein- und derselben Struktureinheit im Polymer-Molekül lokalisiert sind.

---

[13]Genauer genommen handelt es sich um einen *Abschnitt* eines Polymes-Moleküls, der aus 5 bis 15 Struktureinheiten besteht; dieser Abschnitt entspricht der *effektiven Konjugationslänge* im Makromolekül [26].

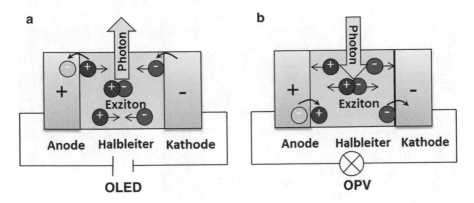

Abb. 6.35 Modelle einer OLED (**a**) und einer OPV (**b**). Die OLED wird durch eine Gleichstromquelle angetrieben, mit der OPV wird ein elektrischer Verbraucher angetrieben

In der OLED desaktiviert das als Folge der Injektion von elektrischen Ladungen ins Polymer generierte Exziton, indem ein Photon emittiert wird. In der OPV kann das im Polymer durch Absorption eines Photons generierte Exziton bis zu 10 nm durch das Polymer „wandern" ohne zu desaktivieren.

Am Kontakt mit dem Elektronenakzeptor PCBM teilen sich die elektrischen Ladungen im Exziton auf (*Ladungsseparation*): Das Elektron wechselt in den Elektronenakzeptor, das Loch bleibt im Polymer (Abb. 6.35). Die Ladungsträger driften durch das jeweilige Material auseinander und fließen über den Minus-bzw. den Pluspol der Zelle in den äußeren Stromkreis. Im Abschn. 7.11 wird auf Experimente und weitere didaktische Materialien zu organischen Photovoltazellen OPV und organische Leuchtdioden OLED eingegangen.

QR 6.16 Materialienpaket „Aus Licht wird Strom und *vice versa*"

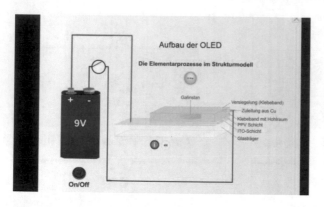

QR 6.17   Modellanimationen zum Bau und zur Funktion einer OLED

6.3.3   Auswahl und didaktische Reduktionen für die Sekundarstufe I

Die Elektrolumineszenz und die Photovoltaik sind nicht lehrplangebundene Inhalte des Chemieunterrichts in der Sekundarstufe I. Sie können aber in *fächer-übergreifenden Projektkursen mit MINT-Profil,* z. B. Physik-Chemie-Technik, thematisiert werden. Dafür eignen sich einige Experimente aus den *Online*-Materialienpaketen (QR 6.6, 6.16 und 6.17), z. B. Experimente mit verschiedenfarbigen Leuchtdioden sowie der Bau und die Untersuchung der Parameter von organischen Leuchtdioden OLED und organischen Photovoltazellen OPV. Dabei sollten weniger modelltheoretische Erklärungen auf der Teilchenebene angestrebt werden, sondern vielmehr die Erschließung phänomenologischer Erscheinungen und Zusammenhänge, z. B. folgende:

- LED werden mit Gleichstrom niedriger Spannung betrieben;
- LED werden beim Leuchten nicht so heiß wie Glühlampen;
- LED und OLED nutzen die elektrische Energie im Vergleich zu Glühlampen effizienter;
- im Gegensatz zum Sonnenlicht und Glühlampen strahlen farbige LED nur Licht aus einem schmalen Bereich des sichtbaren Lichts (des Regenbogens) aus;
- das Spektrum des Lichts aus einer OLED ist (in der Regel) breiter als das Spektrum des Lichts aus einer anorganischen LED;
- LED und OLED haben unterschiedliche Vor- und Nachteile betreffend beispielsweise i) die Kosten und die Verfügbarkeit der Stoffe, aus denen sie hergestellt werden, ii) die Haltbarkeit, iii) die Eignung für die Verwendung in Lampen, Displays etc.
- OPV und Solarzellen aus Silicium haben unterschiedliche Vor- und Nachteile betreffend beispielsweise i) die Rohstoffe und die Kosten für ihre technische Herstellung, ii) ihre Gestaltung als feste Platten oder flexible Folien, iii) die Effizienz (oder Wirkungsgrad), mit der sie Licht in elektrische Energie umwandeln.

Literatur

1. Wöhrle, D., Tausch, M.W., Stohrer, W.-D.: Stohrer, Photochemie, Konzepte, Methoden, Experimente. Wiley-VCH, Weinheim (1998)
2. Bohrmann-Linde, C., Krees, S., Tausch, M.W, Wachtendonk, M.v. (Hrsg.): CHEMIE 2000+, Einführungsphase und Qualifikationsphase C. C. Buchner, Bamberg 2012 und 2015
3. Tausch, M.W., Meuter, N.: „Photonen und Moleküle – Photolumineszenz und Photochromie", Begleitheft zur gleichnamigen Interaktionsbox, Hedinger, Stuttgart (2015)
4. Tausch, M.W., Meuter, N.: Photonen und Moleküle – Experimente und Materialien für den Unterricht. Chem. Sch. 30(3), 5 (2015)
5. Tausch, M.W., Meuter, N.: Funktionelle Farbstoffe – Interaktionsbox für Schulen und Universitäten. Prax. Naturwissenschaften – Chem. Sch. 65(1), 5 (2016)
6. Tausch, M.W., Heffen, M., Krämer, R., Meuter, N.: Passendes Licht – Harmlose Stoffe. Prax. Naturwissenschaften – Chem. Sch. 64(2), 45 (2015)
7. Tausch, M.W., Spinnen, S.: Ein multiples Chamäleon – Photochromie, Solvatochromie und aggregationsinduzierte Fluoreszenz. Prax. Naturwissenschaften – Chem. Sch. 64(6), 46 (2015)
8. Tausch, M.W., Meuter, N., Spinnen, S., Yurdanur, Y.: Photonen und Moleküle. Innovation trifft Tradition. CHEMKON 24(4), 265 (2017)
9. Tausch, M.W., Hoffmann, H.: Modellreaktionen mit Sonnenlicht oder Taschenlampe. Nachr aus Chem. 64, 1090 (2016). https://doi.org/10.1021/acs.jchemed.8b00442
10. Tausch, M.W., Hoffmann, H.: Low-Cost Equipment for Photochemical Reactions. J. Chem. Educ. 95(12), 2289 (2018). https://doi.org/10.1021/acs.jchemed.8b00442
11. Tausch, M.: Photochemische cis-trans Isomerisierungen. Der mathematische und naturwissenschaftliche Unterricht (MNU) 40, 92 (1987)
12. Garg, S., Schwartz, H., Kozlowska, M., Kanj, A.B., Müller, K., Wenzel, W., Ruschewitz, U., Heinke, L.: Lichtinduziertes Schalten der Leitfähigkeit von MOFs mit eingelagertem Spiropyran. Angew. Chem. 131(4), 1205 (2019)
13. Krees, S.: Bits und Bytes auf der Basis molekularer Schalter – Modellversuche zur optischen Datenspeicherung. Prax. Naturwissenschaften – Chem. Sch. 62(8), 35 (2013)
14. Schwarzer, S., Rudnik, J., Parchmann, I.: Chemische Schalter als potenzielle Lernschalter – Fachdidaktische Begleitung eines Sonderforschungsbereichs. CHEMKON 20(4), 175 (2013)
15. Tausch, M., Spinnen, S., Essers, M., Krees, S.: Die Umgebung macht's. Lichtabsorption und – emission von Molekülen in Lösung und in Feststoffmatrix. Prax. Naturwissenschaften – Chem. Sch. 63(2), 35 (2014)
16. Tausch, M.: Ungleiche Gleichgewichte. CHEMKON 3, 123 (1996)
17. König, B. (Hrsg.): Chemical Photocatalysis. De Gruyter, Berlin (2013)
18. B. König: ChemPhotoChem, special issue „Artificial Photosynthesis" 2 (3), (2018)
19. Ritterskamp, P., Kuklya, A., Wüstkamp, M.A., Kerpen, K., Weidenthaler, C., Demuth, M.: Ein auf Titandisilicid basicrender, halbleitender Katalysator zur Wasserspaltung mit Sonnenlicht – reversible Speicherung von Sauerstoff und Wasserstoff. Angew. Chem. 119(41), 7917 (2007)
20. Teetsa, T.S., Nocera, D.G.: Photocatalytic hydrogen production. Chem. Comm. 47(33), 9268 (2011)
21. Lang, Ph, Habermehl, J., Troyanov, S.I., Rau, S., Schwalbe, M.: Photocatalytic Generation of Hydrogen Using Dinuclear π-Extended Porphyrin-Platinum Compounds. Chem.-A Eur. J. 24(13), 3225 (2018)
22. Wei, Y., Wang, J., Yu, R., Wan, J., Wang, D.: Constructing $SrTiO3–TiO2$ Heterogeneous Hollow Multi-shelled Structures for Enhanced Solar Water Splitting. Angew. Chem. 131(5), 1436 (2019)

23. Nakada, A., Uchiyama, T., Kawakami, N., Sahara, G., Nishioka, S., Kamata, R., Ishitani, O., Uchimoto, Y., Maeda, K.: Solar Water Oxidation by a Visible-Light-Responsive Tantalum/Nitrogen-Codoped Rutile Titania Anode for Photoelectrochemical Water Splitting and Carbon Dioxide Fixation. ChemPhotoChem **3**(1), 47 (2019)
24. Bohrmann-Linde, C., Zeller, D.: Photosensitizers for Photogalvanic Cells in the Chemistry Classroom. World J. Chem. Educ. **6**(1), 36–42 (2018). https://doi.org/10.12691/wjce-6-1-7
25. Zepp, M.: Organische Photovoltaik für Unterricht und Lehre, Dissertation, Wuppertal 2017
26. Banerji, A: Vom Plexiglas zum OLED-Display – konjugierte Polymere in der curricularen Innovation, Dissertation, Wuppertal 2012

Experimente mit Licht

7

Inhaltsverzeichnis

7.1   Didaktische Funktionen von Experimenten

> „Ein hübsches Experiment ist an sich oft wertvoller als
> zwanzig in der Gedankenretorte erbrütete Formeln."

Dieser vielzitierte Spruch von ALBERT EINSTEIN ist umso bemerkenswerter als er selbst in seiner „Gedankenretorte" ohne die Grundlage von experimentellen Fakten, allein durch Nachdenken die Formel des Jahrtausends $E = mc^2$ „erbrütet" hatte. Faktische Beweise für die Gültigkeit von EINSTEINS Formel kamen später, einige erst viel später.

Für das Lehren und Lernen naturwissenschaftlicher Fächer und auch für die Forschung und Entwicklung in Naturwissenschaften und Technik ist EINSTEINS Spruch über die Bedeutung des Experiments eine ausgezeichnete Richtlinie. Besonders im Chemieunterricht sollte er beherzigt und befolgt werden. Doch was

© Springer-Verlag GmbH Deutschland, ein Teil von Springer Nature 2019
M. Tausch, *Chemie mit Licht*, https://doi.org/10.1007/978-3-662-60376-5_7

ist ein „hübsches" Experiment für den Chemieunterricht? Es sollte folgende Merkmale aufweisen:

- *attraktiv* und *schön* – es sollte unsere Sinne und unseren Verstand angenehm und motivierend anregen;
- *schnell* und *einfach* – seine Durchführung sollte in kurzer Zeit mit wenig Aufwand gelingen,
- *sicher* und *sauber* – seine Durchführung sollte den Sicherheitsvorschriften beim Experimentieren und den Entsorgungsvorschriften für Chemikalien entsprechen,
- *verfügbar* und *kostengünstig* – die Chemikalien und Geräte sollten kommerziell erhältlich und günstig anzuschaffen sein,
- *innovativ* und *zukunftsrelevant* – es soll ein neues Experiment oder ein „altes" in neuer Ausprägung sein und zukunftsrelevante Inhalte erschließen,
- *didaktisch prägnant* und *wissenschaftlich konsistent* – d. h., die experimentellen Beobachtungen und Messdaten sollen unmittelbar das zu vermittelnde theoretische Konzept einleiten („den Nagel auf den Kopf treffen") und die didaktische Verwertung der Ergebnisse soll mit dem aktuellen Stand der wissenschaftlichen Erkenntnisse vereinbar sein ohne notwendigerweise die neusten, in der Wissenschaft diskutierten Begriffe, Modelle etc. zu verwenden.

Unter dem Aspekt der didaktischen Prägnanz und wissenschaftlichen Konsistenz ist ein „hübsches" Experiment daran zu messen, wie damit die folgenden Fragen beantwortet werden:

- Enthält oder suggeriert dieses Experiment Zusammenhänge zu den Alltagserfahrungen der Schülerinnen und Schüler?
- Ist dieses Experiment für die Schule geeignet? Wenn ja, in welcher Form (für Lehrende oder für Lernende, als Demo-, Gruppen- oder Einzelexperiment)?
- Was können wir aus diesem Experiment lernen? Welche (siehe Kap. 4) Schlüsselkonzepte und Fachbegriffe der Chemie können wir auf der Grundlage der Fakten aus diesem Experiment erschließen?
- Welche Anwendungen der Phänomene und/oder der theoretischen Konzepte aus diesem Experiment gibt es heute und welche könnten für die Zukunft infrage kommen?

Die *Experimente* sind ebenso wie die *Methoden* ein Dauerbrenner in der einschlägigen chemiedidaktischen Literatur [1–6]. Es gibt zahlreiche Bücher und Monographien, in denen sowohl Experimente für den Unterricht als auch Experimente für Showvorträge und für Entertainment zusammengefasst sind [7–15].

   H.-D. BARKE et al. stellen fest, dass die *fachwissenschaftlichen* Funktionen des Experiments auch *fachdidaktische* Funktionen im Chemieunterricht sind und nennen unter Bezug auf das forschend-entwickelnde Unterrichtsverfahren nach H. SCHMIDKUNZ und H. LINDEMANN [1] folgende *Funktionen, Auswahlkriterien* und *Formen* von Experimenten [2]:

- Einstieg und sachbezogene Motivation,
- Wecken einer Fragestellung,
- Überprüfen von Hypothesen,
- Sammeln von Daten, Veranschaulichen eines theoretischen Zusammenhangs,
- Simulieren technischer Verfahren,
- Nachvollziehen historischer Experimente,
- Wiederholen und Vertiefen von Sachverhalten,
- Überprüfen des Lernerfolgs,
- Einüben experimenteller Fertigkeiten.

Aus dieser Liste lassen sich drei *Hauptfunktionen* des Experiments ableiten:

- *Wow-Effekt* erzeugen, d. h. für ein Problem motivieren,
- *Dialog mit der Natur* führen, d. h. Hypothesen überprüfen, quantitative Zusammenhänge erfassen, nach Auswertung neue Experimente planen und durchführen usw.
- *Praxisfertigkeiten* erwerben, d. h. Geräte, Vorrichtungen, Chemikalien sicher handhaben, Experimente planen und durchführen.

Bezüglich der *Sicherheitsanforderungen* im Chemieunterricht ist es teilweise zu überzogenen bürokratischen Auflagen und Verwendungsverboten für Stoffe gekommen, die sich als Hürden für einen forschend-entwickelnden Experimentalunterricht erweisen. Die Lehrkräfte sind verpflichtet, für jedes durchzuführende Experiment im Voraus eine *Gefährdungsbeurteilung* schriftlich anzufertigen. Darin müssen nicht nur alle eingesetzten Stoffe mit ihren Gefährdungsmerkmalen dokumentiert, sondern auch die Reaktionsbedingungen erläutert werden. Zusätzlich muss ebenfalls angegeben werden, welche Produkte und Nebenprodukte entstehen. Auch dafür sind die notwendigen Sicherheitsmaßnahmen anzugeben und eine Ersatzstoffanalyse muss durchgeführt werden. Dabei wird der Frage nachgegangen, ob das Experiment bei gleichem didaktischem Ziel mit anderen, weniger gefährlichen Stoffen durchgeführt werden kann. Streng genommen dürfte ein Experiment nur exakt nach der durch die Gefährdungsbeurteilung abgesicherten Version durchgeführt werden. Forschend-entwickelnder Unterricht wird so unmöglich, denn er setzt voraus, dass die Lernenden Hypothesen aufstellen und weitere Experimente oder zumindest Abänderungen eines durchgeführten Experiments vorschlagen und diese neuen Versuche auch durchführen. Das ist aber nicht möglich, weil die Lehrkraft dafür *ad hoc* keine Gefährdungsbeurteilung zur Hand hat und auch gar nicht haben kann.

Als wichtige, jedoch nicht als einzige Quelle für Unterrichtsexperimente werden die *Schulbücher* genutzt. Darin sind die Experimente in Unterrichtsbausteine und -reihen eingebunden und oft auch mit Auswertungsaufgaben, Grafiken, Bildern und Kontexten ausgestattet, die in den vom Schulbuch vertretenen Lehrgang passen. Und der ist mit Sicherheit lehrplankonform, sonst wäre das eingeführte Schulbuch vom jeweiligen Kultusministerium nicht zugelassen worden. Es ist sehr begrüßenswert, dass seitens der Schulbuchverlage Vorlagen von *Gefährdungsbeurteilungen*

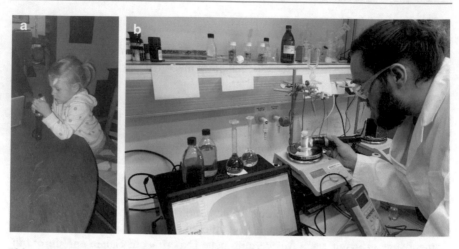

Abb. 7.1   a Kind beim Spielen mit Licht und Farben, **b** Doktorand beim Experimentieren zur photokatalytischen Herstellung von Wasserstoff

zu allen Experimenten aus dem jeweiligen Schulbuch zur Verfügung gestellt werden. Gleiches gilt für die Grundversionen der Experimente aus der Tabelle in Abschn. 7.2, die in der Schulbuchreihe [16] enthalten sind.

7.2   Experimente mit Licht – vom Kindergarten bis zur Promotion

Vom Kindergarten bis zur Promotion – ist das nicht übertrieben? Nein, denn die Faszination durch Licht und Farbe ist bereits im frühesten Kindesalter vorhanden und für die Erforschung der Phänomene mit Licht sind Experimente unentbehrlich (Abb. 7.1).

Das vorliegende Unterkapitel ist eine *tour d'horizon* über Experimente mit Licht. Sie werden zunächst nach Altersstufen und Fachinhalten der Chemie tabellarisch zusammengefasst. Die Arbeitsvorschriften für die Grundversionen dieser Experimente sowie Literaturreferenzen sind unter der gleichnamigen Schaltfläche auf dem (QR 7.1) Internetportal im Sinne des *open access* öffentlich zugänglich. So werden im Buch Redundanzen vermieden. Viel wichtiger ist aber, dass auf diese Weise die schnelle und kostenlose Verfügbarkeit für Lehrende *und* Lernende gewährleistet wird.

Im weiteren Verlauf des Kap. 7 werden die Experimente aus der Übersichtstabelle und weitere Experimente nach fächerübergreifenden MINT-Themen, innovativen Anwendungen, Lebens- und Alltagsbezügen in Unterkapiteln gebündelt. Naturgemäß gibt es Schnittbereiche zwischen diesen Kategorien, sodass einige Experimente in verschiedenen Unterkapiteln mit unterschiedlichen didaktischen Kommentaren zur Sprache kommen.

Experimente mit Licht haben in Projektkursen und Arbeitsgemeinschaften an Schulen sowie in Schülerlabors an Hochschulen bereits einen festen Platz. Sie könnten und sollten aber auch verstärkt in innovative Lehrgänge der Chemie integriert werden. Hier können sie zur Vermittlung der Schlüsselkonzepte der Chemie und benachbarter MINT-Fächer beitragen und Lernende für zukunftsrelevante Studiengänge und Berufe motivieren. Die Tab. 7.1 dient als Orientierung bei der Auswahl von Experimenten in den Sekundarstufen I und II.

QR 7.1   Experimente im Internetportal: http://chemiemitlicht.uni-wuppertal.de

7.3   Licht und Farbe – ein untrennbares Paar

„Die Farben sind Taten des Lichts."

So bringt J. W. Goethe in seiner Farbenlehre poetisch auf den Punkt, was die Prosa dieses Unterkapitels in epischer Breite vermitteln will. Die Experimente dazu sind in Tab. 7.1 in den Blöcken Nr. 1 und Nr. 10 unter den Bezeichnungen „Leuchtfarben" bzw. „Farbigkeit durch Lichtabsorption und -emission" verzeichnet. Die „Leuchtfarben" aus dem ersten Block sind für den Chemie-Anfangsunterricht geeignet, einige auch für die Altersstufen davor, d. h. für den naturwissenschaftlichen Unterricht in den Jahrgangsstufen 5–6 sowie den Sachunterricht in der Grundschule und im Kindergarten.

Daniela Vitzthum hat in ihrer Dissertation [20] ein Farbrätsel entwickelt, das auf den Farbwahrnehmungen aus Abb. 7.2 basiert und das Konzept der Farbentstehung durch Lichtabsorption anpeilt. Dank der Verfügbarkeit über kostengünstige LED-Taschenlampen mit farbigem Licht können solche Phänomene auch live in Kindergärten und Grundschulen erzeugt werden. Bei den Kleinen sollten weniger oder gar nicht theoretische Erklärungen, sondern einfach die Faszination am Spiel mit Farben im Vordergrund stehen.

Wenngleich die Farbe eines Stoffes keine so charakteristische Eigenschaft ist wie beispielsweise die Dichte, die Schmelz- und die Siedetemperatur, so ist sie

Tab. 7.1 Experimente mit Licht – vom Kindergarten bis zur Promotion (QR 7.1)

Bild-Doku	Experimente (Kurzform)	Fachinhalte
	1. Sekundarstufe I: Leuchtfarben V1: „Weinender Kastanienzweig": Leuchten des Saftes aus angeschnittenem Kastanienzweig in Wasser im UV-Licht; als Vergleich keine Farbe im Tageslicht V2: Geldscheine, Kreditkarten, Textilien, „Kriminaltechnik" etc. im „Schwarzlicht" der UV-Lampe V3: Papier- oder Dünnschichtchromatographie von Blattgrünextrakt, rotes Leuchten der grünen Chlorophyllflecke im UV-Licht	Farbe als *Stoff-eigenschaft*, die bei manchen Stoffen von der Art des Lichts abhängt, in dem der Stoff betrachtet wird; Chromatographie als *Trennmethode* für Stoffgemische
	2. Sekundarstufe I: Licht treibt Reaktionen an V1: Schwärzung von Silbersalzen bei Licht V2: „Chemisches Chamäleon": Erzeugung und Abbau eines blauen Stoffes mit Licht V3: „Intelligente Folie": Erzeugung und Abbau eines blauen Stoffes mit Licht V4: Härtung eines Gemisches für Zahnfüllungen im UV-Licht	Energiebeteiligung bei chemischen Reaktionen; Licht als Antrieb für chemische Reaktionen
	3. Sekundarstufe I: Licht aus Reaktionen V1: „Kalte Weißglut", d. h. Oxidation von Luminol mit (Luft)Sauerstoff V2: Verschiedene Varianten von Luminol-Oxidationen in Lösung mit Wasserstoffperoxid V3: Siloxen-Oxidation mit Kaliumpermanganat V4: Oxidation von Oxalsäureestern mit Waasserstoffperoxid	Kaltes Licht aus chemischen Reaktionen; schnelle und langsame Oxidationen, Sauerstoff als Edukt bei Oxidationen

(Fortsetzung)

Tab. 7.1 (Fortsetzung)

Bild-Doku	Experimente (Kurzform)	Fachinhalte
	4. Sekundarstufe I: Elementfamilien, Atommodelle V1: Flammenfärbung mit Lithium-, Natrium- und Kaliumsalze in der Flamme mit und ohne Cobaltglas	Alkalimetalle und Erdalkalimetalle; Energieschalenmodell des Atoms
	5. Sekundarstufe I und II: UV-Licht, Ozon V1: Erzeugung von Ozon aus Sauerstoff durch Bestrahlung mit kurzwelligem UV-Licht V2: Nachweise von Ozon durch: a) Schatten auf einem Leuchtschirm, b) Chemolumineszenz von Safranin-T und c) Wirkung von Ozon auf Gummi V3: Photosmog aus Luft und Luftschadstoffen mit UV-Licht, Wirkung auf Blattgrün V4: Absorption von UV-Strahlung durch Sonnenschutzcremes	Luft, Luftzusammensetzung, Luftschadstoffe, UV-Licht, Ozon, Ozonloch, Photosmog
	6. Sekundarstufe I und II: Brennstoffzelle V1: Modellversuch einer Brennstoffzelle – Elektrolyse von Wasser mit Strom aus Solarzellen oder einer Gleichstromquelle, getrennte Speicherung von Wasserstoff und Sauerstoff in den Perforationen einer platinierten Nickelfolie und ihre „sanfte" Rückreaktion zu Wasser unter Bereitstellung von elektrischer Energie	Analyse und Synthese von Wasser, endergone und exergone Reaktionen, Wasserstoff als „grüner" Treibstoff, Zukunftsszenarien mit Solarwasserstoff

(Fortsetzung)

Tab. 7.1 (Fortsetzung)

Bild-Doku	Experimente (Kurzform)	Fachinhalte
	7. Sekundarstufe I und II: Photogalvanische Zweitopf-Zelle V1: Umwandlung von Licht in elektrische Energie in einer Zelle, die analog zum Daniell-Element aufgebaut ist, jedoch eine licht-empfindliche Photoanode aus TiO_2 enthält, die im Gegensatz zur Anode aus Zink im Daniell-Element nicht abgebaut wird und nur bei Lichtbestrahlung funktioniert	Elektrochemische Energiequellen (Sek. I), Elementar-prozesse bei der Umwandlung von Licht in elektrische Energie (Sek. II)
	8. Sekundarstufe II: Photochemische Radikalkettenreaktionen V1: Bromierung von Heptan bei Bestrahlung mit a) blauem und b) rotem Licht V2: Chlorknallgasreaktion, Zündung mit Lichtblitz, Nachweis des gebildeten Chlorwasserstoffs V3: Lichtinitiierte Polymerisation von Acrylaten	Radikalische Substitution und Polymerisation; homolytische Bindungsspaltung, Photonen (Lichtquanten), $E = h \cdot v$, $E = h \cdot c/\lambda$ Radikalkettenmechanismus
	9. Photochemische und thermische Z-E-(cis-trans-)Isomerisierungen V1: Isomerisierungen von *E*- und *Z*-Azobenzol auf DC-Folie bei Bestrahlung mit Tageslichtprojektor und Erwärmung mit Heizplatte (nur als Video!) V2: Isomerisierungen von *E*- und *Z*- Dihydrodibenzodiazocin in Lösung bei Bestrahlung mit violettem und grünem Licht aus LEDs	Struktur und Eigen-schaften von *Z*- und *E*-Isomeren (Konfiguration, Polarität, Stabilität, Löslich-keit), Energiediagramme für den thermischen und den photochemischen Reaktionsweg

(Fortsetzung)

Tab. 7.1 (Fortsetzung)

Bild-Doku	Experimente (Kurzform)	Fachinhalte
	10. Sekundarstufe II: Farbigkeit durch Lichtabsorption und Lichtemission V1: Farbe durch Lichtabsorption von Chlorophyll-Lösungen: Absorptionsspektren in echten Farben und im Photometer V2: Farbe durch Lichtemission von Fluoreszein, Esculin und anderen Fluorophoren, jeweils in Lösung und rigider Matrix aus Weinsäure u. a. Feststoffen V3: Erzeugung und Untersuchung von Echtfarbenemissionsspektren mithilfe eines Beugungsgitters aus der Physiksammlung	Chromophore, konjugierte Doppelbindungen, Energiestufenmodell, Lichtabsorption und – emission, Absorptionsspektren, Photometrie, Fluoreszenz, Phosphoreszenz, Schwingungsrelaxation
	11. Sekundarstufe II: Synthesen von Leuchtstoffen V1: Synthese von Fluoreszein V2: Synthese eines Fluoreszenzkollektors aus PMMA, in das ein Fluorophor, z. B. aus einem Textmarker, einpolymerisiert wurde V3: Wirkung des Fluoreszenzkollektors auf eine Silicium-Solarzelle	Grundreaktionen in der organischen Chemie (elektrophile Substitution an Aromaten); Fluoreszenzkollektor, Reflexionsgesetze in der Optik (Physik)

(Fortsetzung)

Tab. 7.1 (Fortsetzung)

Bild-Doku	Experimente (Kurzform)	Fachinhalte
	12. Sekundarstufe II: Photochromie, Solvatochromie, „intelligente" Folie V1: Hin- und Herschalten der Farbe von Spiropyran in Toluol mit Licht bzw. Wärme V2: Temperaturabhängigkeit der Reaktionsgeschwindigkeiten bei der photochemischen Blaufärbung und der thermischen Entfärbung der Lösung V3: Abhängigkeit der Farbe von Merocyanin von der Polarität des Lösemittels (Toluol, Aceton, Ethanol) V4: Immobilisierung von Spiropyran in einer Polystyrol-Matrix („intelligente" Folie) V5: Schreiben, Speichern, Löschen und Überschreiben auf der „intelligenten" Folie V6: Fluoreszenz und Fluoreszenzlöschung auf der „intelligenten" Folie	Photochromie als Ergebnis reversibler photochemischer Isomerisierungen, Solvatochromie als Ergebnis der Wechselwirkung der farbgebenden Moleküle mit Lösemittel-Molekülen verschiedener Polaritäten, Energiediagramme photochemischer und thermischer Reaktionen, photostationärer Zustand und chemisches Gleichgewicht

(Fortsetzung)

Tab. 7.1 (Fortsetzung)

Bild-Doku	Experimente (Kurzform)	Fachinhalte
	13. Sekundarstufe II: Elektrolumineszenz EL und Elektrochemolumineszenz ECL V1: Bau und Betrieb einer OLED (organic light emitting diode) mit einer Emissionsschicht aus einem halbleitenden Polymer, einer Anode aus FTO-Glas und einer Kathode aus Galinstan V2: Bau und Betrieb einer ECL-Zelle mit einem Rutheniumphenanthrolin-Komplex als Emitter, Elektroden aus platinierten Nickelfolien (Rasierscherblättern) und EDTA als Opferdonor V3: Bau und Betrieb einer ECL-Zelle aus einer Halbzelle wie in V34 und einer Halbzelle mit Luminol in alkalischer Lösung – simultane, verschiedenfarbige Emission an beiden Elektroden – Elektrische Halbleiter aus Makromolekülen mit durchgehender Bindungsdelokalisation *Modell-Animationen* zum Bau und Betrieb einer OLED und zum Bau und Betrieb einer ECL-Zelle	Kunststoffe: Struktur und Eigenschaften makromolekularer Verbindungen, insbes. Innovative Kunststoffe, Elektrochemie: kaltes Licht durch Emission von Photonen aus elektrisch und chemisch erzeugten angeregten Zuständen, Redoxreaktionen: Donator-Akzeptor-Prinzip; Physik: Wirkungsgrade von LED und OLED im Vergleich zu anderen Lichtquellen
	14. Sekundarstufe II: Organische Photovoltazellen OPV V1: Bau, Betrieb und Charakterisierung einer OPV mit aktiver Schicht aus einem leitenden Polymer (P3HT) und einem Fulleren-Derivat (PCBM) *Modell-Animation* zum Bau und Betrieb einer OPV	Innovative Kunststoffe (elektrische Halbleiter), Nano-Kohlenstoff, Donator-Akzeptor-Prinzip, Elementarprozesse bei der Umwandlung Licht → Strom

(Fortsetzung)

Tab. 7.1 (Fortsetzung)

Bild-Doku	Experimente (Kurzform)	Fachinhalte
	15. Sekundarstufe II: Photogalvanische und photoelektrochemische Zellen mit TiO$_2$ V1: Bau der 2-Topf-, 1-Topf- und Kompakt-Zelle mit TiO$_2$-Photoelektroden aus Hombikat 100, U- und I-Messungen bei Bestrahlung mit Licht verschiedener λ-Bereiche V2: Nachweis der Produkte Br$_2$(aq) und H$_2$(g) bei der 2-Topf-Zelle V3: Bau von transluciden und transparenten Kompakt-Zellen mit Photoelektroden, die aus stabilisierten Suspensionen von Nano-TiO$_2$ durch a) Rakeln und b) Spincoaten auf FTO-Glas aufgebracht wurden und mit transparentem Elektrolyt-Gel aus Polyvinylalkohol V4: Sensibilisierung der TiO$_2$-Photoelektroden mit Anthocyanen aus Himbeersaft und mit Crocin; U- und I-Messungen bei Bestrahlung mit Licht verschiedener λ-Bereiche; Untersuchung der Lebensdauern der Zellen	Elektrochemie: galvanische Zellen, elektrische Leitung in Metallen, Lösungen und Halbleitern, Energiebändermodell, Bandlücke, Sensibilisierung von TiO$_2$ mit Farbstoffen Energetik, Katalyse: Relation zwischen der Bandlücke E$_g$ bei Nanopartikeln und wirksamen Photonen, Physik: elektrische Kenngrößen von Zellen Che/Phy: Nanostrukturierte Materialien

(Fortsetzung)

Tab. 7.1 (Fortsetzung)

Bild-Doku	Experimente (Kurzform)	Fachinhalte
	**16. Sekundarstufe II: Homogene Photokatalyse in Photo-Blue-Bottle-Experimenten** V1: Basisexperiment: Blaufärbung der PBB-Lösung durch Lichtbestrahlung und Entfärbung durch Schütteln im halbvollen, verschlossenen Reagenzglas V2–V5: Rolle des Lichts und des Sauerstoffs V6: Konzentrationszelle mit PBB-Lösungen: elektrochemische Messanordnung aus zwei elektrolytüberbrückten Halbzellen mit einer bestrahlten und einer unbestrahlten PBB-Lösung (Solar-Akku mit Halbzellen) V7: Redoxpotenziale im PBB-Experiment V8: Photokatalytische H_2-Herstellung mit PBB-Lösung in einer photogalvanischen Zweitopf-Zelle V9: Herstellung des Reduktionsäquivalents Leukomethylenblau mit PBB-Lösung V10: Kompakt-Zelle mit PBB-Lösung, FTO-Glas und Rasierscherfolien	Stoffkreisläufe: Modellversuch zum Kreislauf Photosynthese-Zellatmung; Elektrochemie: Redoxreaktionen und – potenziale, NERNST-Gleichung, Katalyse; Energetik: Umwandlung Licht in chemische Energie; Farbstoffe: Molekülstruktur – Lichtabsorption – Farbe; Che/Bio: PBB und Kohlenstoff-Kreislauf in der Biosphäre

(Fortsetzung)

Tab. 7.1 (Fortsetzung)

Bild-Doku	Experimente (Kurzform)	Fachinhalte
	17. Sekundarstufe II: Heterogene Photokatalyse mit Titandioxid (Anatas) V1*: Photokatalytische Reduktion von Methylenblau an TiO_2 unter Stickstoffbegasung und Rückoxidation mit Luft (reversible Reaktionen am Chromophor) V2: Photokatalytische Oxidation von Methylenblau an TiO_2 unter Sauerstoffbegasung (irreversible Zerstörung des Chromophors) V3: Vollständige Mineralisierung von Tetrachlorethen an TiO_2 in einem Selbstbau-Solarreaktor und Nachweis der Reaktionsprodukte $CO_2(g)$ und HCl(aq) V4–V8: Photo-Blue-Bottle-Experiment mit TiO_2 (vgl. Block Nr. 16: Basisexperiment, H_2-Herstellung, Redoxäquivalent) und zusätzlich Sensibilisierung von TiO_2 für VIS	Energetik, Katalyse: TiO_2 als Photokatalysator, Energibänder- Modell, lichtinduzierter Elektronentransfer, Elementarprozesse bei der Herstellung von Wasserstoff durch Wasserphotolyse; Katalysecyclen, Opferdonoren Chemie/Technik: Konzeption und Bau von Solarreaktoren, umwelttechnische Verfahren mit Solarlicht, Solarwasserstoffszenarien

(Fortsetzung)

Tab. 7.1 (Fortsetzung)

Bild-Doku	Experimente (Kurzform)	Fachinhalte
	18. Sekundarstufe II: Intermolekularer Energietransfer und Folge-prozesse V1: Aggregationsinduzierte Fluoreszenz von Merocyanin in Ethylenglykol-Lösung und in Feststoff-Matrices aus Polystyrol und Polymethylmethacrylat V2: Modellexperimente zu logischen Schaltungen und zur RESOLFT-Methode V3: Fluoreszenzlöschung von Chlorophyll mit β-Carotin V4: Photoprotektion von Chlorophyll mit β-Carotin gegen photooxidativen Abbau bei starkem Licht an Luft V5: Erhöhung der Lichtausbeute bei der Chemolumineszenz mithilfe von Fluorophoren (Rubren, Nilrot, Violanthron) V6: Aufwärtskonversion von Photonen durch Triplett-Triplett Annihilation TTA (grüner Laserstrahl wird in einen blauen konvertiert)	Energetik: „Löschung" von angeregten Zuständen durch intermolekularen Energietransfer, Lebensdauer von Singlett- und Triplett-Zuständen; Folgeprozesse nach dem Energietransfer: Lumineszenz, nichtradiative Relaxation, TTA, chemische Reaktion) Chemie/Biologie: akzessorische Pigmente

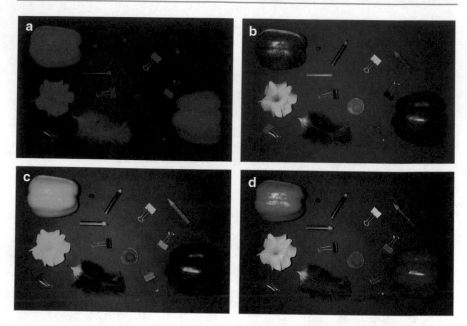

Abb. 7.2 Gleiche Gegenstände auf schwarzem Karton unter rotem (**a**), blauem (**b**), grünem (**c**) und weißem (**d**) Licht [20]. (© Daniela Vitzthum, Dissertation, Universität Innsbruck, 2018)

doch für die Identifizierung eines Stoffes und seine Beschreibung im „Steckbrief" des Stoffes wichtig, weil es sich in der Regel um eine unmittelbar sinnlich wahrnehmbare Eigenschaft handelt. Die Versuche mit den Leuchtfarben zeigen, dass Stoffe auch „versteckte" Farben haben können, die erst im violetten oder ultravioletten „Schwarzlicht" sichtbar werden. Da solche Leuchtfarben heute bereits bei Kindern zu den Alltagserfahrungen gehören, wird im Chemieunterricht der Sekundarstufe I mit Versuchen zur Fluoreszenz erst dann ein überraschender *Wow-Effekt* zu erzielen sein, wenn ein bei Tageslicht oder „normalem" Lampenlicht völlig farbloser Stoff wie Esculin im UV-Licht der LED-Taschenlampe plötzlich eine leuchtende Farbe zeigt. Die Fluoreszenz von Esculin im „weinenden Kastanienzweig" kann genutzt werden, um Motivation dafür zu erzeugen, sich mit Leuchtfarben genauer auseinanderzusetzen. Es bietet sich an, neben den Versuchen aus Block Nr. 1 auch Versuche mit Textmarkern, Bananenschalen und anderen Objekten, die Leuchtfarben enthalten, nach den Mustern der Arbeitsblätter 3 und 4 im Teil Photolumineszenz aus dem (QR 7.2) *Experimentierkoffer* PHOTO-MOL untersuchen zu lassen, teilweise auch als Versuche für zu Hause. Lampen für solche Experimente gibt es kostengünstig in Baumärkten (Schwarzlichtlampen) und im Elektro- und *Online*-Handel (UV-LED-Taschenlampen).

Für die Auswertung der Versuchsbeobachtungen sind in der Sekundarstufe I Formeln und Teilchenmodelle weder notwendig noch empfehlenswert. Allerdings sollten auf *phänomenologischer* Ebene folgende grundlegenden Erkenntnisse und Begriffe erschlossen werden:

- Ganz allgemein sehen wir die Farbe eines Stoffes nur bei Licht, nicht aber im Dunkeln,
- nicht der Stoff alleine bestimmt die Farbe, in der wir ihn sehen, sondern der Stoff *und* das Licht, das auf ihn fällt;
- manche Stoffe erscheinen in *Farben*, die bereits in dem Licht, das auf sie fällt, enthalten sind;
- weißes Sonnenlicht enthält alle Farben des Regenbogens; es kann mit einem Prisma oder einem Beugungsgitter in diese Farben zerlegt werden;
- manche Stoffe erscheinen in *Leuchtfarben*, die im Licht, das auf sie fällt, nicht enthalten sind; sie erzeugen die gesehene Leuchtfarbe selbst, aber auch nur zusammen mit dem Licht, das auf sie fällt und sie zum Leuchten bringt,
- Leuchtfarben werden meistens durch Bestrahlung mit violettem oder UV-Licht erzeugt und sind im Vergleich dazu im Spektrum des weißen Lichts nach Rot verschoben;
- Leuchtfarben, die nur so lange zu sehen sind, wie der Stoff mit Licht (in der Regel UV-Licht oder violettes Licht) bestrahlt wird, bezeichnet man als *Fluoreszenz*; das Nachleuchten nach dem Ausschalten des Lichts bezeichnet man als *Phosphoreszenz*.

Diese Erkenntnisse und Begriffe werden im Abschn. 6.1.3 im Rahmen der didaktischen Reduktion von Konzepten der Photochemie für die Desaktivierung elektronisch angeregter Zustände *ohne* chemische Reaktion eingeordnet und kommentiert. Ein als (siehe Abschn. 5.6) *konstruktivistische Lernschleife* gestalteter Unterrichtsbaustein für die Sekundarstufe I ist in Abb. 7.3 grafisch zusammengefasst.

Für die Sekundarstufe II enthält der Block Nr. 10 aus Tab. 7.1 Experimente, mit denen das *Energiestufenmodell* und andere obligatorische Inhalte aus Lehrplänen erschlossen und angewandt werden können. Diese Experimente liefern didaktisch prägnante Fakten für (QR 7.3) *Unterrichtsbausteine*, die in der Schulbuchreihe CHEMIE 2000+ [16, 17] passend zu den Lehrplänen verschiedener Bundesländer eingebunden vorliegen. In den vorzugsweise jeweils auf einer Doppelseite untergebrachten Unterrichtsbausteinen werden experimentbasiert und forschend-entwickelnd Erkenntnisse, Modelle und Begriffe erschlossen, die sich unter folgenden *Fachbegriffen* subsummieren lassen:

- Lichtabsorption, Spektralfarben, additive und subtraktive Farbmischung, Komplementärfarben, Photometer, Extinktion, Absorptionsspektrum;
- Lichtemission, Lumineszenz, Fluoreszenz, Phosphoreszenz, Energiestufenmodell, höchste besetzte Energiestufe HBE, niedrigste unbesetzte Energiestufe NBE, Grundzustand S_0, elektronisch angeregter Zustand, Singlett- und Triplett-Zustand S_1 und T_1, Spin;
- Schwingungszustände, Absorptionsbande, Absorptionsmaximum, Lambert-Beer-Gesetz, strahlungslose Desaktivierung;

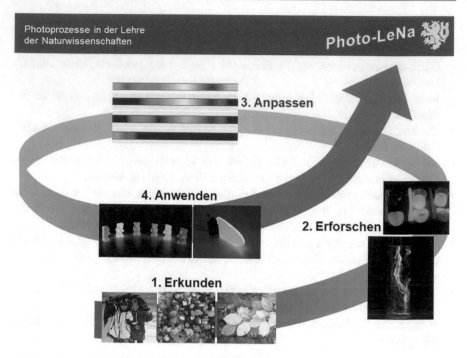

Abb. 7.3 Konstruktivistische Lernschleife für die Sekundarstufe I „Von den Farben zu den Leuchtfarben". Experimente aus (QR 7.3) Workshop PHOTO-MOL

- Echtfarben-Emissionsspektrum, Emissionsbande, Lebensdauer (von angeregten Zuständen), Fluoreszenzfarbstoffe, STOKES-Verschiebung (energetische Abwärtskonversion von Photonen bei der Fluoreszenz), Fluoreszenzkollektor;
- Chromophore, konjugierte Doppelbindungen, delokalisierte Elektronen, Donator- und Akzeptor-Gruppen (in Chromophoren), Mesomerie; Relation Molekülstruktur – Lichtabsorption, Relation Molekülstruktur – Lichtemission.

Besonders aussagekräftig für die Unterschiede zwischen Fluoreszenz und Phosphoreszenz sind die Experimente mit Leuchtproben aus Esculin in Weinsäure-Matrices (Abb. 7.4). Die Verschiebung der Farbe des anregenden Lichts (violettes oder UV-Licht) bei der Fluoreszenz (blaues Leuchten) und bei der Phosphoreszenz (grünes Leuchten), die Dauer und Farbe des Leuchtens während der Bestrahlung (Überlagerung von Fluoreszenz und Phosphoreszenz) und des Nachleuchtens (Phosphoreszenz) sowie die Temperaturabhängigkeit der Farben und der Dauer des Leuchtens und Nachleuchtens – alle phänomenologischen Unterschiede dazu können mit bloßen Augen wahrgenommen werden. Die Erklärungen liefert das Energiestufendiagramm in der Version aus Abb. 7.4 mit Schwingungszuständen und Unterscheidung zwischen elektronischen Singlett- und Triplett-Zuständen (vgl. dazu auch Abschn. 6.1.2). Die farblichen Unterschiede belegen, dass $E_3 < E_2 < E_1$ und entsprechend $\lambda_3 > \lambda_2 > \lambda_1$ gilt, dass also von den absorbierten bis

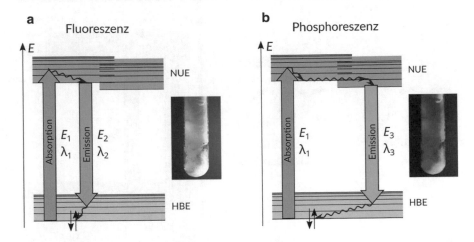

Abb. 7.4 Fluoreszenz (**a**) und Phosphoreszenz (**b**) von Esculin in einer Weinsäure-Matrix; vgl. Experimente aus V2, Block 10 in Tab. 7.1, Schulbuch [17] und PHOTO-MOL Experimentierkoffer (QR 7.2)

zu den bei der Phosphoreszenz emittierten Photonen eine zweifache *Abwärtskonvertierung* der Energie erfolgt. Diese in aller Regel gültige Faustregel hat allerdings auch Ausnahmen, z. B. bei der Fluoreszenz nach einer Triplett-Triplett-Annihilation (vgl. Abschn. 7.4).

Alle innovativen Elemente in den oben kommentierten Experimenten schließen die Farbigkeit durch Lichtemission ein. Als digitale Unterstützung zu den bei der Fluoreszenz und Phosphoreszenz ablaufenden Elementarprozesse wurde von NICO MEUTER eine interaktive (QR 7.4) *Modellanimation* konzipiert und erstellt. Wie in den Experimenten wird auch darin deutlich, dass Licht und Farbe ein untrennbares Paar sind. Farbe gibt es nur in Kombination mit Licht. Entscheidend für die gesehene Farbe kann absorbiertes oder emittiertes Licht sein, oder auch beides. Das den Fächern Chemie, Physik und Biologie gemeinsame Basiskonzept „Energie" kann im Kontext „Licht und Farbe" anhand der oben kommentierten Experimente und Lehr-/Lernmaterialien motivierend und effizient im Unterricht umgesetzt werden.

Im Zusammenhang mit dem für das Fach Chemie lehrplanobligatorischen Basiskonzept „Struktur – Eigenschaft" ist die folgende Frage relevant: Welche strukturellen Merkmale der Moleküle eines Stoffes sind dafür ausschlaggebend, dass der Stoff nicht nur im Tageslicht farbig erscheint, sondern auch eine Farbe z. B. durch Fluoreszenz erzeugen kann?

Die Gegenüberstellung der beiden Verbindungen aus Abb. 7.5, einer fluoreszierenden und einer nicht fluoreszierenden, deren Moleküle annähernd gleich lange Chromophore haben und daher beide im UV-A-Bereich absorbieren ($\lambda_{max} \approx 315$ nm), eignet sich gut, um nach dem notwendigen strukturellen Merkmal für die Fluoreszenz zu suchen. Das Esculin-Molekül ist wegen der beiden kondensierten Sechserringe mit konjugierten Doppelbindungen (dem Cumarin-System) relativ starr, es hat nur geringe Schwingungsfreiheiten. Dagegen sind

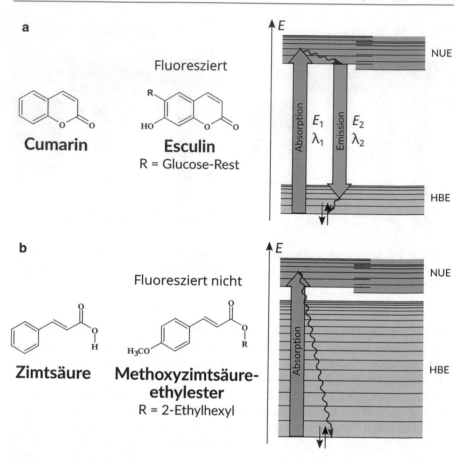

Abb. 7.5 **a** Esculin, ein Derivat des Cumarins, ist der fluoreszierende Leuchtstoff aus dem Kastanienzweig; **b** p-Methoxyzimtsäureethylester, Bestandteil vieler Sonnenschutzcrèmes, absorbiert Licht ähnlicher Wellenlänge wie Esculin, fluoresziert jedoch nicht, sondern wandelt UV-A-Licht vollständig in Wärme um

die *intramolekularen Bewegungsmöglichkeiten* (Schwingungen und Rotationen) im Molekül des *p*-Methoxyzimtsäureethylesters sehr viel größer. Entsprechend hat die HBE beim Esculin-Molekül wenige Schwingungsniveaus (Abb. 7.5a), im Molekül des *p*-Methoxyzimtsäureethylesters dagegen so viele, dass sie bis sehr nahe an das unterste Schwingungsniveau der NUE herankommen (Abb. 7.5b). Aus diesem Grund verläuft die Desaktivierung eines elektronisch angeregten Esculin-Moleküls vorwiegend mit Emission eines Photons, beim Molekül des *p*-Methoxyzimtsäureethylesters ausschließlich durch Schwingungsrelaxation. Hier wird die Energie des Photons vollständig in Wärme umgewandelt.

Ein analoges Beispiel zu dem aus Abb. 7.5 bildet das Paar der beiden Blattpigmente Chlorophyll und β-Carotin, die in Experiment V3 aus Block 18 in Tab. 7.1 sowie in den Experimenten zur Absorption und Emission von β-Carotin und

Chlorophyll aus dem (Link bzw. QR 7.2) PHOTO-MOL untersucht werden. Beide absorbieren Licht im sichtbaren Bereich zwischen $\lambda \approx 380$ nm und $\lambda \approx 700$ nm und erscheinen daher farbig. Dass grünes Chlorophyll rote Fluoreszenz erzeugt, ist gut bekannt. In den Versuchen wird deutlich, dass das orange β-Carotin nicht fluoresziert, sondern sogar die Fluoreszenz von Chlorophyll löschen kann.

Während der Chromophor aus dem 4-zähnigen Magnesium-Komplex mit dem Porphyrinsystem im Chlorophyll-Molekül relativ starr ist, hat der Chromophor aus dem langkettigen Polyen-System im β-Carotin-Molekül viele Schwingungsfreiheiten. Die Energiediagramme aus Abb. 7.5 können also auch für die beiden Moleküle aus Abb. 7.6 zur Erklärung des Lumineszenzverhaltens genutzt werden.

Der elektronisch angeregte Zustand, das (vgl. Abschn. 5.1, Turro-Zitat) „Herz" aller Prozesse mit Lichtbeteiligung, also auch der Entstehung von Farbe, wird in den Lehrplänen zwar (noch) nicht explizit als Pflichtinhalt genannt, ist aber in Verbindung mit dem obligatorischen *Energiestufenmodell* ein akzessorisches Muss. Mit angeregten Zuständen lässt sich anregender Chemieunterricht verwirklichen. Angeregte Zustände entstehen, wenn Licht mit Stoffen wechselwirkt und die Stammspieler sind dabei auf der Teilchenebene Photonen und Moleküle. Sie übernehmen die Rollen von Protagonisten auch bei der Einleitung des Sehvorgangs in unseren Augen, bei innovativen Materialien in der Technik und im Alltag sowie bei Phänomenen in unserer Umwelt, beispielsweise im Photoreaktor Atmosphäre. Damit stehen Photonen und Moleküle bei vielen Inhalten, die nicht nur im Chemie-, sondern auch im Physik- und Biologieunterricht thematisiert werden, im Fokus. Zu diesem Themenkreis werden in der Lehrerbildung und -fortbildung im (QR 7.5) *Workshop* PHOTO-MOL die Experimente aus Block Nr. 10 zusammen mit weiteren prägnanten Experimenten durchgeführt, fachlich und didaktisch ausgewertet. Es werden Hinweise zur Einbindung der Experimente und Modelle in den Unterricht der Sekundarstufen I und II gegeben und Materialien (Arbeitsblätter, Modellanimationen und Videos) bereitgestellt. Die im Workshop selbst

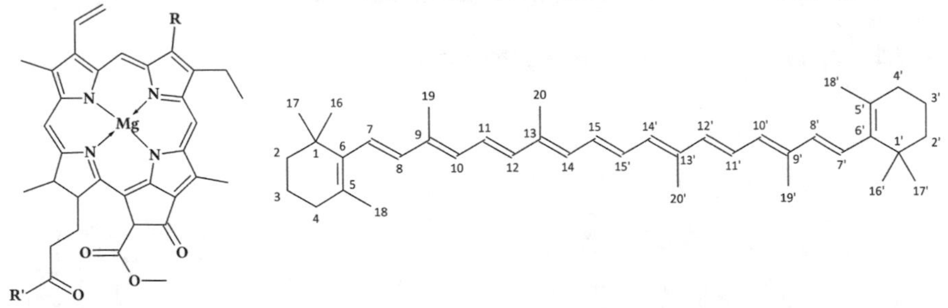

R: $\begin{cases} CH_3 \text{ im Chlorophyll a} \\ CHO \text{ im Chlorophyll b} \end{cases}$

R': langkettiger Rest

Abb. 7.6 Die intramolekulare Beweglichkeit in den Chromophoren des Chlorophyll-Moleküls (**a**) und des β-Carotin-Moleküls (**b**) ist sehr unterschiedlich

hergestellten Lumineszenzproben und die photochrome „intelligente" Folie werden den Teilnehmerinnen und Teilnehmern des Workshops *to go* angeboten.

Die beiden *Lehrfilme* (QR 6.6) „Photolumineszenz – Farbigkeit durch Lichtabsorption und –emission" und (QR 6.7) „Underground-Minigolf – Farbe durch
Lichtemission" sind mehr als nur „Zugaben" zu dem fächerübergreifenden Thema
Licht und Farbe. Beide Filme enthalten motivierende Anwendungen der Lumineszenz und verknüpfen sie mit Experimenten aus diesem Kapitel. Die Elementarvorgänge werden in beiden Filmen aus physikalischer und chemischer Sichtweise
erklärt, wobei die elektronisch angeregten Zustände, die Schwingungsrelaxationen
und die damit verbundene energetische Abwärtskonversion der Photonen bei der
Fluoreszenz und Phosphoreszenz in Wörtern und Bildern zum Zuge kommen. Im
zweiten der beiden genannten Lehrfilme wird in einem neuen Experiment gezeigt,
dass bei der Lumineszenz auch eine energetische *Aufwärtskonversion* der Photonen möglich ist, und mit dem bereits vorhandenen Instrumentarium an Konzepten
und Modellen (Singlett- und Triplett-Zustände) erklärt.

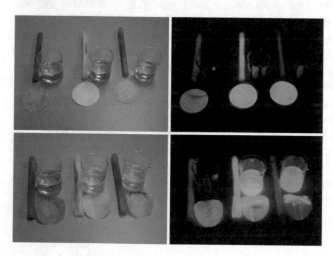

QR 7.2 Experimente mit Textmarkern im PHOTO-MOL Koffer

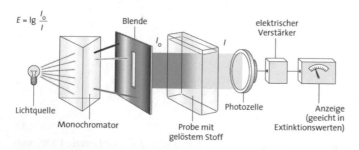

$E = \lg \frac{I_0}{I}$ Blende I_0 I elektrischer Verstärker

Lichtquelle   Monochromator   Probe mit gelöstem Stoff   Photozelle   Anzeige (geeicht in Extinktionswerten)

QR 7.3 Unterrichtsbausteine zur Farbigkeit durch Lichtabsorption und -emission

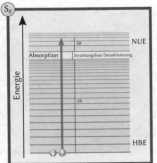
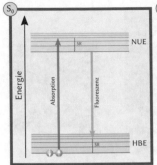

QR 7.4 Animation zur Fluoreszenz und Phosphoreszenz

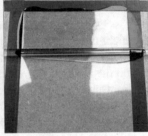

QR 7.5 Workshop PHOTO-MOL für Lehrerbildung und -fortbildung

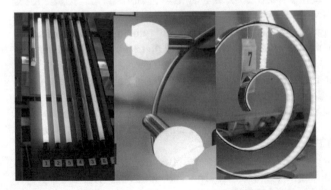

QR 7.6 Screenshot aus Lehrfilm „Photolumineszenz – Farbigkeit durch Lichtemission"

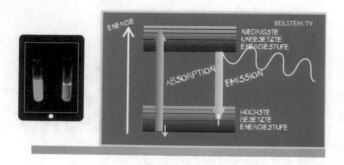

QR 7.7 Screenshot aus Lehrfilm „Underground-Minigolf – Farbe durch Lichtemission"

7.4 Funktionelle Farbstoffe – mehr als nur farbig

Diese Überschrift deutet an, dass es hier um eine Extraklasse von Farbstoffen geht, mit denen man Gegenstände nicht nur färbt, um sie gefälliger zu machen, sondern um ihnen auch besondere Funktionen zu verleihen. Während Moleküle herkömmlicher Farbstoffe und Pigmente die Energie der absorbierten Photonen zu Wärme „entwerten", indem die elektronisch angeregten Moleküle durch Schwingungsrelaxation unter Abgabe von Wärme in den Grundzustand desaktivieren, können die Moleküle funktioneller Farbstoffe die im elektronisch angeregten Zustand kurzfristig gespeicherte Energie auf unterschiedliche Weise nutzbar machen. Das elektronisch angeregte Molekül eines funktionellen Farbstoffs kann eine *Lichtemission*, einen *Energietransfer*, einen *Elektronentransfer*, eine *chemische Reaktion* (z. B. Isomerisierung) oder einen *photovoltaischen Effekt* auslösen. Als Konsequenz dieser vielfältigen Transformationsrouten übernehmen funktionelle Farbstoffe Schlüsselrollen in biologischen Funktionseinheiten und zunehmend auch in neuen Materialien mit zukunftsträchtigen Anwendungen. Sie dienen beispielsweise als

- *Fluoreszenz-* und/oder *Phosphoreszenzemitter* in biolumineszierenden Organismen (in Leuchtkäfern und Tiefseeorganismen) in photolumineszierenden Leuchtfarben (für Sicherheitskleidung und fälschungssichere Dokumente) und elektrolumineszierenden Leuchtstoffen für Lampen und Displays (Leuchtstoffröhren, LED, OLED),
- *Photosensibilisatoren* und *Photokatalysatoren* bei der Photosynthese, beim Sehvorgang, bei nachhaltiger „grüner" Chemie mit Solarlicht (Herstellung synthetischer Treibstoffe), in der Umwelttechnik (photochemischer Abbau organischer Halogenverbindungen), in der medizinischen Diagnostik und Therapie (photodynamische Krebstherapie),

- *photoaktive molekulare Schalter* in intelligenten Materialien, deren Eigenschaften (elektrische Leitfähigkeit, Magnetismus, Viskosität, Hydrophilie) mit Licht an- und ausgeschaltet werden kann,
- *photovoltaische Energiewandler* in farbstoffsensibilisierten Solarzellen (GRÄTZEL-Zellen) sowie in organischen und hybriden Solarzellen.

Experimente mit funktionellen Farbstoffen sind in Tab. 7.1 im Abschn. 7.2 über fast alle Blöcke von Nr. 10 bis Nr. 18 verstreut. Es handelt sich dabei sowohl um organische molekulare Verbindungen wie Fluoreszein, Spiropyran, Chlorophyll und β-Carotin als auch um anorganische ionische Feststoffe wie Titandioxid und verschiedene Mischoxide (Abb. 7.7).

Für den Chemieunterricht stellen funktionelle Farbstoffe innovative Inhalte dar und sind daher kaum im Pflichtrepertoire der Lehrpläne zu finden. Sie sollten aber dennoch mehr als es derzeit der Fall ist in den Lehrstoff der gymnasialen Oberstufe eingebunden werden, um einerseits motivierende Highlights aus der modernen Forschung und Technik zu aktivieren und andererseits das Verständnis obligatorischer Konzepte und Modelle des Chemieunterrichts (Relation Stoffeigenschaft – Teilchenstruktur, Gleichgewichte, Energetik, Donator-Akzeptor-Konzept, Atom- und Molekülmodelle) zu schärfen und zu vertiefen.

In den *online* verfügbaren (QR 7.8) *Unterrichtsbausteinen* zum Inhaltsfeld „Naturstoffe und Neue Materialien" werden Fluoreszcin und die Mischoxide aus Abb. 7.7 sowie viele weitere funktionelle Farbstoffe aus Natur und Technik erschlossen. Für Fluoreszein, den bekanntesten organischen Fluoreszenzemitter, ist die in Block Nr. 11 aus Tab. 7.1 beschriebene Synthese auch in gängigen Schulbüchern für die Sekundarstufe II enthalten, denn sie ist einfach, basiert auf der lehrplanpflichtigen elektrophilen Substitution an Aromaten und liefert selbst bei geringen Ausbeuten ausreichend Produkt, um es wegen seiner extrem intensiven Fluoreszenz leicht nachweisen zu können.

Mit Fluoreszenzemittern aus wasserunlöslichen Textmarkern lassen sich nach der Vorschrift aus Block Nr. 11 *Fluoreszenzkollektoren* herstellen (Abb. 7.8).

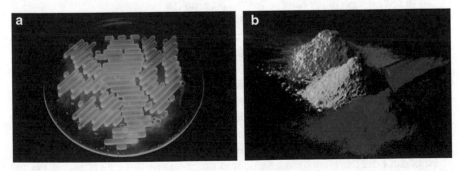

Abb. 7.7 Lumineszenz von Fluoreszein in Gelatine (**a**) und von anorganischen Mischoxiden (**b**) aus Elementen der zweiten und dritten Hauptgruppe des Periodensystems mit Spuren von Lanthanoiden

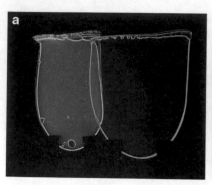

Abb. 7.8 Fluoreszenzkollektoren aus Polymethylmethacrylat PMMA und Fluorophoren aus wasserunlöslichen Textmarkern; im UV-Licht (**a**) und im Tageslicht (**b**)

Damit kann einfallendes Licht großflächig eingefangen, seine Farbe durch Lumineszenz gezielt geändert und das emittierte Licht auf eine kleine Fläche, z. B. an den Kanten des Kollektors konzentriert werden.

Fluoreszenzkollektoren wie die aus Abb. 7.8 können in Praktika zum schulorientierten Experimentieren an der Uni hergestellt und z. B. im Zusammenhang mit Solarzellen untersucht werden. Sie eignen sich gut, um in der Qualifikationsphase der gymnasialen Oberstufe die Inhaltsfelder *Kunststoffe* und *Farbstoffe* zusammenzuführen. Dazu sind ausführliche Versuchsbeschreibungen [18] und eine didaktisch erschlossene Unterrichtsreihe [19] in dem (QR 7.8) *Materialienpaket* zu diesem Kapitel enthalten. Zusätzlich zu den in der Unterrichtsreihe [19] genannten Kompetenzen, die alle vier Kompetenzbereiche (Fachwissen, Erkenntnisgewinnung, Kommunikation, Bewertung) abdecken, können am Beispiel der Fluoreszenzkollektoren folgende allgemeinen Merkmale lichtaktiver biologischer und technischer Funktionseinheiten erschlossen werden:

- Funktionelle Farbstoffe sind in biologischen und technischen Funktionseinheiten in nur sehr *geringen Konzentrationen* enthalten.
- Damit möglichst viele Photonen absorbiert werden können, müssen sich die Teilchen des funktionellen Farbstoffs in einer *dünnen Schicht* an der Oberfläche des Materials befinden, weil weder sichtbares Licht noch UV-Licht tief ins Material eindringt.
- Die Teilchen des funktionellen Farbstoffs und das umgebende Material, z. B. eine Quartärstruktur aus Protein-Makromolekülen oder eine Matrix aus synthetischen Polymeren, sollten ein möglichst großflächiges, *nanostrukturiertes System* bilden. So kann ein großer Teil der auf die lichtempfindliche Funktionseinheit (z. B. die Thylakoid-Membran im Blatt, die Stäbchenzellen in der Netzhaut oder die photoaktive Schicht in einer Solarzelle) eintreffenden Photonen die lichtabsorbierenden Teilchen des funktionellen Farbstoffs erreichen und diese elektronisch anregen.

Die Literaturzitate [21–29] zeigen eine Auswahl von Artikeln mit funktionellen Farbstoffen und ihren Anwendungen an. Diese Arbeiten wurden von Forschern aus der Fachwissenschaft, darunter zwei Chemie-Nobelpreisträger, verfasst. Die fachdidaktische Erschließung von funktionellen Farbstoffen für das Studium und den Unterricht wird in mehreren Arbeitskreisen an verschiedenen Standorten vorangetrieben. Die Entwicklung „hübscher" Experimente im Sinne des EINSTEIN-Zitats vom Anfang dieses Kapitels ist dabei ein Schwerpunkt. So ein Experiment ist die Herstellung und Untersuchung der Fluoreszenz- und Phosphoreszenz-Probe aus Esculin und Weinsäure (vgl. Abschn. 7.3). Es liefert überzeugende Phänomene zur *Abwärtskonvertierung (downconversion)* von Photonen bei der Photolumineszenz. Die Erklärung mit den Energiediagrammen aus Abb. 7.4 ist so stringent, dass der in Abb. 7.9 dargestellte Sachverhalt Verblüffung und Ratlosigkeit hervorruft. Es kann doch nicht möglich sein, dass Bestrahlung mit grünem Licht blaue Lumineszenz erzeugt! Allerdings geraten bei der Beobachtung des Experiments aus Abb. 7.9 nur Kenner in Verwirrung, Laien sehen da nichts Besonderes. Leuchtende Farben und Leuchtspuren von Laserstrahlen in Nebel und Lösungen gehören doch zu jedermanns Alltagserfahrungen. Wo also, bitte schön, soll da ein Widerspruch sein?

Tatsächlich findet bei diesem „hübschen" Experiment eine *Aufwärtskonvertierung (upconversion)*, d. h. eine Anti-STOKES-Verschiebung der Photonen statt. Die bei der Fluoreszenz emittierten Photonen haben höhere Energien (kleinere Wellenlängen) als die bei der Anregung absorbierten Photonen. Das in Tab. 7.1, Block Nr. 18, angegebene Experiment zur Aufwärtskonversion durch Triplett-Triplett-Annihilation TTA ist in der Promotionsarbeit von NICO MEUTER in Anlehnung an [30] entwickelt worden. Im (QR 7.9) *Lehrfilm* „Underground Minigolf – Farbe durch Lichtemission" führt er das Experiment vor und erklärt die Aufwärtskonvertierung mithilfe von Energieschemata.

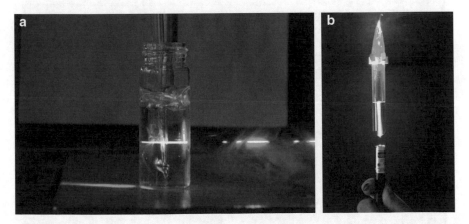

Abb. 7.9 Grünes Licht eines Laserpointers erzeugt eine blaue Leuchtspur in der *Upconversion*-Lösung, aus der der gelöste Sauerstoff entfernt wurde; im Teilbild a) befindet sich die Lösung in einem offenen Schnappdeckelglas, in des Stickstoff eingeleitet wird, im Teilbild b) ist die Lösung in einer verschmolzenen Ampulle

In diesem Experiment kommen zwei funktionelle Farbstoffe zur Anwendung, der Triplett-Sensibilisator TPFPP-Pt(II) [5,10,15,20-Tetrakis-(2,3,4,5,6-pentafluorophenyl)-porphyrin-Pt(II)] und der Singlett-Emitter Diphenylanthracen DPA. Der Platin-Komplex TPFPP-Pt(II) absorbiert grünes Licht. Bei der Absorption eines Photons geht ein Teilchen des Komplexes sehr leicht in den angeregten Triplett-Zustand T_1 über. Die Spinumkehr beim Übergang $S_1 \rightarrow T_1$ wird durch die Spinbahnkopplung begünstigt, die in diesem Fall durch den (vgl. Abschn. 6.1.1) *Schweratomeffekt* im Platin-Komplex erzeugt wird. Die gebildeten TPFPP-Pt(II) Teilchen im T_1-Zustand sind gute Triplett-Sensibilisatoren, d. h., sie sind ausreichend langlebig, um durch Triplett-Triplett-Transfer TTT Energie auf Diphenylanthracen-Moleküle DPA übertragen zu können. Aus diesem Energietransfer resultieren angeregte DPA-Moleküle im Triplett-Zustand T_1. Die Teilchen des Platin-Komplexes desaktivieren dabei in den Grundzustand. Treffen nun zwei angeregte DPA-Moleküle im T_1-Zustand aufeinander, so kommt es zur Triplett-Triplett-Annihilation TTA. Eines der Moleküle wechselt dabei in den Grundzustand und gibt die Energie des Triplett-Zustands an sein Partner-Molekül, welches in den energiereicheren angeregten Singlett-Zustand S_1 wechselt. Von dort desaktiviert es nach dem bekannten Muster durch Fluoreszenz $S_1 \rightarrow S_0$, indem es ein Photon höherer Energie bzw. kleinerer Wellenlänge emittiert (Abb. 7.10).

Es gibt außer der Triplett-Triplett-Annihilation auch andere Möglichkeiten, Aufwärtskonversion von Photonen zu erzeugen, z. B. die Zweiphotonen-Absorption

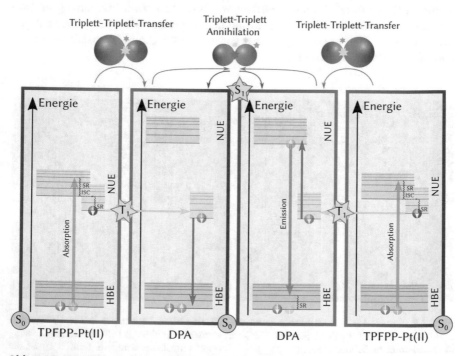

Abb. 7.10 Energieschemata zur Aufwärtskonversion (upconversion) durch Triplett-Triplett-Annihilation TTA in der Dissertation von © Nico Meuter, Dissertation, Universität Wuppertal, 2018

[31]. Die benötigen ebenfalls funktionelle Farbstoffe, jedoch im Vergleich zu dem hier beschriebenen Experiment sehr viel intensivere, teurere und sicherheitstechnisch anspruchsvollere Laser. Insofern ist das oben beschriebene Experiment als „Handversuch" für den Einstieg in die Aufwärtskonvertierung in Vorlesungen und im Chemieunterricht, aber auch als Anreiz zur Erforschung weiterer TTA-Systeme geeignet. Anwendungstechnisch ist die Aufwärtskonvertierung von Photonen von großer Bedeutung, weil sie größere Spektralbereiche der Solarstrahlung für Solarzellen und für die phtotokatalytische Herstellung von (siehe Abschn. 7.11) „grünen" Brennstoffen nutzbar macht. So ist es beispielsweise gelungen, sogar mit energiearmen Photonen aus dem NIR-Bereich (nahes Infrarot) und mithilfe geeigneter Ruthenium-Komplexe die Spaltung von Wasser in Wasserstoff und Sauerstoff anzutreiben [32].

Makromolekulare organische Verbindungen, in den Materialwissenschaften oft kurz als Polymere bezeichnet, haben sich in den letzten Dekaden unter den funktionellen Farbstoffen einen Spitzenplatz erobert. Sie werden in den photoaktiven Schichten von (vgl. Abschn. 7.11) organischen Photovoltazellen OPV und organischen Leuchtdioden OELD ebenso eingesetzt [33], wie in elektrochromen Fenstern. Diese ändern ihre Farbe je nachdem ob sie an den Plus- oder Minuspol einer Gleichspannungsquelle angeschlossen sind (Abb. 7.11).

Eine bunte Vielfalt von farbigen Schichten aus unterschiedlichen Polymeren auf leitfähigem FTO-Glas und einige doppelverglaste elektrochrome Fenster hat Ibeth N. Réndon-Ènriquez hergestellt und in ihrer (QR 7.9) *Dissertationen* beschrieben. Für die Herstellung der Polymere wurden elektrochemisch angetriebene anodische Polymerisationen und für die Verklebung der Glasplatten zum funktionsfähigen elektrochromen Fenster photochemisch initiierte Radikalkettenpolymerisationen eingesetzt [34]. Die Experimente mit elektrochromen Fenstern eignen sich als Grundlage für Praktikumsexperimente und Abschlussarbeiten im Studium, besonders im Lehramtsstudium, aber auch für Jugend-forscht-Arbeiten in der Oberstufe. Aus didaktischer Sicht überlappen sich dabei Konzepte und Experimentiertechniken der Elektrochemie, Organischen und Makromolekularen Chemie sowie der Photochemie.

QR 7.8 Unterrichtsbausteine mit funktionellen Farbstoffen im Inhaltsfeld „Naturstoffe und Neue Materialien", Bild aus © Tausch/von Wachtendonk, CHEMIE 2000+ Gesamtband, C. C. Buchner-Verlag

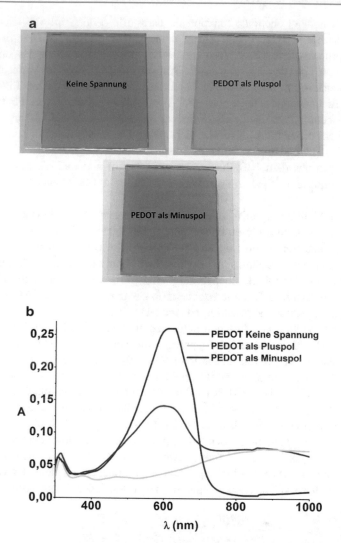

Abb. 7.11   Elektrochrome Fenster mit dem funktionellen Farbstoff Poly-3,4-ethyldioxythiophen PEDOT (**a**) und Absorptionskurven (**b**); Dissertation. (Foto © Ibeth Réndon-Ènriquez, Wuppertal 2017)

QR 7.9 Dissertationen zu „Chemie mit Licht" (Elektrochrome Fenster in der Dissertation von © Iветн N. Réndon-Ènriquez, Wuppertal 2017)

7.5 Photoaktive molekulare Schalter – AN und AUS mit Licht

Experimente mit molekularen Schaltern sind in Tab. 7.1 in Block Nr. 2, Nr. 9 und Nr. 12 angegeben. Diese Zuordnung lässt bereits vermuten, dass sie nicht erst in der Sekundarstufe II, sondern bereits im Chemie-Anfangsunterricht, z. B. bei der Einführung des Begriffs der chemischen Reaktion, eingesetzt werden könnten und sollten.

Im Abschn. 6.2.3 werden didaktische Gründe genannt, warum die Beteiligung der Energie in Form von Licht in den Unterricht einbezogen werden sollte. Das kann phänomenologisch in „hübschen" Experimenten mit dem System Spiropyran/Merocyanin in Lösung oder in der „intelligenten Folie" erschlossen werden. In diesem System, das einen molekularen Schalter darstellt, lassen sich zwei Reaktionen differenziert mit violettem bzw. grünem Licht antreiben. Das AN, die Bildung eines blauen Stoffes, wird mit violettem Licht angetrieben, das AUS, der Abbau des blauen Stoffes, mit grünem Licht. Alternativ kann das AUS (nicht aber das AN) auch durch Erwärmen, z. B. durch Eintauchen der blau gefärbten „intelligenten Folie" in 60 °C warmes Wasser, erzwungen werden. Diese Experimente können in forschend-entwickelnder Vorgehensweise im Rahmen der in Abb. 7.12 skizzierten konstruktivi-stischen Lernschleife im Lernsegment *Erforschen* genutzt werden. Ausgehend von der Annahme, dass beim *Erkunden* der Vorkenntnisse der Lernenden über Energieformen bei chemischen Reaktionen, z. B. Wärme, mechanische und elektrische Energie genannt werden, werden mithilfe der genannten Experimente Fakten über die Beteiligung von Licht bei chemischen Reaktionen erforscht. Im Lernsegment *Anpassung* wird die Erkenntnis etabliert, dass Licht eine Reaktion antreiben kann, jedoch nur wenn es „passendes" Licht für diese Reaktion ist. Symbolisch stehen dafür in Abb. 7.12 die beiden Filter für das Sonnenlicht. Der blaue lässt violettes Licht durch, der rote nicht. Unter *Anwendungen* werden Reaktionen in Natur und Technik genannt, die mit Licht angetrieben

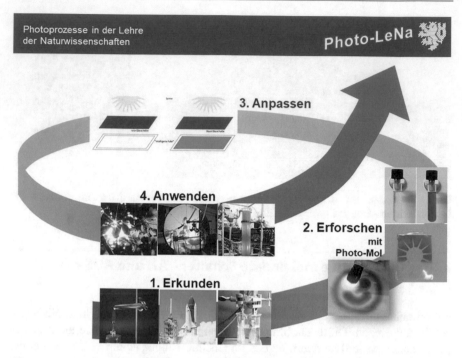

Abb. 7.12 Konstruktivistische Lernschleife für die Sekundarstufe I „Licht treibt chemische Reaktionen an"; Experimente aus (QR 7.3) Workshop PHOTO-MOL

werden, z. B. Photosynthese, photokatalytische Abwasserreinigung, solare Biotechnologie.

In der Sekundarstufe II ist die Isomerie, einschließlich ihrer Eigenarten, ein Pflichtinhalt. Die *E/Z-(trans/cis-)*Isomerie als eine Form von Stereoisomerie könnte und sollte an Universitäten experimentell nach V2 in Block Nr. 9 aus Tab. 7.1 durchgeführt werden. Die photochemischen und thermischen Isomerisierungen sind auf Dünnschichtfolien ausgehend von jeweils wenigen Mikrogramm gelöstem *E-Azobenzol* möglich und die Versuchsergebnisse sind in doppeltem Sinn didaktisch pägnant (Abb. 7.13).

Sie zeigen, dass i) die Umlagerung $E \rightarrow Z$ *(trans $\rightarrow$ cis)* nur photochemisch erfolgt, die Umlagerung $Z \rightarrow E$ *(cis $\rightarrow$ trans)* photochemisch und thermisch und ii) dass auf der mit polarem Kieselgel beschichteten DC-Folie das *Z-(cis)*-Azobenzol aus polaren Molekülen stärker adsorbiert wird als das *E-(trans)*-Azobenzol, dessen Moleküle unpolar sind. Allerdings hat Azobenzol absolutes Verbot für die Verwendung an Schulen. Aus diesem Grund muss an Schulen auf das reale Experiment verzichtet werden. Es kann aber durch das von René Krämer in seiner Dissertation erstellte (QR 7.1) *Video* „Photoisomerisierung von Azobenzol" ersetzt werden. R Krämer beschreibt auch Experimente mit dem sehr effizienten molekularen Schalter aus *Z*- und *E*-Diazocin (Abb. 7.14), der in fachwissenschaftlichen Arbeitskreisen als potenzielle Struktureinheit in photoschaltbaren Wirkstoffen und

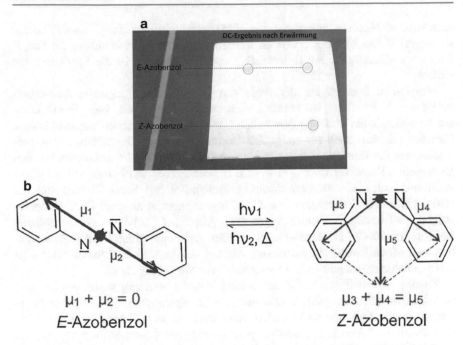

Abb. 7.13 a Screenshot aus dem Video „Isomerisierungen von Azobenzol" auf der Internet-Plattform (QR 7.1), **b** Polaritäten des *E*- und *Z*-Azobenzol-Moleküls

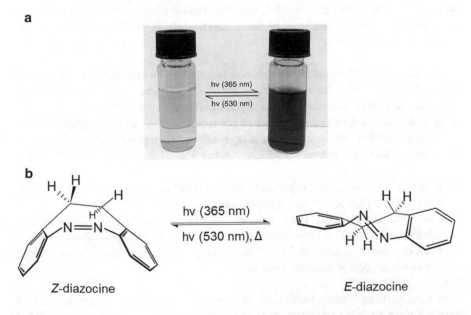

Abb. 7.14 Molekularer Schalter aus *Z*- und *E*-Diazocin; anders als in der Regel bei Azoverbindungen ist in diesem Fall das *Z*-Isomer thermodynamisch stabiler als das *E*-Isomer

molekularen Motoren untersucht wird [35]. Nachteilig ist dabei, dass Diazocin kommerziell (noch) nicht erworben werden kann und seine Synthese im Schullabor zu aufwendig ist. An Universitäten und Hochschulen ist die Synthese recht einfach.

Molekulare Schalter auf der Basis von *Z/E*-Isomerisierungen in Azoverbindungen sind anwendungstechnisch u. a. deswegen interessant, weil sie mit Licht aus dem sichtbaren und/oder dem nahen UV-Bereich angetrieben werden können. Gleiches gilt aber auch für einige *E/Z*-Isomere mit C=C-Doppelbindungen, beispielsweise für Hemithioindigo und Derivate, die ebenfalls im sichtbaren Bereich absorbieren. Diese Verbindungen werden für den Einbau in photoschaltbare Wirkstoffe und molekulare Motoren intensiv erforscht [29, 36]. Schließlich ist auch der Initialschritt beim Sehprozess eine $Z \rightarrow E$-Isomerisierung an einer C=C-Doppelbindung im Rhodopsin unserer Augen (vgl. Abschn. 7.8). Wegen der besonderen Bedeutung von *E/Z*-Isomerisierungen wurden dazu eine didaktische Dokumentation und Modellanimation entwickelt, die auf der Internet-Plattforrm unter (QR 7.10) „Photochemische *E/Z*-Isomerisierung" zur Verfügung steht.

Zu den Global Player unter den aktuell in der Forschung meist untersuchten molekularen Schaltern gehören Diarylethene und Spiropyrane [37, 38]. Für Experimente im Studium und im Unterricht kann das kommerziell recht günstig verfügbare *6-Nitro-1,3,3-trimethylindolino-spiro-benzopyran* (kurz: Spiropyran, SP) als „didaktisches Juwel" angesehen werden. Grund dafür ist, dass mit Spiropyran und dem daraus *in situ* photochemisch erzeugten Isomer Merocyanin MC anhand der Experimente aus Block Nr. 12 in Tab. 7.1 und weiterer Experimente, auf die in diesem Abschnitt eingegangen wird, folgende Lehr-/Lerninhalte des Chemiestudiums und des Chemieunterrichts in der Sekundarstufe II erschlossen, vertieft und erweitert werden können:

- der Begriff und die Funktionsweise eines *photoaktiven molekularen Schalters*,
- die Relation *Molekülstruktur – Stoffeigenschaften* (Farbe, Löslichkeit, mechanische, elektrische und magnetische Eigenschaften),
- grundsätzlicher Unterschied zwischen photochemischen und thermischen Reaktionen betreffend die *Temperaturabhängigkeit der Reaktionsgeschwindigkeit*,
- Abhängigkeit des Verlaufs photochemischer Reaktionen von der *Wellenlänge des eingestrahlten Lichts,*
- prinzipieller Unterschied der *Reaktionswege (Reaktionsmechanismen)* von thermischen und photochemischen Reaktionen,
- Gemeinsamkeiten und Unterschiede des *thermodynamischen (chemischen) Gleichgewichts* und der *Photostationarität (des photostationären Zustands),*
- Einflüsse der *molekularen Nano-Umgebung* photoaktiver Moleküle auf deren Absorptions- und Emissionsverhalten

Das Isomerenpaar Spiropyran/Merocyanin ist ein *molekularer Schalter,* weil es durch äußere Impulse zwischen mindestens zwei distinkten Zuständen reversibel verschoben werden kann [39]. In Abb. 7.15 sind zwei farblich distinkte Zustände und die zugehörigen Molekülstrukturen dargestellt. Als äußere Impulse für den

Schaltprozess wirken in diesem Fall Lichteinstrahlung bei verschiedenen Wellenlängen und/oder Temperaturänderungen. Generell können auch andere Impulse die Zustände in molekularen Schaltern bestimmen bzw. einen Zustand in einen anderen verschieben, beispielsweise der pH-Wert und die Nano-Umgebung (vgl. Abschn. 7.6) sowie eine elektrische, magnetische oder mechanische Einwirkung.

Besonders vorteilhaft aus didaktischer Perspektive ist beim Schalter Spiropyran/Merocyanin die *Photochromie*, d. h. die unterschiedlichen Farben die von den distinkten Zuständen des Schalters erzeugt werden, wenn als äußere Impulse Licht verschiedener Wellenlängen λ_1 und λ_2 eingestrahlt wird. Photochromie ist ein gemeinsames Merkmal vieler photoaktiver molekularer Schalter aus ganz unterschiedlichen Klassen von Verbindungen [35–37, 39]. Ebenfalls gemeinsames Merkmal ist auch die *Isomerisierung* beim Schaltvorgang. Allerdings kann es sich bei der Isomerisierung um ganz unterschiedliche Arten von Reaktionen handeln, beispielsweise *Z/E-(cis-trans-)*Isomerisierungen (Abb. 7.14) oder *elektrocyclische Reaktionen,* bei denen Ringe in Molekülen geöffnet oder geschlossen werden (Abb. 7.15). Der Farbunterschied zwischen Spiropyran und Merocyanin in Xylol, Toluol und anderen unpolaren Lösemitteln ist ein Musterbeispiel für die *Relation Molekülstruktur –Stoffeigenschaften.* Im Spiropyran-Molekül ist der *Chromophor* aus konjugierten Doppelbindungen und freien Elektronenpaaren auf jeweils nur eine Hälfte des Moleküls beschränkt; die Bindungsdelokalisation ist am Spiro-Zentrum, einem sp^3-hybridisierten Kohlenstoff-Atom mit tetraedrischer Ausrichtung der vier Einfachbindungen, unterbrochen. In den beiden Molekülhälften liegen die an den Chromophoren beteiligten Atome jeweils in einer Ebene, die zur Ebene der andern Molekülhälfte senkrecht steht. Das ist in den Modellen aus Abb. 7.15 gut zu erkennen. Beim Merocyanin-Molekül erstreckt sich der Chromophor über das gesamte Molekül, alle am Chromophor beteiligten Atome liegen in ein- und derselben Ebene.

Die im Chemieunterricht vermittelte Faustregel „je ausgedehnter der Chromophor in einem Molekül ist, desto langwelligeres Licht absorbiert der betreffende Stoff" wird am farblosen Spiropyran (Absorptionsmaxima bei $\lambda_{max} = 368$ nm und $\lambda_{max} = 337$ nm) und am blauen Merocyanin (Absorptionsmaximum bei $\lambda_{max} = 584$ nm) exzellent bestätigt. Dank der breiten Absorptionsbande mit $\lambda_{max} = 368$ nm absorbiert Spiropyran sehr gut UV-Licht mit $\lambda = 365$ nm und sogar violettes Licht mit $\lambda = 400$ nm, sodass der Schaltprozess Spiropyran → Merocyanin mit violettem Licht aus einer LED-Taschenlampe angetrieben werden kann.

Mit dem molekularen Schalter Spiropyran/Merocyanin kann zusätzlich zur *Photochromie* auch das Phänomen der *Solvatochromie*, d. h. die Abhängigkeit der Farbe einer farberzeugenden Spezies vom verwendeten Lösemittel, erschlossen werden. Im (QR 7.11) *Lehrfilm* „Ein chemisches Chamäleon – Molekulare Umgebung und Solvatochromie" wird gezeigt, dass *Merocyanin* für die Solvatochromie verantwortlich ist. Aufgrund ihrer zwitterionischen Struktur (Abb. 7.15) werden Merocyanin-Moleküle in der Nano-Umgebung aus polaren Lösemittel-Molekülen besser stabilisiert, indem es zu einer energetischen Absenkung der höchsten

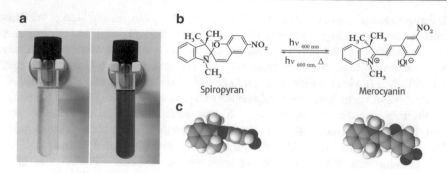

Abb. 7.15 Photochromie des molekularen Schalter Spiropyran/Merocoanin in Toluol-Lösung (**a**), Gerüstformeln der beiden Isomere $C_{19}H_{18}O_3N_2$ und Reaktionsbedingungen für die Schalt-prozesse (**b**) sowie Molekülmodelle (**c**)

besetzten Energiestufe HBE in den Molekülen kommt. Im oben genannten Lehr-film und im Abschn. 6.1.2 wird modelltheoretisch erklärt, warum sich die Licht-tabsorption von Merocyanin *hypsochrom*, d. h. nach kürzeren Wellenlängen bei steigender Polarität der Lösemittel-Moleküle verschiebt. Gleichzeitig verschiebt sich die gesehene Farbe bei steigender Polarität der Lösemittel-Moleküle von Blau über Violett bis nach Rot (Abb. 7.16).

Diese Art der Farbabhängigkeit vom Lösemittel wird als *negative* Solvatochro-mie bezeichnet – im Gegensatz zu positiver Solvatochromie, bei der die Lichtab-sorption mit steigender Polarität der Lösemittel-Moleküle bathochrom verschoben wird. Mithilfe von solvatochromen Verbindungen lassen sich die Polaritäten von Lösemittel-Molekülen relativ gut korrelieren und in einer Skala einordnen, die von C. Reichardt vorgeschlagen wurde [40].

Abb. 7.16 Solvatochromie von Merocyanin in verschiedenen Lösemitteln (v.l.n.r.): Toluol, Tetrahydrofuran, Chloroform, Aceton, Acetonitril, Dimethylsulfoxid, Ethanol, Methanol und Ethylenglykol. (© Sebastian Spinnen, Dissertation, Universität Wuppertal 2018, S. 50)

Das Isomerenpaar Spiropyran/Merocyanin liefert nicht nur über die Phänomene der Photochromie und Solvatochromie eindrucksvolle Beispiele für die *Relation Molekülstruktur – Stoffeigenschaften*. Auch die Löslichkeit an sich unterscheidet sich bei den beiden Isomeren ganz beträchtlich. Spiropyran löst sich in unpolaren Lösemitteln gut, in polaren schlecht; beim Merocyanin ist es genau umgekehrt. Die geläufige Faustregel „Gleiches löst sich in Gleichem" wird an diesem Beispiel einmal mehr bestätigt. Merocyanin dessen Moleküle zwitterionisch, also extrem polar sind, löst sich gut in polaren Lösemitteln, Spiropyran aus unpolaren Molekülen löst sich in unpolaren Lösemitteln. Das lässt sich demonstrieren, wenn man in einem großen Schnappdeckelglas 30 mL Spiropyran-Lösung in Toluol ($c = 0{,}155$ mmol/L) mit 10 mL Ethylenglykol unterschichtet, die Ethylenglykol-Phase mit Alufolie abdunkelt und die Toluol-Phase unter magnetischer Rührung mit einer violetten LED-Taschenlampe ($\lambda = 400$ nm) über einen Zeitraum von 20 min direkt an der Außenwand des Glases bestrahlt.

Wenn man in Zeitabständen von 5 min die Bestrahlung und die Rührung unterbricht und die Farben der beiden Phasen betrachtet, sind die in Abb. 7.17 dargestellten Ergebnisse zu beobachten. Anders als zu erwarten gewesen wäre färbt sich die obere bestrahlte Toluol-Phase nicht blau, obwohl sich dort Merocyanin aus Spiropyran bildet. Stattdessen färbt sich die untere Phase, in der reines Ethylenglykol vorlag, allmählich rot, denn an der Phasengrenze wird Merocyanin in Ethylenglykol extrahiert. Darin löst sich Meroyanin besser, erzeugt nicht eine blaue, sondern eine rote Farbe und ist im Dunkeln langzeitig stabil. Die unterschiedlichen Löslichkeiten, Farben und Stabilitäten von Merocyanin werden im Abschn. 7.6 aufgegriffen, erweitert und für die experimentelle Erschließung der digitalen Logik genutzt.

Vorher wird hier noch auf einige weitere Experimente mit dem „didaktischen Juwel" Spiropyran eingegangen, bei denen fundamentale Unterschiede zwischen photochemischen und thermischen Reaktionen offensichtlich werden. In V2 aus Block Nr. 12 in Tab. 7.1 und im *Lehrfilm* „Ungleiche Gleichgewichte – thermodynamisches Gleichgewicht *vs.* photostationärer Zustand" (QR 7.12) wird die

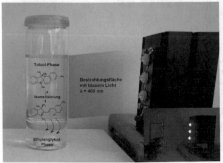

0 Min.   5 Min.   10 Min.   15 Min.   20 Min.

Abb. 7.17 Merocyanin bildet sich durch Lichtbestrahlung in der Toluol-Phase und wird an der Phasengrenze in Ethylenglykol extrahiert. Darin löst es sich besser und ist auch im Dunkeln langzeitig stabil. (Fotos: Sebastian Spinnen)

Temperaturabhängigkeit der Reaktionsgeschwindigkeit bei der photochemischen Reaktion Spiropyran → Merocyanin und bei der thermischen Reaktion Merocyanin → Spiropyran verglichen. Es zeigt sich, dass die Geschwindigkeit der photochemischen Reaktion temperatur*un*abhängig ist, während die thermische Reaktion der RGT-Regel folgt, wonach die Geschwindigkeit einer Reaktion sich bei einem Temperaturanstieg von 10 °C verdoppelt bis vervierfacht (Abb. 7.18).

Bei Bestrahlung mit UV-Licht ($\lambda = 365$ nm) oder mit violettem Licht ($\lambda = 400$ nm) stellt sich im System Spiropyran/Merocyanin ein *photostationärer Zustand (Photostationarität)* ein, bei dem die Konzentrationen der beiden Spezies konstant bleiben, solange bestrahlt wird. Sobald die Bestrahlung unterbrochen wird, bricht der photostationäre Zustand zusammen, es stellt sich ein

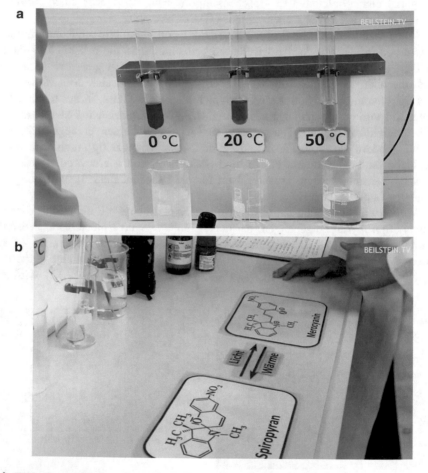

Abb. 7.18 Screenshots aus dem (QR 7.12) Lehrfilm „Ungleiche Gleichgewichte – thermodynamisches Gleichgewicht *vs.* photostationärer Zustand"; **a** die blaue Merocyanin-Lösung entfärbt sich umso schneller je höher die Temperatur ist; **b** das photostationäre Gleichgewicht Spiropyran/Merocyanin wird durch Licht und Wärme beeinflusst

thermodynamisches (chemisches) Gleichgewicht ein. Der prinzipielle Unterschied zwischen diesen „ungleichen Gleichgewichten" ist im Abschn. 6.2.2, Abb. 6.22, dargestellt. Während sich im thermodynamischen (chemischen) Gleichgewicht die thermische Hin- und Rückreaktion „die Waage halten", kommt der photostationäre Zustand durch die Überlagerung aller thermischen und photochemischen Reaktionswege zustande, die bei Bestrahlung mit einer bestimmten Wellenlänge möglich sind. Es überlagern sich also die thermische Hin- und Rückreaktion im elektronischen Grundzustand mit den photochemischen Reaktionen, die den elektronisch angeregten Zustand einschließen. Folglich sind die Konzentrationen der beiden Isomere Spiropyran und Merocyanin beim chemischen Gleichgewicht ganz andere als im photostationären Zustand.

Die experimentellen Beobachtungen zur Photostationarität des molekularen Schalters Spiropyran/Merocyanin in einem unpolaren Lösemittel, z. B. Toluol oder Xylol, können modelltheoretisch mithilfe der interaktiven (QR 7.13) *Animation* „Photostationarität" auf der diskreten Teilchenebene und auf der Ebene des stofflichen Kontinuums erklärt und anhand von Simulationen vertieft werden (Abb. 7.19).

Im (QR 7.14) *Workshop* PHOTO-MOL werden Experimente mit dem molekularen Schalter Spiropyran/Merocyanin durchgeführt, die Fakten zur Photolumineszenz, Photochromie, Solvatochromie und Photostationarität liefern. Konzepte und Lehr-/Lernmaterialien in verschiedenen Formaten (Arbeitsblätter, Animationen, Videos) zu diesen Inhalten werden bereitgestellt und diskutiert, für die curriculare Einbindung ins Studium und in den Chemieunterricht werden Vorschläge unterbreitet. Dieser Workshop kann im Rahmen fachdidaktischer Seminare und Praktika an Hochschulen sowie im Rahmen der Lehrerfortbildung an Schulen und an GDCh-Lehrerfortbildungszentren durchgeführt werden.

QR 7.10 Dokumentation und Modellanimation zu *E/Z*-Isomerisierungen

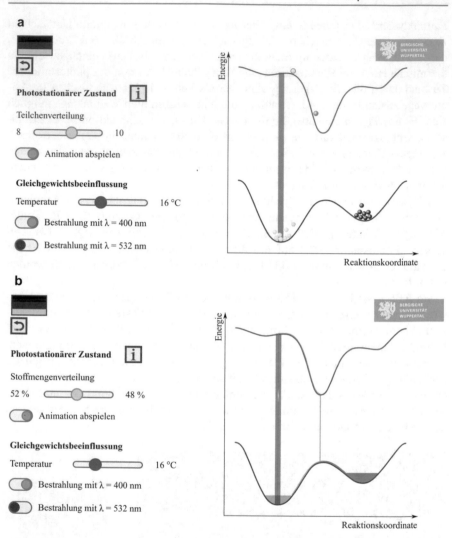

Abb. 7.19 Screenshots aus der interaktiven Modellanimation zur Photostationarität. **a** Teilchen-modell, **b** Modell für das stoffliche Kontinuum

QR 7.11 Szene aus dem Lehrfilm „Chemisches Chamäleon – Molekulare Umgebung und Solvatochromie"

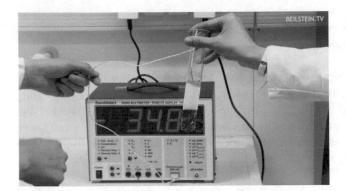

QR 7.12 Szene aus dem Lehrfilm „Ungleiche Gleichgewichte – thermodynamisches Gleichgewicht *vs.* photostationärer Zustand"

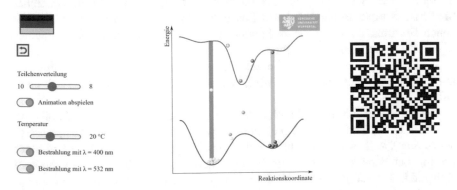

QR 7.13 Interaktive Animation zur Photostationarität

QR 7.14 Im Workshop PHOTO-MOL zur experimentellen Erschließung und curricularen Einbindung dieser Inhalte ist der molekulare Schalter Spiropyran/Merocyanin Protagonist

7.6   Licht für digitale Logik – Boole'sche Algebra in Experimenten

Auch unter dieser Überschrift erweist sich der molekulare Schalter Spiropyran/ Merocyanin als ein „didaktisches Juwel", denn er ermöglicht die Übertragung der binären Codes „0" und „1" in distinkte molekulare Strukturen, die ein- und ausgelesen werden können. Damit lassen sich *logische Gatter (logic gates)* oder *logische Verknüpfungen* nach den Regeln der Boole'schen Aussagenlogik konzipieren und realisieren, in denen verschiedene molekulare Strukturen für die binären Codes stehen [27, 28, 41].

Wenn beim molekularen Schalter Spiropyran/Merocyanin (SP/MC) zusätzlich zur Photochromie und Solvatochromie auch die pH-Abhängigkeit der Absorptions- und Emissionseigenschaften herangezogen wird, erhöht sich die Anzahl seiner Strukturen von zwei (SP/MC) auf drei (SP/MC/MCH$^+$) und die Anzahl der in verschiedenen Nano-Umgebungen optisch erfassbaren *inputs* und *outputs* des Systems um ein Vielfaches. Die entsprechenden Absorptionen und Emissionen hat SEBASTIAN SPINNEN in verschiedenen Lösemitteln untersucht. Mithilfe der gewonnenen Erkenntnisse konnte er mehrere logische Gatter realisieren und in seiner (QR 7.15) *Dissertation* beschreiben.

Wenn Spiropyran-Lösung in Toluol mit UV-Licht ($\lambda = 365$ nm) bestrahlt *und* mit Trichloressigsäure angesäuert wird, ändert sich die Farbe von Blau nach Gelb (Abb. 7.20).

Gemäß der Boole'schen Wahrheitstabelle eines AND-Gatters (vgl. Abbildung zu QR 7.15 am Ende dieses Unterkapitels) wird ein vorgegebenes Ausgangssignal *(output)*, z. B. Absorption bei $\lambda = 445$ nm, entsprechend der gelben Farbe der Lösung nur dann auftreten, wenn beide Eingangssignale *(input* 1 und *input* 2) aktiv sind, also auf „1" stehen. Weder alleiniges Ansäuern der Spiropyran-Lösung, noch alleinige Bestrahlung mit UV-Licht führen zum gewünschten Ausgangssignal. Dieses wird erst durch die Kombination aus UV-Licht und Protonen erzeugt (Abb. 7.21).

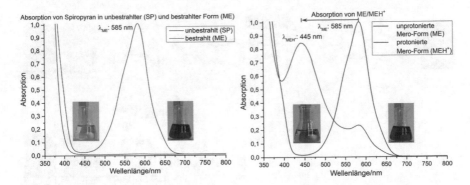

Abb. 7.20 Bei der protonierten Form des Merocyanins MCH+ verschiebt sich das Absorptionsmaximum im Vergleich zur unprotonierten Form MC bathochrom um 140 nm. (© Sebastian Spinnen, Dissertation, Universität Wuppertal 2018)

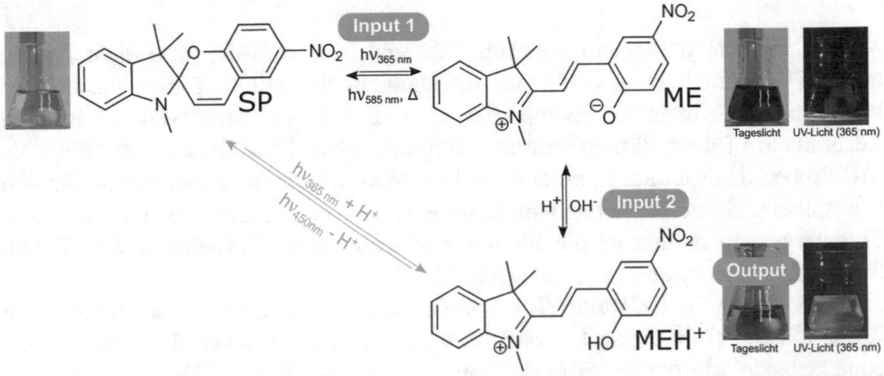

Abb. 7.21 Inputs und Output bei einem AND-Gatter mit dem molekularen Schalter Spiropyran/Merocyanin im Lösemittel Tetrahydrofuran [42] oder in Toluol; wenn beide *inputs* (Bestrahlung bei 365 nm) und Ansäuerung) auf „1" stehen, wird das vorgegebene *output* (gelbe Farbe) realisiert, also auch auf „1" gestellt. (© Sebastian Spinnen, Dissertation, Universität Wuppertal 2018)

Durch Zugabe einer Base, z. B. Triethanolamin, lässt sich das System wieder in den Ursprungzustand zurücksetzen. Die experimentelle Verwirklichung eines logischen AND-Gatters nach dem Muster aus Abb. 7.21 ist auch im Lösemittel Ethylenglykol möglich. Erstens ist Ethylenglykol toxikologisch unbedenklich und kostengünstig, zweitens ist Merocyanin in Ethylenglykol thermisch stabil (vgl. Abb. 7.17). Bei dem AND-Gatter in Ethylenglykol sollte daher zu Beginn mit grünem Licht ($\lambda = 530$ nm) bestrahlt werden, um die Merocyanin-Form vor dem Start aus der Lösung zu entfernen, d. h. in Spiropyran umzuwandeln.

Wenn dann beide *inputs* aus Abb. 7.22, d. h. Bestrahlung mit $\lambda = 365$ nm und Ansäuerung mit Trichloressigsäure, aktiviert werden, erhält man den *output* als gut erkennbare gelbe Farbe bzw. Absorption bei $\lambda = 405$ nm.

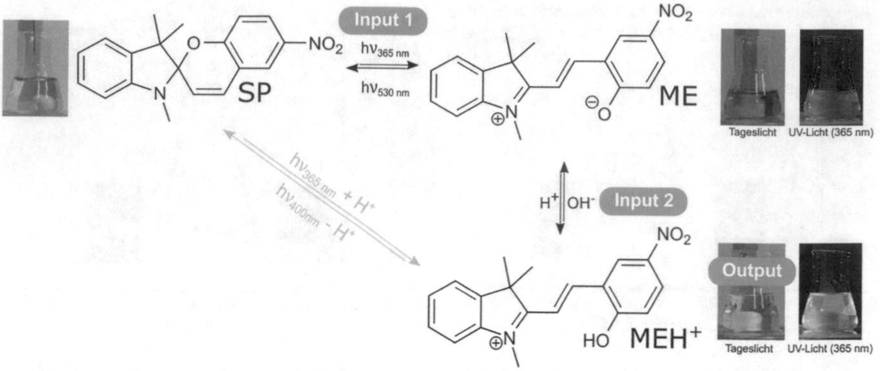

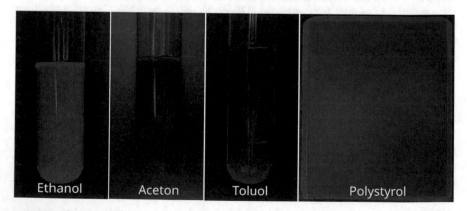

Abb. 7.22 Inputs und Output bei einem AND-Gatter mit dem molekularen Schalter Spiropyran/
Merocyanin im Lösemittel Ethylenglykol [42]; wenn beide *inputs* (Bestrahlung bei 365 nm) und
Ansäuerung) auf „1" stehen, wird das vorgegebene *output* (gelbe Farbe) realisiert, also auch auf
„1" gestellt. (© Sebastian Spinnen, Dissertation, Universität Wuppertal 2018)

An den rechten Rändern der Abb. 7.21 und 7.22 sind die jeweiligen Proben
unter UV-Bestrahlung ($\lambda = 365$ nm) im Dunkeln dargestellt. Einige dieser Pro-
ben zeigen eine intensive Photolumineszenz. Das ist bei MEH⁺-Proben in allen
Lösemitteln (Toluol, Tetrahydrofuran, Ethylenglykol, Ethanol u. a.) der Fall; bei
ME-Proben dagegen nur in polaren und zu Wasserstoffbrückenbindungen fähigen
Lösemitteln. So zeigt Merocyanin beispielsweise in Ethanol eine intensive rote
Fluoreszenz, in Aceton ist die Fluoreszenz wesentlich schwächer und in Toluol
fluoresziert Merocyanin gar nicht (Abb. 7.23).

„Das Ganze ist brillanter (leuchtender) als das Einzelne" – so titeln Beng
Zhing Tang et al. in einem Übersichtsartikel über die Ursachen der Lumineszen-
zunterschiede wie die aus Abb. 7.23 auf molekularer Ebene [43]. Es geht dabei

Abb. 7.23 Die Nano-Umgebung der Merocyanin-Moleküle entscheidet, ob Lumineszenz
zustande kommt oder nicht [44]. (© Sebastian Spinnen, Dissertation, Universität Wuppertal
2018)

ebenso wie bei der Solvatochromie um die *Nano-Umgebung* der Merocyanin-Moleküle in den verschiedenen Lösemitteln. In der polaren Umgebung aus Ethanol-Molekülen schließen sich mehrere Merocyanin-Zwitterionen zu Aggregaten zusammen, die von den Ethanol-Molekülen käfigartig eingeschlossen werden. Die aggregierten Moleküle sind in ihrer Eigenbewegung eingeschränkt. Dadurch wird die Desaktivierung durch Schwingungsrelaxation gehemmt und die Desaktivierung durch Emission, beispielsweise Fluoreszenz, begünstigt. Es kommt zu einer *Aggregationsinduzierten Emission (Aggregation Induced Emission AIE)* [43]. In unpolarer Umgebung aggregieren die Merocyanin-Moleküle nicht, sie desaktivieren strahlungslos. Entsprechend fluoresziert die Lösung in Toluol nicht (Abb. 7.23).

Allerdings kommt es in einer Polystyrol-Matrix in der „intelligenten Folie" zu einem relativ intensiven Leuchten (Abb. 7.23). Das ist insofern erstaunlich, als die Nano-Umgebung der Merocyanin-Moleküle in Polystyrol ebenso unpolar ist wie in Toluol. Durch Immobilisieren der Merocyanin-Moleküle in der Feststoff-Matrix kommt es aber zu einer *Einschränkung der intramolekularen Bewegungen (Restriction of Intramolecular Motion RIM),* insbesondere der intramolekularen Rotationen und Schwingungen [43]. Die strahlungslose Desaktivierung elektronisch angeregter Zustände (z. B. durch Schwingungsrelaxation) wird dadurch weniger wahrscheinlich, die Desaktivierung durch Emission von Photonen wahrscheinlicher. Phänomenologisch bedeutet das Photolumineszenz. Sie tritt bei der „intelligenten Folie" auf, wenn das in Polystyrol immobilisierte Spiropyran mit violettem ($\lambda = 400$ nm) oder ultraviolettem ($\lambda = 365$ nm) Licht zu Merocyanin „geschaltet" wurde (Abb. 7.23).

Wenn also beim molekularen Schalter Spiropyran/Merocyanin außer den Farben durch Lichtabsorption in verschiedenen Nano-Umgebungen auch die Leuchtfarben bei der Emission in Betracht gezogen werden, erhöht sich die Anzahl der in einem logischen Gatter ein- und auslesbaren Zustände beträchtlich. Das haben N. Meuter und S. Spinnen ausgenutzt, um ein INHIBIT-Gatter mit ausschließlich optischen Signalen (All Optical Logic Gate) zu entwickeln (Abb. 7.24). In einer ersten Variante wurde angesäuerte Merocyanin-Lösung in Tetrahydrofuran in einer Petrischale großflächig mit UV-Licht ($\lambda_1 = 365$ nm) aus Lichtquelle (2) bestrahlt. Damit ist das erste Eingangssignal auf AN („1") gestellt. Das Ausgangssignal ist gemäß der Wahrheitstabelle einer INHIBIT-Schaltung (vgl. QR 7.15) dann ebenfalls auf AN („1"), die Lösung fluoresziert rot (Emission bei 615 nm), weil die protonierte Form von Merocyanin MCH^+ erzeugt wurde (Abb. 7.25). Wenn ein zweites Eingangssignal ebenfalls auf AN („1") gestellt wird, muss die Wirkung des ersten Eingangssignals inhibiert, also das Ausgangssignal auf AUS („0") zurückfallen. Tatsächlich erzeugt eine kurze Bestrahlung von 3 Sekunden mit blauem Licht ($\lambda_2 = 450$ nm) aus Lichtquelle (1), einer Batterie aus drei blauen LED, an den drei kleinen Flächen in Abb. 7.24b eine Löschung der roten Fluoreszenz (dunkle Stellen in Abb. 7.24b), weil dort MCH^+ in nicht fluoreszierendes Spiropyran umgewandelt wurde. Wenn das erste Eingangssignal UV-Licht ($\lambda_1 = 365$ nm) auf AN bleibt, verschwinden die dunklen Flecke innerhalb einiger Sekunden, weil sich erneut fluoreszierendes MCH^+ bildet (Abb. 7.25).

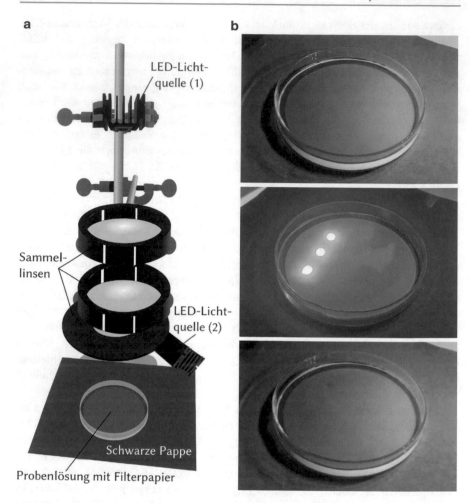

Abb. 7.24 a) Experimentelle Verwirklichung eines INHIBIT-Gatters mit ausschließlich optischen Eingangs- und Ausgangssignalen in einer angesäuerten Spiropyran-Lösung in Tetrahydrofuran); b) Fluoreszenz der Probelösung und lokale Löschung der Fluoreszenz durch Bestrahlung mit Licht einer anderen Wellenlänge. (© Nico Meuter, Dissertation, Universität Wuppertal 2018)

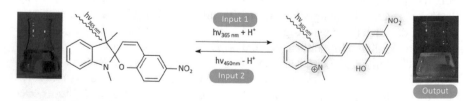

Abb. 7.25 Experimentelle Verwirklichung eines INHIBIT-Gatters mit ausschließlich optischen Eingangs- und Ausgangssignalen. (© Sebastian Spinnen, Dissertation, Universität Wuppertal 2018, S. 121)

Das oben beschriebe *All Optical INHIBIT-Gate* auf der Basis des molekularen Schalters Spiropyran/Merocyanin führte auch zu einem *Modellexperiment* zum RESOLFT-Konzept *(reversible saturable/switchable optically linear fluorescence transitions).* Dieses von Stefan Hell erdachte Konzept hat mit seinem nobelpreisgekrönten STED-Konzept *(stimulated emission depletion)* eine fundamentale Gemeinsamkeit, die in folgendem Zitat aus seinem Nobelaufsatz deutlich wird [21]:

„Mittels zweier unterscheidbarer Zustände machen wir die Strukturen kurzfristig unterscheidbar, so halten wir sie auseinander. Tatsächlich bewerkstelligen alle ernstzunehmenden beugungsunbegrenzten Fernfeld-Mikroskopiemethoden die Trennung im Bild, indem sie die Moleküle, die enger beieinander sind als die Beugungsgrenze, für die Dauer der Erfassung durch den Detektor in zwei verschiedene Zustände überführen. „Fluoreszent (AN)" und „nicht-fluoreszent (AUS)" ist das einfachste Zustandspaar, das man dafür verwenden kann, und so ist es auch nicht verwunderlich, dass „An"- und „Aus"-Zustände bisher am häufigsten dafür eingesetzt wurden."

Mit dieser Idee, für deren praktische Verwirklichung S. Hell einen nicht einfachen Weg gehen musste, kippte er ein über 100 Jahre altes Paradigma aus der Physik. Danach wird in der optischen Mikroskopie die Auflösungsgrenze durch die Beugungsgrenze des Lichts limitiert und liegt bei der halben Wellenlänge des sichtbaren Lichts, also bei 200 nm. Man könnte meinen, Hell hätte die Physik mit der Chemie ausgetrickst, denn er hat nicht nach besseren Linsen für die Mikroskope gesucht, sondern nach Molekülen mit passenden Eigenschaften für das AN- und AUS-Schalten von Fluoreszenz.

So wurde die STED-Methode, bei der Fluoreszenz an *einer* Sorte von Molekülen ein- und ausgeschaltet wird, zum Durchbruch in der superauflösenden Mikro- und Nanoskopie. Die Fluoreszenz wird ganz normal mit Laserlicht geeigneter Wellenlänge eingeschaltet. Für das Ausschalten der Fluoreszenz durch stimulierte Emission, muss Laserlicht sehr hoher Intensität im Bereich von Gigawatt/cm^2 eingesetzt werden, denn jedes Molekül aus dem untersten Schwingungszustand des ersten elektronisch angeregten Zustands muss von einem Photon aus dem STED-Strahl „erwischt" und in den elektronischen Grundzustand „gezwungen" werden.

Beim RESOLFT-Konzept, das S. Hell zunächst an *Z/E-(cis-trans-)*Isomerenpaaren testen wollte, schreibt er [21]:

„Ich nannte diesen Ansatz RESOLFT, ... ganz einfach deshalb, weil ich es nicht mehr „STED" nennen konnte. Es findet dabei ja keine stimulierte Emission statt, also musste ich einen anderen Namen finden. Die Stärke des Ansatzes liegt nicht nur darin, dass man eine hohe Auflösung mit weniger intensivem Licht erreichen kann. Man kann auch günstigere Laserquellen einsetzen, CW-Laser („continuous wave"), und/oder man kann das Licht über ein großes Bildfeld verteilen, einfach weil man nicht so intensives Licht benötigt, um die Moleküle zu schalten."

Tatsächlich werden im Modellexperiment von N. Meuter und S. Spinnen *continuoues waves* mit Intensitäten von weniger als 1 W/cm^2 aus LED genutzt, um Fluoreszenz ein- und auszuschalten. Nach dem gleichen Prinzip wie in Abb. 7.24, jedoch mit Feststoffproben aus Spiropyran in Polymer-Matrices, wird die Fluoreszenz an allen Stellen der Probe, die mit UV-Licht ($\lambda_1 = 365$ nm) bestrahlt werden, auf AN gestellt. An den gleichzeitig mit blauem Licht ($\lambda_2 = 450$ nm) bestrahlten Stellen wird die Fluoreszenz auf AUS geschaltet (Abb. 7.26).

Didaktisch prägnante Ergebnisse liefern Proben aus Spiropyran und Trichloressigsäure in einer Matrix aus Polymethylmethacrylat PMMA, die als dünner Film auf einen Objektträger oder eine andere Glasscheibe aufgetragen ist (Abb. 7.27).

Wie jedes *Modellexperiment* ist auch dieses weit von realen superauflösenden Mikroskopen nach dem STED- oder RESOLFT-Konzept entfernt. Gleichwohl wird sein *didaktisches Potenzial* durch die dargestellten Ergebnisse und die als digitale Assistenten dienenden (QR 7.16) *Modellanimationen,* aber auch durch die beiden oben wiedergegebenen Zitate aus S. Hells Nobelaufsatz belegt.

Darüber hinaus haben molekulare Schalter im Kontext von digitaler Logik und künstlicher Intelligenz eine herausragende wissenschaftliche Bedeutung. Diesbezüglich „ist viel Luft nach oben", sowohl bei der Entwicklung neuer, „intelligenter" Materialien als auch besserer Methoden und Geräte in der Wissenschaft und Technik. Nicht zuletzt könnten molekulare Schalter dank ihrer optischen Eigenschaften eine Rolle bei der Entwicklung von Quantencomputern spielen. Grund für diese Annahme ist, dass sich damit außer den beiden Zuständen „ja" und „nein" auch abgestufte Zwischenzustände verwirklichen lassen.

AND-Gate			INHIBIT-Gate			
Input 1 ($\lambda_{365\,nm}$)	Input 2 (H^+)	Output ($Abs_{440\,nm}$)	Input 1 ($\lambda_{365\,nm}$)	Input 2 ($\lambda_{450\,nm}$)	Output ($EM_{615\,nm}$)	
0	0	0	0	0	0	
1	0	0	1	0	1	
0	1	0	0	1	0	
1	1	1	1	1	0	

QR 7.15 Dissertationen zu „Chemie mit Licht" (Auszug aus der Dissertation von S, Spinnen, Wuppertal, 2018)

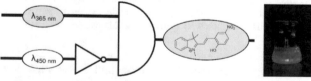

QR 7.16 https://chemiemitlicht.uni-wuppertal.de/, Modelle & Animationen, S. Spinnen, eLearning Plattform (scheLM, Uni-Düsseldorf), © Sebastian Spinnen, Dissertation, Universität Wuppertal 2018

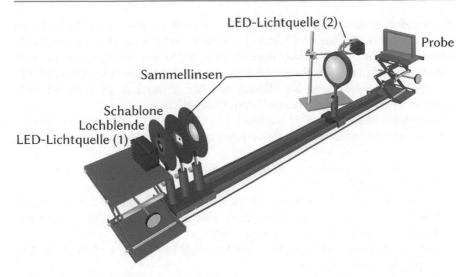

Abb. 7.26 RESOLFT-Modellexperiment auf einer optischen Bank; die Lichtquelle (2) schaltet die Fluoreszenz AN, die Lichtquelle (1) schaltet sie AUS; mithilfe der Lochblende, Schablone und Linsen wird auf der Probe eine „Doughnut-Zone" erzeugt. (© Nico Meuter, Dissertation, Universität Wuppertal 2018)

Abb. 7.27 RESOLFT-Modellexperiment mit Spiropyran in angesäuerter PMMA-Matrix. **a** Anschalten mit UV-Licht ($\lambda_1 = 365$ nm), **b** Ausschalten der Doughnut-Zone mit blauem ($\lambda_2 = 450$ nm) oder mit grünem ($\lambda_3 = 530$ nm) Licht, **c** gelöschte Fluoreszenz in der Doughnut-Zone. (© Sebastian Spinnen, Dissertation, Universität Wuppertal 2018, S. 164)

7.7   Photoreaktor Atmosphäre – 3 mm Ozon, *conditio sine qua non*

„Viviamo sul fondo di oceano di aria."

Wir leben am Grunde eines Ozeans aus Luft – stellte um das Jahr 1640 der italienische Physiker Evangelista Torricelli fest. Dieser Ozean aus Luft ist die

Atmosphäre unseres Planeten. Sie ist zwar wesentlich tiefer als das Weltmeer an seiner tiefsten Stelle, aus dem Weltall betrachtet erscheint sie aber nur als hauch-dünne, bläuliche Schicht. Unter dem Antrieb der Sonnenstrahlung laufen darin zahlreiche Reaktionen ab, darunter einige, die für das Leben essenziell sind. Die wichtigste unter diesen ist die Bildung und der Abbau von Ozon in der Stra-tosphäre im sogenannten Chapman-Zyklus (Abb. 6.25).

Die Experimente V1 und V2 aus Block Nr. 5 in Tab. 7.1 liefern folgende Fakten für die Bildung von Ozon in der Stratosphäre und für seine Eigenschaften:

- Ozon bildet sich aus Sauerstoff bei Bestrahlung mit energiereichem, kurzwelli-gen UV-Licht mit $\lambda < 240$ nm.
- Ozon absorbiert UV-Licht mit Wellenlängen $\lambda < 300$ nm, denn es erzeugt Schatten auf einem Fluoreszenzschirm, der mit UV-Licht der Wellenlänge $\lambda = 254$ nm zur Fluoreszenz angeregt wird.
- Ozon erzeugt beim Einleiten in einige Farbstoff-Lösungen, z. B. Safranin T in Propanol, Chemolumineszenz.
- Ozon wirkt auf Gummi im gespannten Zustand zersetzend und bringt einen aufgeblasenen Luftballon zum Platzen.

Genau diese Fakten machen das didaktische Potenzial für eine sinnvolle und zweckmäßige Einbindung in den Chemieunterricht aus. Es gibt kein anderes Expe-riment zur Erzeugung von Ozon, in dem so überzeugend wie in V1 klar wird, dass Ozon ein Stoff sein muss, dessen kleinste Teilchen nur aus Sauerstoff-Atomen

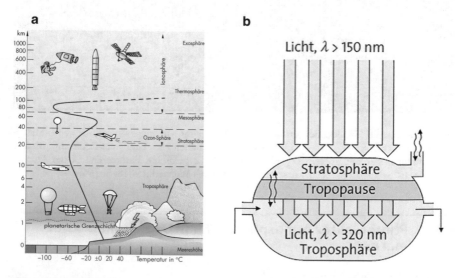

Abb. 7.28 **a** Schichtung der Atmosphäre und Temperaturprofil (rote Kurve), **b** Modell der Atmosphäre als Zweikammer-Photoreaktor. (Bilder © Tausch/von Wachtendonk, CHEMIE 2000+ Gesamtband, Einführungsphase, C. C. Buchner-Verlag)

bestehen können. Und auch in keinem anderen Experiment wird so unmittelbar wie in V1 und V2 deutlich, dass für die Bildung von Ozon aus Sauerstoff sehr energiereiche UV-Strahlung notwendig ist, Ozon aber wiederum energieärmere, aber immer noch für Lebewesen gefährliche UV-Strahlung absorbiert. Schließlich zeigen die Nachweise in V2, dass Ozon ein sehr reaktiver Stoff ist, der mit organischen Verbindungen aus Gummi und aus Farbstoffen reagiert und sie dabei zerstört. Daher wurden diese Experimente an vorderster Stelle in die (QR 7.17) *Unterrichtsbausteine* zum „Photoreaktor Atmosphäre" integriert. Sie können als Demonstrationsexperimente im Chemieunterricht der Sekundarstufe I und II oder auch im Geographieunterricht eingesetzt werden. Für den Fall, dass es die vorhandenen Geräte und Experimentiermöglichkeiten (fehlender Abzug) vor Ort nicht zulassen, können auch auf der Internetplattform (QR 7.1) die *Videos* „Ozon-Experimente" genutzt werden. Die didaktische Verwertung der experimentellen Fakten kann dem Niveau der Sekundarstufen I und II, oder auch den Inhalten des Geographieunterrichts angepasst werden.

Eine erste, gemeinsame Frage für alle Bildungsstufen, Schulfächer und darüber hinaus für naturwissenschaftliche Laien ergibt sich aus der Überschrift dieses Unterkapitels. Was soll das heißen „3 mm Ozon, *conditio sine qua non*"? Wenn das gesamte Ozon aus der über 10 000 m hohen Luftschicht der Atmosphäre (Abb. 7.28) in eine Schicht aus reinem Ozon zusammengefasst wäre, dann hätte diese Schicht eine Dicke von nur ca. 3 mm. Diese 3 mm Ozon sind der Filter für die lebensfeindliche UV-Strahlung der Sonne, also eine Voraussetzung, ohne die Leben auf der Erde in der Form, wie wir sie kennen, nicht möglich wäre.

Nun ist die 3 mm dicke Ozonschicht verglichen mit der über 100 km dicken Luftschicht der Atmosphäre sehr, sehr wenig. Tatsächlich liegt der Ozongehalt in bodennaher Luft mit 30–50 ppb *(parts per billion)* weit unter dem der Hauptbestandteile (Stickstoff, Sauerstoff, Argon) und Hauptspurenstoffe (Kohlenstoffdioxid, Wasserdampf u. a.). Wie kann ausgerechnet Ozon, ein in so geringen Spuren enthaltener und zudem noch giftiger Stoff in der Luft, dennoch eine positive Schlüsselfunktion für das Leben erfüllen? Die vertikale Verteilung des Ozons in der Atmosphäre ist ausgesprochen günstig für das Leben auf der Erdoberfläche und im Wasser (Abb. 7.29b). Der größte Teil des atmosphärischen Ozons, etwa 90 %, befindet sich in Höhen zwischen 20 km und 40 km, der sogenannten Ozon-Sphäre. Dort stellt sich bei Sonneneinstrahlung ein *photostationäres Gleichgewicht* (ein *photostationärer Zustand*) zwischen Sauerstoff und Ozon ein (Abb. 6.25). Dabei wird ultraviolette Strahlung der Sonne absorbiert und in Wärme umgewandelt. Ozon ist das einzige Gas in der Atmosphäre, das im gesamten UV-Bereich Solarstrahlung absorbiert (Abb. 7.29a). Als Ergebnis wird in der Stratosphäre die UV-C-Strahlung ($\lambda < 280$ nm) vollständig, die UV-B-Strahlung ($\lambda = 280$ nm bis $\lambda = 320$ nm) fast vollständig und die UV-A-Strahlung ($\lambda = 320$ nm bis $\lambda = 380$ nm) größtenteils absorbiert (Abb. 7.29a). Damit ist die Vergiftung durch eingeatmetes Ozon und bei normalen Ozongehalten von 300 DU (*1 Dobson Unit* DU entspricht einer gesamten Ozonschichtdicke von 0,01 mm gemessen bei 0 °C) ausgeschlossen. In diesem Fall ist auch die Wirkung auf die Haut hauptsächlich auf eine langsame Bräunung beschränkt, allerdings stark

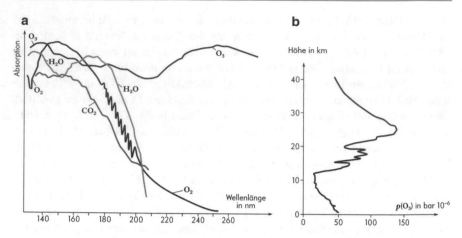

Abb. 7.29 a UV-Absorptionsspektren wichtiger Gase aus der Atmosphäre, **b** vertikale Ozon-Verteilung in der Atmosphäre. p(O3) ist der Partialdruck von Ozon in der Luft

abhängig vom Hauttyp, der Expositionsdauer und der Höhe über dem Meeresspiegel, in der man sich der Sonne aussetzt. Bei vermindertem Ozongehalt in der Stratosphäre steigt der Anteil an UV-B-Strahlung am Boden und schädigt Pflanzen, Tiere und Menschen. Sie zerstört Blattpigmente, führt zur Erblindung von Tieren und verursacht Hautkrebs bei Menschen. Die Gefahr der Bildung von Hautkrebs hängt auch damit zusammen, dass die DNA im gleichen Bereich wie Ozon UV-Licht absorbiert (Abb. 7.30b).

Für die starke Abnahme des Ozongehalts in der Stratosphäre von bis zu 40 % gibt es das Schlagwort *Ozonloch*. Es entsteht seit dem Jahr 1984 regelmäßig für einige Wochen während des polaren Frühlings rund um den Südpol. Auch über Teilen der nördlichen Halbkugel treten seit dem Jahr 1992 in den Monaten Februar und März Ozonlöcher auf. Wenngleich die stratosphärische Ozonschicht sich seit 2015 zu erholen beginnt, wird sie noch über Jahrzehnte an dem Phänomen mit dem Namen Ozonloch leiden. Es gilt als gesichert, dass die *FCKW*, die *Fluorchlorkohlenwasserstoffe*, zur Ausbildung des Ozonlochs beitragen. Der dafür relevante *Chlor-Katalyse-Zyklus* kann in folgenden Reaktionsgleichungen zusammengefasst werden:

$$F_2ClC-Cl \xrightarrow[h\nu]{\lambda < 340\,nm} F_2ClC\cdot + Cl\cdot$$

$$Cl\cdot \quad + O_3 \longrightarrow ClO\cdot \quad + O_2$$

$$ClO\cdot \, + O \longrightarrow Cl\cdot \quad + O_2$$

$$ClO\cdot \, + NO_2\cdot \underset{Frühjahr}{\overset{Winter}{\rightleftarrows}} ClNO_3$$

FCKW haben niedrige Siedetemperaturen, sind ungiftig, unbrennbar, wasserunlöslich und chemisch äußerst stabil. Sie erschienen ideal für einige Anwendungen

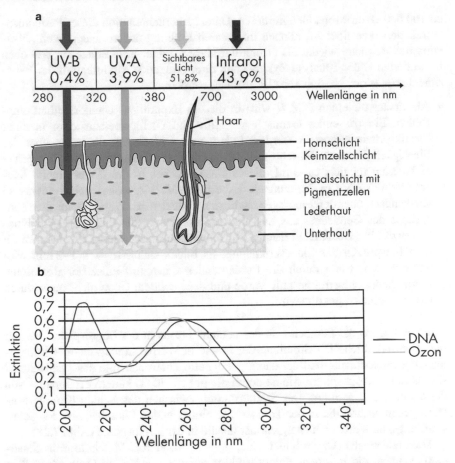

Abb. 7.30 **a** Strahlungsanteile im Sonnenlicht in Meereshöhe und Eindringtiefen in die Haut, **b** Absorptionskurven von Ozon unnd DNA. (Bilder aus © Tausch/von Wachtendonk, CHEMIE 2000+ Gesamtband, Qualifikationsphase, C. C. Buchner-Verlag)

und wurden einige Jahrzehnte (etwa in den Jahren von 1950 bis 1990) in großen Mengen als Treibgase bei Sprays und bei der Herstellung von geschäumten Kunststoffen sowie als Kälteflüssigkeiten in Kühlschränken eingesetzt. In Deutschland werden seit 1995 keine FCKW mehr hergestellt, weltweit wurde ihre Verwendung seit dem Jahr 2000 stark eingeschränkt, leider nicht ganz eingestellt. Die in die Atmosphäre entweichenden FCKW werden aufgrund ihrer Reaktionsträgheit in der *Troposphäre* nicht abgebaut und gelangen wegen ihrer großen Dichte nur langsam, in etwa 10 Jahren nach ihrer Freisetzung, in die Stratosphäre. Erst hier sind Reaktionsbedingungen für ihren Abbau vorhanden, nämlich UV-Licht mit Wellenlängen $\lambda < 340$ nm. Durch photochemische Homolyse von C-Cl-Bindungen in den FCKW-Molekülen werden Chlor-Atome gebildet, die eine Radikalkettenreaktion auslösen. So kann ein Chlor-Atom im Chlor-Katalyse-Zyklus den Abbau von bis

zu 100 000 Ozon-Molekülen initiieren. Da die Abbruchreaktion dieser Radikalkettenreaktion reversibel ist, können im polaren Frühling neben neuen, auch „über-
winterte" Radikale wieder als Ozonkiller aktiv werden. Eine Stütze für den oben
formulierten Chlor-Katalyse-Zyklus kann durch folgende Modifikation der Experimente aus Block Nr. 5 in Tab. 7.1 erbracht werden:

- Als Ersatz für einen FCKW wird in diesem Experiment Dichlormethan emp-
  fohlen. Ein passendes Gemisch aus Luft und Dichlormethan kann in einer
  Plastikspritze hergestellt werden, indem man einfach aus dem Gas über der
  Flüssigkeit in einer Flasche mit Dichlormethan Gasgemisch in die Spritze
  zieht. Man injiziert ca. 3 mL dieses Gasgemisches in die UV-bestrahlte Sau-
  erstoffatmosphäre in das laufende Experiment V1/V2, wobei weiter pulsweise
  Gasgemisch über den Fluoreszenzschirm gedrückt wird. Während vor dem Einspritzen des Gemisches aus Luft und Dichlormethan die Pulse auf dem Fluoreszenzschirm Schatten erzeugten, verschwinden diese wenige Sekunden nach
  dem Einspritzen der Chlorverbindung. Es bilden sich erst nach 1–2 min wieder Schatten, wenn durch die fortdauernden Sauerstoff-Pulse der Reaktionsraum wieder chlorfrei gespült wurde und das gebildete Ozon nicht mehr durch
  Chlor-Radikale „gekillt" wird.

Ganz anders als die Photochemie des „guten" Ozons in der Stratosphäre, bei der
die lebensfeindliche UV-Strahlung der Sonne in Wärme umgewandelt wird, verläuft die Photochemie und die damit gekoppelte Thermochemie des „schlechten"
Ozons in der Troposphäre. Sie ist durch die um ca. 50 °C kältere Tropopause von
der Stratosphäre getrennt. Der Stoffaustausch zwischen den beiden Kammern ist
stark gehemmt und die in der Troposphäre eintreffenden Photonen aus der Solarstrahlung sind wesentlich energieärmer als die in der Stratosphäre (Abb. 7.28).

Das bodennahe Ozon bildet sich, indem Sauerstoff-Moleküle mit Sauerstoff-Atomen, die in einem Katalysezyklus erzeugt werden, zu Ozon-Molekülen
reagieren (Abb. 7.31a). Das braune, durch sichtbares Licht spaltbare Stickstoffdioxid NO_2 wirkt dabei als Photokatalysator. Es steht fest, dass die Abgase
aus Verbrennungsmotoren, die Bildung von *Photosmog*, der aus Ozon und
anderen *Photooxidantien* besteht, fördern. Das beweisen Messergebnisse von
Kohlenwasserstoffen und Stickstoffoxiden an heißen Sommertagen (Abb. 7.31b).
Sie sind Vorläufer bei der Bildung von Ozon in der Troposphäre.

Die (QR 7.17) *Unterrichtsbausteine* zum „Photoreaktor Atmosphäre" enthalten auch Experimente, Daten und Fakten zur Beteiligung des troposphärischen
Ozons am *Treibhauseffekt*. Ohne Treibhauseffekt wäre es in Bodennähe viel kälter
(−18 °C) als es tatsächlich ist (+15 °C). Von den 33 °C, die der Treibhauseffekt
ausmacht, werden 20,6 °C durch den Wasserdampf aus der Troposphäre verursacht. An zweiter Stelle steht Kohlenstoffdioxid mit 7,2 °C und an dritter Stelle
Ozon mit 2,4 °C (es folgen Distickstoffmonooxid und Methan). Ozon absorbiert
wie alle Treibhausgase auch IR-Strahlung, also Wärme. Sein verblüffend hoher
Anteil am Treibhauseffekt liegt daran, dass Ozon genau in dem „Fenster" zwischen 800 nm und 1200 nm, wo die beiden wichtigsten Treibhausgase nicht absorbieren, sehr gut absorbiert.

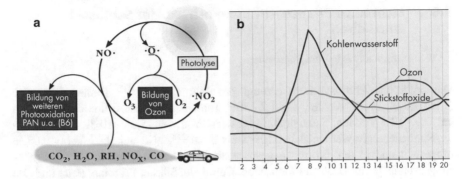

Abb. 7.31 **a** Photokatalytische Ozonbildung in der Troposphäre, **b** relativer Gehalt von Ozon und anderen Schadstoffen im Verlauf eines Sommertages. (Bilder aus © Tausch/von Wachtendonk, CHEMIE 2000+ Gesamtband, Einführungsphase, C. C. Buchner-Verlag)

An die photochemische Bildung von Ozon in der Troposphäre schließen sich außerordentlich viele Reaktionen des Ozons mit Stoffen aus der bodennahen Luft an. Dabei erweist sich Ozon als starkes Oxidationsmittel für Luftschadstoffe aus natürlichen und anthropogenen Quellen. Organische Moleküle mit C=C-Doppelbindungen werden durch *Ozonolyse* zu Carbonylverbindungen fragmentiert. Troposphärisches Ozon wird also innerhalb von Stunden auch im Dunkeln abgebaut (Abb. 7.31b).

Von den zahlreichen Monographien und sonstigen Publikationen zur Ozon-Problematik ist das Buch des ehemaligen Präsidenten der Internationalen Ozon-Kommission GÉRARD MÉGIE [45] eine der zuverlässigsten. Darin sind breit gestreute und fundiert erläuterte Fakten über die Entdeckung, die Eigenschaften, die Messmethoden und die Photochemie der Schlüsselsubstanz Ozon in der Atmosphäre spannend dargestellt.

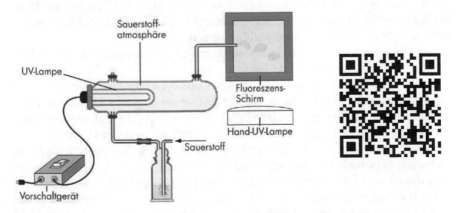

QR 7.17 Unterrichtsbausteine zum Themenkreis „Photoreaktor Atmosphäre"

7.8 Lichtlabor Pflanze – Photosynthese, der Schlüssel zum Leben

To teach for future is to learn from nature.

Die natürliche Photosynthese erzeugt pro Jahr ca. $3 \cdot 10^{11}$ Tonnen Biomasse (Abb. 7.32). Dabei werden ca. $1,2 \cdot 10^{12}$ Tonnen Kohlenstoffdioxid fixiert und ca. $0,9 \cdot 10^{12}$ Tonnen Sauerstoff freigesetzt. Von den $5,88 \cdot 10^{24}$ J eingestrahlter Sonnenenergie werden dabei 10^{21} J bis $3 \cdot 10^{21}$ J, also nur 0,02 % bis 0,05 % umgesetzt und in der Biomasse gespeichert [46]. Ein Teil davon ist die Ernährungsgrundlage für Tiere und Menschen. Cellulose, Stärke, Proteine, Fette und Öle finden auch zunehmend Anwendungen in der Synthese innovativer, bioabbaubarer Materialien aus nachwachsenden Rohstoffen.

Insofern ist die natürliche Photosynthese, eine Meisterleistung der Evolution, gleichermaßen der Schlüssel zum Leben auf unserem Planeten *und* ein lehrreiches Vorbild für künstliche Photosynthesen. Die sind für nachhaltige Lösungen globaler Probleme wie Energie, Ernährung, Wasser, Mobilität und Klima dringend notwendig. Um in absehbarer Zukunft künstliche Photosynthesen als technische Verfahren zu verwirklichen, ist der Slogan unter der Überschrift dieses Unterkapitels eine zweckmäßige Leitlinie – auch und insbesondere für die Lehre der Chemie im Studium und im Chemieunterricht.

Zu dem umfangreichen Themenkomplex der natürlichen Photosynthese als Teil des Kohlenstoffkreislaufs in der belebten Natur und Möglichkeiten künstlicher Photosynthesen werden in den Blöcken Nr. 17 bis Nr. 18 in Tab. 7.1 ganze Reihen von Experimenten genannt. Details dazu sind über das (QR 7.1) *Internetportal* zu diesem Buch verfügbar. Die wichtigsten dieser Experimente, deren Dreh- und Angelpunkt das *Photo-Blue-Bottle*-Experiment (Abb. 7.33) [47] ist, werden im (QR 7.18) *Workshop* „Lichtlabor Pflanze" durchgeführt, fachwissenschaftlich untermauert und mit didaktisch ausgereiften Lehr-/Lernmaterialien ausgestattet. Der Workshop kann im Rahmen fachdidaktischer Seminare und Praktika an Hochschulen sowie im Rahmen der Lehrerfortbildung an GDCh-Lehrerfortbildungszentren und Mittelpunktschulen durchgeführt werden.

Das *Photo-Blue-Bottle*-Experiment wurde in den 25 Jahren seit der ersten Veröffentlichung [48] mehrere Male im Sinne eines (vgl. Abschn. 7.1) „hübschen" Experiments so stark verändert, dass die erste und die letzte Version in Abb. 7.33 sich kaum noch ähnlen. Geblieben ist der phänomenologische Einstieg mit den sehr oft wiederholbaren Farbzyklen Gelb – Blau – Gelb, die mit der wässrigen Lösung aus nur drei Chemikalien (Abb. 7.34) im Basisexperiment durchgeführt werden können. Arbeitstechnisch wird die Farbänderung der PBB-Lösung von Gelb nach Blau nach wie vor mit Licht ($\lambda = 450$ nm) angetrieben, die Rückfärbung von Blau nach Gelb durch Einbringen von Luft(-Sauerstoff) in die Lösung.

Im Rahmen von Promotions-, Staatsexamens- und Masterarbeiten hat das *Photo-Blue-Bottle*-Experiment mehrere Metamorphosen erfahren [47], von denen folgende die wichtigsten sind:

Abb. 7.32 **a** Tropischer Regenwald, **b** Screenshot aus den (QR 3.3) Modellanimationen „Ein Fall für zwei" zur Lichtreaktion bei der Photosynthese

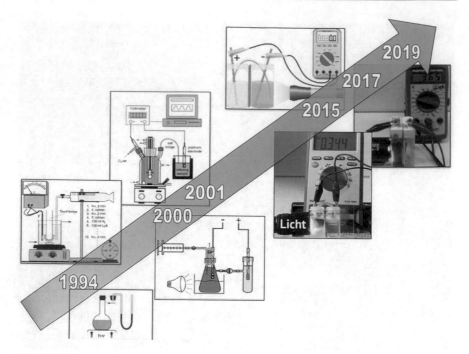

Abb. 7.33 Das Photo-Blue-Bottle-Experiment im Wandel von 1994 bis 2019 [47]. – vgl. Fortsetzung in Abschn. 7.11

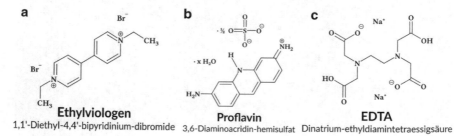

Abb. 7.34 Chemikalien für die *Photo-Blue-Bottle-Lösung* Lösung. **a** Ethylviologen ist das Substrat, **b** Proflavin der Photokatalysator und **c** EDTA der Opferdonor

- Das Basisexperiment mit den Farbzyklen wurde durch die erweiterte Version der photoelektrochemischen Konzentrationszelle im 500-mL-Tauchlampenreaktor mit einer 150-W-UV-Lampe ergänzt (SILKE KORN, 2001).
- Die Experimentvariante als Konzentrationszelle wurde für geringere Lösungsvolumina in einfacheren Reaktionsgefäßen (Erlenmeyerkolben, große Schnappdeckelgläser) und Halogenlampen optimiert (FREDERIC POSALA, 2013).
- Die Konzentrationszelle wurde als Kompaktzelle mit getränktem Filterpapier realisiert (DAVID NIETZ, 2014).

- Das ursprünglich verwendete toxische Substrat Methylviologen wurde durch ungiftiges Ethylviologen ersetzt, als Lichtquellen wurden kostengünstige LED-Taschenlampen eingeführt, die Konzentrationszelle wurde miniaturisiert und zusätzlich zur homogenen Katalyse mit den Chemikalien aus Abb. 7.34 wurde das Experiment auch auf ein heterogenes System mit TiO_2 als Photokatalysator und Triethanolamin als Opferdonor erweitert (MARIA HEFFEN, 2015).
- Die Konzentrationszelle wurde als Selbstbau-Version aus TicTac®-Dosen zum Experimentieren in der Schule und zu Hause konzipiert, gebaut und mit Lerngruppen in Schulen getestet (YASEMIN YURDANUR, 2018).

Das didaktische Potenzial des *Photo-Blue-Bottle*-Experiments hat mehrere Facetten. Daher wird es in diesem Buch an mehreren Stellen thematisiert. Im Abschn. 5.6.1 wird die Basisversion des Experiments zur Veranschaulichung der *forschend-entwickelnden* Methode anhand der *konstruktivistischen Lernschleife* „Licht – der Antrieb fürs Leben" für die *Sekundarstufe I* eingesetzt. Die Farbzyklen Gelb – Blau – Gelb sollen im Segment „Erforschen" einen *Wow-Effekt* erzeugen und zu Hypothesen anregen. Zur Überprüfung von Hypothesen werden weitere Versionen des Basisexperiments geplant und als *Dialog mit der Natur* durchgeführt. So wird in Abwandlung des Basisexperiments versucht, den blauen Stoff auch in einem Gläschen ohne Sauerstoff über der Lösung durch Schütteln zu zerstören. Das Ergebnis ist negativ. Weiterhin wird versucht, den blauen Stoff durch Bestrahlung mit Licht verschiedener Farben oder durch Energiezufuhr als Wärme zu erzeugen. Es zeigt sich, dass die Bildung des blauen Stoffes durch Wärmezufuhr nicht möglich ist und bei Lichtbestrahlung nur mit blauem oder violettem, nicht aber mit grünem oder rotem Licht gelingt. Detaillierte Angaben zur Durchführung dieser und weiterer Experimentvarianten sind im (QR 7.19) *Materialienpaket* „Varianten des *Photo-Blue-Bottle*-Experiments" auf der Internetplattform enthalten.

Im Abschn. 6.2.2 werden die Farbzyklen im Experiment als *Redoxreaktionen* nach dem Donator-Akzeptor-Prinzip auf der Teilchenebene für die *Sekundarstufe II* interpretiert und beschrieben. Die Analogien und Unterschiede zwischen dem Modellexperiment und dem natürlichen Kreislauf Photosynthese/Zellatmung werden herausgearbeitet. Im Reaktionsschema aus Abschn. 6.2.2 sind die *Oxidation* des Photokatalysators und die *Reduktion* des Substrats ebenso wie die übrigen Redox-Prozesse als gekoppelte Vorgänge mit vereinfachten Teilchensymbolen wie PF^+ und EV^{++} dargestellt. Das Schema lässt erkennen, dass der Photokatalysator, dessen Konzentration nur 1 % von der des Substrats ist, sehr viele Zyklen durchlaufen muss, um die Reduktion des gesamten Substrats zu gewährleisten. Während der Photokatalysator und das Substrat auch nach vielen Farbzyklen in gleichen Konzentrationen wie zu Beginn vorliegen, werden der Opferdonor EDTA und der Sauerstoff im geschlossenen Reaktionsgefäß irreversibel verbraucht.

Von eminenter Bedeutung sind bei der *Photokatalyse* in diesem Experiment der erste und der zweite Elementarschritt, weil dabei Lichtenergie in chemische Energie konvertiert und im reduzierten Substrat gespeichert wird. Diese Schritte sind in Abb. 7.35 modellhaft dargestellt.

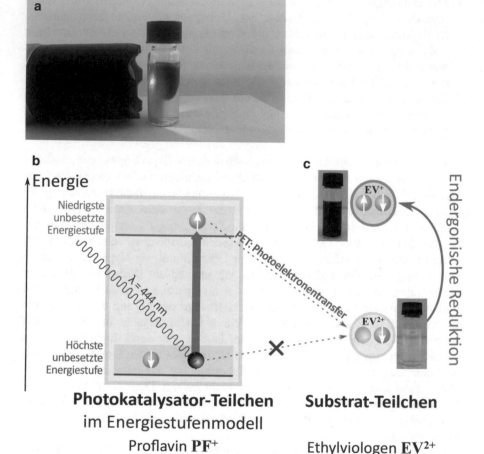

Abb. 7.35 Elementarprozesse bei der photokatalytischen Reduktion von Ethylviologen im *Photo-Blue-Bottle*-Experiment; **a** Bestrahlung der Photo-Blue-Bottle Lösung im Mikromaßstab mit der LED-Taschenlampe; **b** Modell des Photokatalysator-Teilchens PF^+ im elektronisch angeregten Zustand; **c** Reduktion des Substrat-Teilchens EV^{2+} durch Photoelektronentransfer PET

Zuerst absorbiert das Photokatalysator-Teilchen PF^+ ein Photon aus dem blauen Spektralbereich und geht in den elektronisch angeregten Zustand über. Im zweiten Schritt erfolgt der Photoelektronentransfer auf das Substrat-Teilchen EV^{++}, das dabei zu EV^+ reduziert wird. Diese Spezies erzeugt die blaue Farbe in der *Photo-Blue-Bottle*-Lösung. Der Photokatalysator PF^+ wird regeneriert, indem die beim Elektronentransfer gebildete oxidierte Form PF^{++} ein Elektron vom Opferdonor EDTA einfängt. Das Modell in Abb. 7.35 zeigt auch, dass der Elektronentransfer zum Substrat ohne vorherige Anregung nicht möglich ist und dass bei der endergonischen Reduktion des Substrat-Teilchens ein Teil der Energie des primär absorbierten Photons jetzt im reduzierten Substrat-Teilchen gespeichert ist. Wenn zum Vergleich mit dem oxidierten und reduzierten Substrat im Experiment die Oxidationszahlen der Kohlenstoff-Atome im Kohlenstoffdioxid und in Glucose herangezogen werden, bekommen die im Abschn. 6.2.2 aufgezeigten Analogien zwischen Modellexperiment und natürlichem *Kreislauf* des Kohlenstoffs in der *Biosphäre* zusätzliche Argumente.

Trotz größter Bemühungen konnte die im reduzierten Substrat gespeicherte Energie nicht als freiwerdende Wärme bei seiner Oxidation nachgewiesen werden. Der elektrochemische Nachweis der Energieumwandlung und -speicherung ist dagegen auch in Schülerexperimenten sehr einfach und überzeugend durchführbar. Er basiert auf der Überlegung, dass mit der Bildung des reduzierten Substrats EV⁺ bei Lichtbestrahlung das *Redoxpotenzial E* nach der NERNST-Gleichung abnehmen, d. h. negativer werden sollte.

Tatsächlich baut sich in einer wie in Abb. 7.36 an ein Millivoltmeter angeschlossenen *photoelektrochemischen Konzentrationszelle* bei Bestrahlung eine Spannung von 230 mV bis 250 mV auf. Sie bleibt auch nach Ausschalten des Lichts in der jetzt blauen Lösung erhalten und bricht erst zusammen, wenn durch Belüftung das reduzierte Substrat zurückoxidiert wird und sich die Lösung wieder nach Gelb zurückfärbt. Photogalvanische Konzentrationszellen dieser Art können kostengünstig in Microscale-Formaten gebaut und mit LED-Taschenlampen oder auch mit Sonnenlicht als „Solarakkus" untersucht werden (Abb. 7.37).

Mit den photoelektrochemischen Konzentrationszellen wird eine weitere Facette des didaktischen Potenzials des *Photo-Blue-Bottle*-Experiments eröffnet. *Elektrochemische Energiequellen,* ein lehrplankonformes Inhaltsfeld des Chemieunterrichts, kommt damit zu den bereits angesprochenen Inhaltsfeldern *Stoffkreisläufe, Katalyse* und *Redoxreaktionen* hinzu.

Eine weitere didaktische Facette macht die Relation *Farbe – Struktur* der Moleküle bei diesem Experiment aus. Ethylviologen ist in der oxidierten Dikation-Form EV⁺⁺ (vgl. Formel in Abb. 7.34) farblos. Erklärung: Die Ebenen der beiden aromatischen Pyridin-Ringe sind nicht coplanar, ihre Ebenen stehen eher senkrecht zueinander, die beiden Chromophore dehnen sich nur über jeweils 6 Atome aus, die Absorption liegt im UV-Bereich, das Dikation erzeugt keine Farbe. Dagegen kommt es im reduzierten Monokation EV⁺, das einen Radikal-Charakter hat, zu chinoiden Grenzstrukturen, in

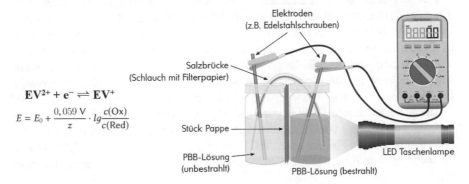

$$EV^{2+} + e^- \rightleftharpoons EV^+$$

$$E = E_0 + \frac{0{,}059\ V}{z} \cdot lg\frac{c(Ox)}{c(Red)}$$

Abb. 7.36 Konzeption einer photogalvanischen Konzentrationszelle zum *Photo-Blue-Bottle*-Experiment mithilfe der NERNST-Gleichung

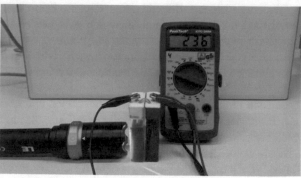

Abb. 7.37 *Lowcost* photogalvanische Konzentrationszellen mit Schnappdeckelgläschen (M. Heffen, 2015) und mit TicTac®-Dosen (Y. Yurdanur, 2018)

denen die Ringe coplanar sind. Der Chromophor aus konjugierten Doppelbindungen dehnt sich über 12 Atome aus, die Absorption verschiebt sich in den gelben Bereich des sichtbaren Spektrums und die erzeugte Farbe ist Blau. Die Teilchen des Photokatalysators Proflavin (vgl. Formel in Abb. 7.34) haben nicht nur über das gesamte Molekül ausgedehnte Chromophore, das Molekülgerüst ist wegen der drei kondensierten aromatischen Ringe auch relativ starr. Die PF^+-Kationen absorbieren im sichtbaren Bereich, erzeugen die Farbe Gelb und verursachen auch Fluoreszenz.

Das *Photo-Blue-Bottle*-Experiment kann in der Sekundarstufe II mit entsprechender Schwerpunktsetzung in eines oder mehrere der fünf oben diskutierten Themenfelder (Redoxreaktionen, Stoffkreisläufe, Katalyse, Elektrochemie, Farbigkeit) sowie in die beiden im Abschn. 7.11 fokussierten Themen (Gleichgewichte und künstliche Photosynthesen) eingebunden werden. Ergänzend zu den Versuchen kann der vertonte Lehrfilm (QR 7.20) „Potosynthese – ein Fall für zwei, Teil 1" genutzt werden. Er kann Unterrichtsgespräche initiieren, in denen Zusammenfassungen, Analysen und Kritiken von Filmsequenzen verbalisiert und gegebenenfalls alternative Drehbücher diskutiert werden.

Eine aus Sicht der Chemie vertiefende Erschließung des photosynthetischen Zentrums im „Lichtlabor Pflanze" und eine Brücke zur Biologie stellt die Zusammenwirkung der beiden Blattpigmente Chlorophyll[1] und β-Carotin in den Vordergrund. In diesem Zusammenhang sind V2 und V3 aus Block Nr. 18 in Tab. 7.1 neu und didaktisch prägnant, also „hübsche" Experimente. Darin wird einerseits die *Fluoreszenzlöschung* des Chlorophylls durch β-Carotin beobachtet (V2) und andererseits die *Photoprotektion* des Chlorophylls durch β-Carotin (V3) erschlossen (Abb. 7.38).

Diese beiden neuen Experimente und die bekannte dünnschichtchromatographische Auftrennung von Blattgrün sind auch im vertonten Lehrfilm (QR 7.21) „Potosynthese – ein Fall für zwei, Teil 2" enthalten. Die in Abb. 7.38 dargestellten Versuchsergebnisse werden im Film modelltheoretisch mithilfe animierter Formeln

---

[1]Als *Chlorophyll* werden die beiden Chlorophylle Chlorophyll a und Chlorophyll b subsummiert.

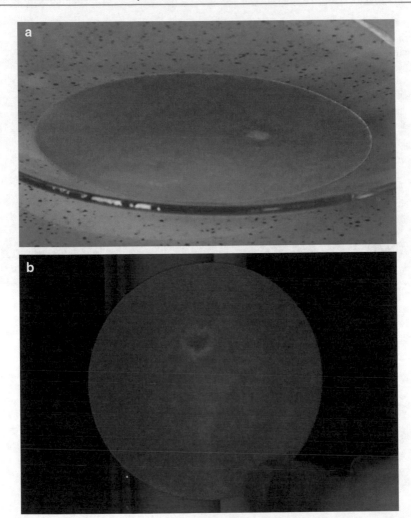

Abb. 7.38   a Die rote Fluoreszenz von Chlorophyll wird durch β-Carotin gemindert bzw. gelöscht, **b** β-Carotin schützt Chlorophyll vor Abbau bei intensivem Licht und Anwesenheit von Sauerstoff

und Energiediagramme erklärt. Es wird insbesondere auf die doppelte Funktion des β-Carotins als *Antennenpigment (akzessorisches Pigment)* und als *Photoprotektor* (Lichtschutz) für den Abbau von Chlorophyll im Blatt eingegangen. Die in Abb. 7.39 dargestellten Screenschots aus dem Film zeigen, dass β-Carotin durch seine Lichtabsorption die „Grünlücke" im Absorptionsspektrum des Chlorophylls schließt und wie über Energietransfer das Zellgift Singulett-Sauerstoff gebildet wird, der organische Verbindungen, einschießlich Chlorophyll oxidativ zerstört. β-Carotin verhindert die Bildung von Singulett-Sauerstoff, indem es von angeregtem Triplett-Chlorophyll selbst über Energietransfer angeregt wird und anschließend strahlungslos desaktiviert.

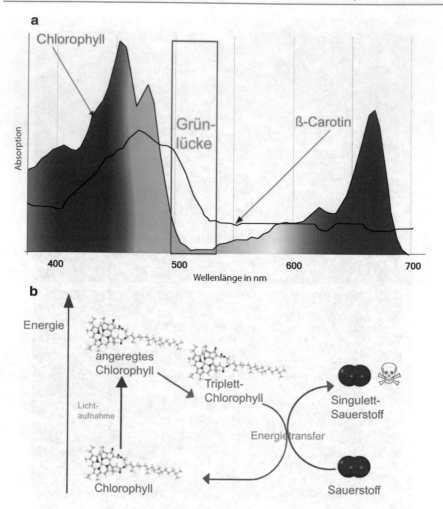

Abb. 7.39 **a** Absorptionsspektren von β-Carotin und Chlorophyll, **b** Erzeugung des Zellgifts Singulett-Sauerstoff durch Energietransfer aus elektronisch angeregtem Chlorophyll

Im Artikel [49], der auch im (QR 7.18) *Materialienpaket* „Lichtlabor Pflanze" enthalten ist und in den 16 Tools mit Flash-Animationen zu den Experimenten mit Chlorophyll und β-Carotin (QR 3.3) „Ein Fall für 2", werden weitere Details, fachliche Vertiefungen, didaktische Hinweise und Anregungen für die Unterrichtsgestaltung und für Forschungsarbeiten angeboten.

Die in den oben diskutierten *Modellexperimenten* und *Modellanimationen* zu essenziellen Teilen der natürlichen Photosynthese sind wichtige Hilfsmittel auf dem Weg zur Konzeption und Entwicklung von Möglichkeiten künstlicher Photosynthesen mit Solarlicht.

Ganz allgemein werden in *Modellexperimenten* komplexe Vorgänge und Zusammenhänge von Prozessen aus der Natur und aus technischen Einrichtungen im Labor vereinfacht, aber real nachgemacht. Wie jedes (vgl. Abschn. 5.8) *wissenschaftliche Modell* bildet auch ein Modellexperiment das entsprechende Original nur teilweise ab. Es hilft beim Verständnis des Originals und ermöglicht Voraussagen über dessen Eigenschaften unter veränderten Bedingungen. Diese können mit veränderten Parametern des Modellexperiments überprüft werden. In der chemischen Forschung haben Modellexperimente einen wichtigen Stellenwert, für die Lehre und das Studium der Chemie sind sie unabdingbar. Ihr entscheidendes Merkmal ist die Erzeugung von realen Fakten in Form von Phänomenen, Beobachtungen und Messdaten.

In *Modellanimationen* werden *virtuelle* Vorgänge z. B. in Form von bewegten Bildern generiert. Sie werden nach Algorithmen berechnet, denen wiederum Modelle über die Vorgänge, die sie simulieren, zugrunde liegen. Die Ergebnisse der Berechnungen werden in der Regel auf Bildschirmen visualisiert, oft als bewegte Bilder und Grafiken, die realitätsnah gestaltet sind. Im Zuge der Digitalisierung gewinnen Modellanimationen zunehmend an Bedeutung, weil insbesondere mit interaktiven Modellanimationen sehr bequem und schnell virtuelle Experimente durchgeführt und ausgewertet werden können. Modellanimationen können – insbesondere bei jüngeren Lernenden – in virtuelle Fallen verführen, indem die virtuelle Welt für real gehalten wird. Daher sollten Modellanimationen in der Lehre grundsätzlich als *digitale Assistenten* von wissenschaftlich gesicherten Fakten und realen Experimenten vermittelt und eingesetzt werden.

Modellexperimente und erst recht Modellanimationen müssen stets ernsthaft hinterfragt werden. Neben den Gemeinsamkeiten zu den natürlichen oder technischen Prozessen, die sie simulieren, müssen immer auch die Unterschiede zu diesen in Betracht gezogen werden. Nur so kann die kritische Distanz zur Aussagekraft von Experimenten und Modellen und die Kreativität bei forschend-entwickelnden Lernprozessen nachhaltig gefördert werden.

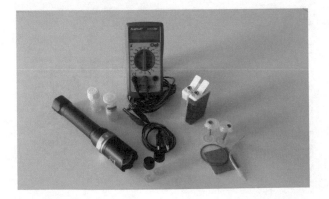

QR 7.18 Workshop „Lichtlabor Pflanze" für Studierende des Lehramts und für Lehrkräfte

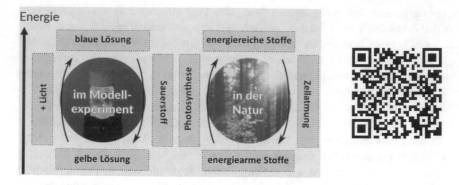

QR 7.19   Materialienpaket mit Artikeln und Arbeitsblättern zu „Lichtlabor Pflanze"

QR 7.20   Szene aus dem Lehrfilm „Photosynthese – ein Fall für zwei, Teil 1"

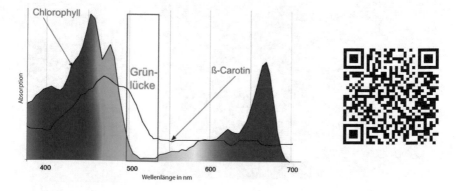

QR 7.21   Szene aus dem Lehrfilm „Photosynthese – ein Fall für zwei, Teil 2"

7.9 Grüne Treibstoffe – Wasserstoff & Co

„I do not believe, however, that the industries should wait any longer before taking advantage of the chemical effects produced by light." GIACOMO CIAMICIAN [50]

Diese vor über 100 Jahren ausgesprochene Hoffnung eines Pioniers der Photochemie ist heute aktueller denn je. Allerdings ist die *künstliche Photosynthese* von grünen (nachhaltigen) Treibstoffen immer noch weit von der industriellen Anwendung entfernt. Sie wird aber weltweit intensiv erforscht. Viele Leitartikel und ganze Themenhefte von Fachjournalen sind diesem Thema gewidmet [51–57]. Es wird nach effizienten und robusten Systemen gesucht, mit denen Photonen eingesammelt, in elektrische Ladungsträger und dann stufenweise in chemische Energielangzeitspeicher umgewandelt werden können. Im Abschn. 2.5 sind eine Prognose des wissenschaftlichen Beirats der Bundesregierung über den globalen Energiemix bis zum Ende des 21. Jahrhunderts und mögliche Szenarien mit grüner Chemie und nachhaltigen Treibstoffen in einem zukünftigen *„sustainocene"* angegeben. In der Literatur werden folgende zwei Szenarien diskutiert:

- In einem Szenario mit Kohlenstoffverbindungen kommen als Langzeitspeicher und Treibstoffe z. B. *Methan, Methanol, Kohlenwasserstoffe* und *Kohlenhydrate* infrage. Ihre Synthese soll durch Einfang von Kohlenstoffdioxid aus der Atmosphäre und anschließende solargetriebene Reduktion unter Oxidation von Wasser erfolgen.
- Ein alternatives „Carbon-freies" Szenario hat die Erzeugung von molekularem *Wasserstoff* mithilfe von Solarlicht als Ziel.

Die Didaktik kann mit „hübschen" Experimenten, verständlichen Konzepten und effizienten Materialien für Unterricht und Studium dazu beitragen, die technische Herstellung nachhaltiger Treibstoffe zu beschleunigen. Das Chemiestudium und der Chemieunterricht haben die Chance, junge Menschen für Berufe zu motivieren, in denen sie sich an der Erforschung und Entwicklung von Verfahren zur Herstellung solcher Treibstoffe beteiligen. Sie sind wesentliche Komponenten von nachhaltigen Lösungen für die Energie-, Mobilität- und Klimaproblemen unseres Planeten.

Die wesentlichen Merkmale des natürlichen *Kreislaufs Photosynthese/Atmung* werden in den Versionen des *Photo-Blue-Bottle*-Experiments im Abschn. 7.10 modelliert. In den Experimenten V8–V9 aus Block Nr. 16 in Tab. 7.1 kommen weitere Versionen des gleichen Hauptexperiments zum Zuge. Sie initiieren und unterstützen Erkenntnisschritte auf dem Weg zur künstlichen Photosynthese „grüner Treibstoffe", indem folgende Merkmale der natürlichen Photosynthese im „Lichtlabor Pflanze" in Modellexperimenten didaktisch erschlossen werden:

- die Reduktion von Protonen zu Wasserstoff-Atomen bei der Lichtreaktion im Photosynthesezentrum und ihre Zwischenspeicherung in einem *Reduktionsäquivalent*;

- die photochemische Erzeugung eines energetischen Langzeitspeichers, der als *Brennstoff* bzw. *Treibstoff* nutzbar ist;
- der Ablauf der Reaktionen in einem *offenen* und *nanostrukturierten System*.

In der (QR 7.18) *Modellanimation* „Ein Fall für 2" werden literaturbekannte Erkenntnisse über die Elementarprozesse im photosynthetischen Zentrum der Thylakoid-Membran von der Absorption der Photonen bis zur Bildung des Reduktionsäquivalents NADPH simuliert. Die Elementarprozesse bei den Lichtreaktionen in den Photosystemen II und I beinhalten im so genannten Z-Schema [46] die Absorption von Photonen sowie Energie- und Elektronentransferprozesse. Die Energie der Photonen treibt die Photolyse von Wasser sowie die Synthese der zellulären Energiespeicher Adenosintriphosphat ATP und Nicotinsäureamid-Adenin-Dinukleotid-Phosphat NADPH an. Die stoffliche Gesamtbilanz bei der photokatalysierten Lichtreaktion lautet [46]:

$$2\,H_2O + 2\,NADP^+ + 3\,ADP^{3-} + 3\,HPO_4^{2-} + H^+$$
$$\longrightarrow\quad O_2 + 2\,NADPH + 3\,ATP^{4-} + 3\,H_2O$$

Der gebildete Sauerstoff wird an die Umwelt abgegeben, die restlichen Produkte reduzieren Kohlenstoffdioxid in der Dunkelreaktion (Calvin-Zyklus) enzymkatalysiert zu Kohlenhydrat-Einheiten $[CH_2O]$, die als Mono- oder als Polysaccharide in der Pflanze gespeichert werden:

$$2\,NADPH + 3\,ATP^{4-} + 3\,H_2O + CO_2$$
$$\longrightarrow\quad 2\,NADP^+ + 3\,ADP^{3-} + 3\,HPO_4^{2-} + H^+ + [CH_2O] + H_2O$$

Stofflich gesehen ist NADPH ein *Reduktionsäquivalent*. Es fungiert als Zwischenspeicher für reduzierte Protonen, d. h. für Wasserstoff-Atome, die im Calvin-Zyklus (in den Dunkelreaktionen) als Hydrid-Ionen H^- auf Zwischenspezies bei der Reduktion von Kohlenstoffdioxid zu Glucose übertragen werden. Bei der Bildung eines NADPH-Teilchens aus der oxidierten Form $NADP^+$ werden formal ein Proton und zwei Elektronen benötigt (Abb. 7.40). Dabei handelt es sich um eine endergonische Reduktion, die bei der natürlichen Photosynthese vom Solarlicht angetrieben in den Chloroplasten in Grünalgen und Blättern höherer Pflanzen abläuft.

In einem Modellexperiment, bei dem analog zu der *In-vivo*-Synthese von NADPH die Synthese eines Reduktionsäquivalents *in vitro* angestrebt wurde, kann der für Schulexperimente geeignete Farbstoff Methylenblau eingesetzt werden. Die in Abb. 7.41 formulierte Reduktion von Methylenblau MB^+ zu farblosem Leukomethylenblau MBH lässt sich in V4 aus Block Nr. 17 in Tab. 7.1 verwirklichen. Im Unterrichtsgespräch kann folgende Hypothese entwickelt werden: Da in dem photokatalytisch reduzierten Substrat EV^+ der *Photo-Blue-Bottle*-Lösung formal eine Akkumulation von Elektronen erfolgt, sollte es möglich sein, diese über einen äußeren Stromkreis und über inerte Elektroden auf den Akzeptor Methylenblau MB^+ zu leiten und die Reduktion nach dem Schema aus Abb. 7.41

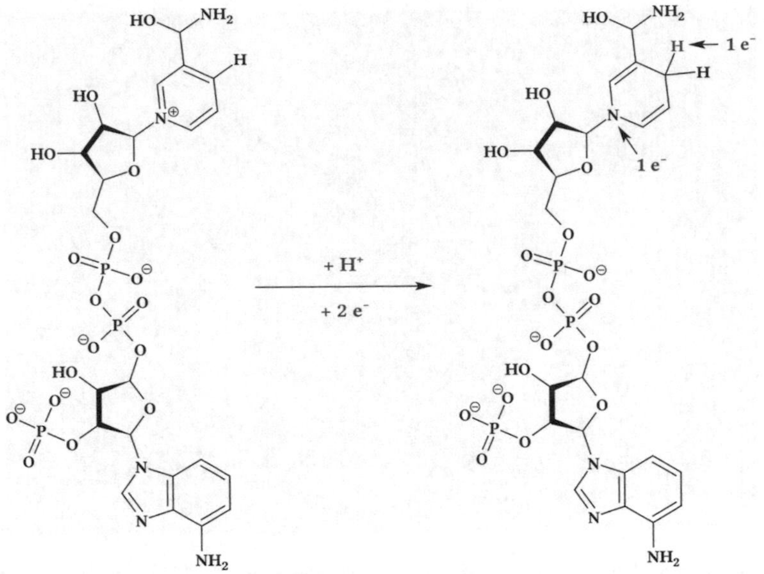

Abb. 7.40 Reduktion von NADP⁺ zu NADPH

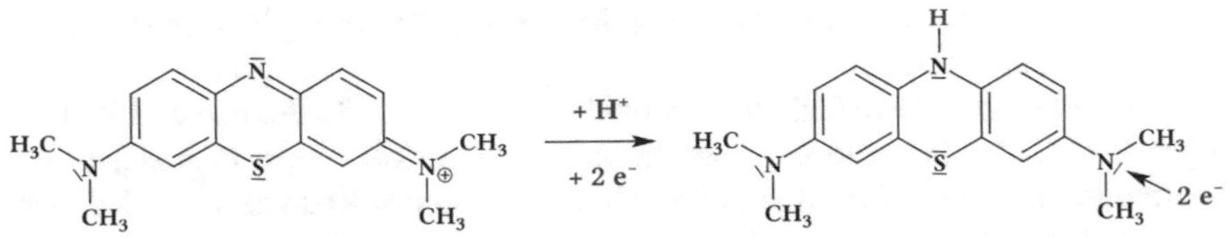

Abb. 7.41 Reduktion von MB⁺ zu MBH

durchzuführen. Diese Hypothese wird in einer Versuchsplanung und –durchführung mit einer *photogalvanischen Zweitopf-Zelle* überprüft. Diese besteht aus einer mit Licht bestrahlten *Photo-Blue-Bottle*-Halbzelle und einer dunkel gehaltenen Halbzelle mit Methylenblau-Lösung MB⁺(aq) bei pH = 1. Die beiden Halbzellen werden extern über Graphitelektroden, Krokodilklemmen und Kupferkabel im Kurzschlussmodus verbunden und der innere Stromkreis wird über eine Salzbrücke mit konzentrierter Kaliumchlorid-Lösung geschlossen (Abb. 7.42).

In der Vorrichtung aus Abb. 7.42 kann tatsächlich durch Bestrahlung der *Photo-Blue-Bottle*-Lösung mit LED-Taschenlampen (λ = 450 nm) Methylenblau MB⁺ in der nicht bestrahlten Halbzelle bei pH = 1 innerhalb von 20 min weitestgehend zu Leukomethylenblau MBH reduziert werden. Im Kontrollversuch wird sichergestellt, dass farbloses Leukomethylenblau MBH gebildet wurde, denn die aufgehellte Lösung lässt sich durch längeres Einleiten von Luft allmählich zu der dunkelblauen Methylenblau-Lösung oxidieren. Es dauert allerdings sehr viel

Abb. 7.42 Photogalvanische Zweitopf-Zelle zur Synthese des Reduktionsäquivalents Leuko-methylenblau MBH

länger, ca. 120 min, bis die Blaufärbung der Lösung die anfängliche Intensität vor der Bestrahlung erreicht.

Vergleicht man die reduzierte und oxidierte Form des Redoxpaares Ethylvio-logen EV^+/EV^{++}, das in dieser Versuchsvariante die Rolle eines *Redoxmediators* übernimmt, mit der reduzierten und oxidierten Form des Redoxpaares Methylen-blau MBH/MB^+, in dem das *Redoxäquivalent* enthalten ist, so wird ein grund-sätzlicher Unterschied deutlich: Ein EV^+-Teilchen enthält nur ein Elektron mehr als die oxidierte Form EV^{++}; dagegen enthält ein MBH-Teilchen zwei Elektronen *und* ein H-Atom mehr als die oxidierte Form MB^+. Der reduzierte Redoxmedi-ator hat also nur Elektronen zwischengespeichert, die er leicht abgeben kann, um oxidiert zu werden. Er kann sie sogar an eine inerte Graphitelektrode wie im oben beschriebenen Versuch abgeben. Dagegen hat das Redoxäquivalent Elektro-nen *und* H-Atome zwischengespeichert. Seine Oxidation erfordert nicht nur einen Elektronen- sondern auch einen Protonenakzeptor, sollte also nicht so leicht erfol-gen wie die des Redoxmediators. Die Experimente bestätigen das: Wenn in die blau gefärbte *Photo-Blue-Bottle*-Lösung, die den Redoxmediator vorwiegend in der reduzierten Form EV^+ enthält, Luft eingeleitet wird, entfärbt diese sich inner-halb weniger Sekunden unter Bildung der oxidierten Form EV^{++}. Leitet man in die weitgehend entfärbte Methylenblau-Lösung, die vorwiegend das Reduktionsäqui-valent MBH enthält, Luft ein, so dauert es mehrere zig-Minuten, bis die Lösung wieder blau wird, d. h. bis sich die oxidierte Form MB^+ zurückbildet.

Die Evolution hat als Zwischenspeicher für Elektronen und H-Atome (in der Literatur ist gelegentlich von Zwischenspeicher für Elektronen und Protonen oder auch für Hydrid-Ionen H^- die Rede) das Reduktionsäquivalent NADPH hervorgebracht. Es ist an vielen biochemischen Redoxreaktionen, z. B. auch in der Atmungskette, beteiligt. Bei der Photosynthese ist es ein essenzielles Werkzeug, denn es stellt übertragbare Elektronen und H-Atome für die Reduktion von Kohlenstoffdioxid zu Glucose zur Verfügung. Allerdings ist NADPH noch kein Endprodukt der Photosynthese, noch kein Langzeitspeicher für konvertierte Lichtenergie. Nach einem der oben zitierten Szenarien könnten zu NADPH analoge Reduktionsäquivalente als Wasserstoff-Zwischenspeicher genutzt werden, um Kohlenstoffdioxid zu reduzieren und so zu kohlenstoffhaltigen Brennstoffen wie Methanol oder Methan zu gelangen.

Das alternative Szenario hat die Erzeugung von molekularem *Wasserstoff* mithilfe von Solarlicht als Ziel, denn Wasserstoff ist ein sehr effizienter Brennstoff. Er hat die größte *Energiespeicherdichte* und verbrennt klimaneutral zu Wasser. Echt „grün", d. h. nachhaltig, ist er aber nur, wenn er nicht elektrolytisch mit Strom aus Kohle, Atomkraft, fossilem Methan oder Öl erzeugt wird, sondern photokatalytisch mit Solarlicht. Folgendes Modellexperiment kommt diesem Ziel einen Schritt näher, weil es den Umweg über die Photovoltaik ausschließt. Das Funktionsschema in Abb. 7.43 skizziert die Elementarprozesse auf dem Weg vom Lichtquant zum energetischen Langzeitspeicher Wasserstoff als „grüner" Brennstoff.

Das Kernstück in diesem Konzept ist wiederum eine Halbzelle mit *Photo-Blue-Bottle*-Lösung, die mit blauem Licht bestrahlt wird. Sie enthält den Photokatalysator, den Opferdonor und den Redoxmediator. Diese Halbzelle wird mit einer zweiten Halbzelle, die Salzsäure und eine Platinelektrode enthält, zu einer photogalvanischen Zweitopf-Zelle kombiniert. Im ersten Schritt wird ein Photokatalysator-Teilchen (PF^+) durch Absorption eines Photons in einen elektronisch angeregten Zustand (PF^{+*}) versetzt. Daraus wird ein Elektron auf ein Redoxmediator-Teilchen übertragen, das dabei reduziert wird:

$$PF^{+*} + EV^{++} \rightarrow PF^{++} + EV^{+}$$

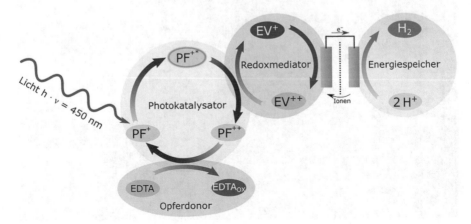

Abb. 7.43 Konzept zur photokatalytischen Erzeugung von Wasserstoff mit einer photogalvanischen Zweitopf-Zelle

Das oxidierte Photokatalysator-Teilchen wird mithilfe eines Opferdonor-Teilchens reduziert, wobei das Photokatalysator-Teilchen in seiner ursprünglichen Form regeneriert wird:

$$PF^{++} + e^- \rightarrow PF^+$$

Durch Abgabe jeweils eines Elektrons an die Elektrode der bestrahlten Halbzelle (Graphit oder Platin) werden reduzierte Redoxmediator-Teilchen wieder oxidiert:

$$EV^+ \rightarrow EV^{++} + e^-$$

An der Platin-Elektrode der zweiten Halbzelle werden Protonen zu Wasserstoff-Molekülen reduziert:

$$2\,H^+ + 2\,e^- \rightarrow H_2$$

Dieses Konzept wird im Experiment V5 aus Block Nr. 17 in Tab. 7.1 verwirklicht (Abb. 7.44). Damit können in 30 min ca. 0,6 mL Wasserstoff hergestellt werden. Die reichen aus, um wie in dem (QR 7.22) *Video* „Photokatalytische Herstellung von Wasserstoff" nachweisbar zu sein.

Die Vorrichtung aus Abb. 7.44 ist ein *offenes* System, weil ein Stoff, der Wasserstoff, aus dem System entweicht. Bei den oben diskutierten Modellexperimenten (Abb. 7.42 und 7.44) ist gemeinsam, dass in der *Photo-Blue-Bottle*-Lösung, durch Lichteinstrahlung dauerhaft angeregte Zustände erzeugt werden, die aber auch ständig durch Elektronenübertragungen verschwinden. Wenn die Raten, mit der sich in einem chemischen System bei Lichtbestrahlung angeregte Zustände bilden und verschwinden, gleich sind, stellt sich ein *photostationärer Zustand* (kurz: *Photostationarität*) ein. Die Photostationarität wird im Abschn. 7.5 am

Abb. 7.44 Versuchsaufbau zur photokatalytischen Erzeugung von Wasserstoff in einer photogalvanischen Zweitopf-Zelle mit zwei LED-Taschenlampen ($\lambda = 450$ nm) als Lichtquellen

Beispiel der molekularen Schalter experimentell und modelltheoretisch erschlossen. In den hier diskutierten Versuchen kann man zwar weder sehen noch messen, wie schnell sich die angeregten Zustände des lichtabsorbierenden Photokatalysators Proflavin PF$^+$ bilden und verschwinden, aber man kann sehen, dass sich die Lösung bei Lichtbestrahlung blau färbt und dauerhaft blau bleibt, solange Licht eingestrahlt wird. Da die blaue Farbe durch die reduzierte Form EV$^+$ des Redoxmediators verursacht wird, bedeutet die konstant blaue Farbe der Lösung eine konstante Konzentration dieser reduzierten Spezies im System bei Lichtbestrahlung.

Zeitlich konstante Konzentrationen in einem chemischen System, gleich schnelles Auftreten und Verschwinden einer chemischen Spezies – das sind Merkmale für den Zustand des „chemischen Gleichgewichts". In der Tat treffen diese Merkmale auch für den photostationären Zustand zu. Dennoch sind das chemische Gleichgewicht und der photostationäre Zustand (Photostationarität) *grundverschieden*. Das betrifft sowohl die Elementarschritte auf der Teilchenebene als auch die Phänomene auf der Stoffebene. Die experimentellen Fakten in den Versuchen aus diesem Kapitel machen folgende Unterschiede deutlich:

- Photostationarität stellt sich im Gegensatz zum chemischen (thermodynamischen) Gleichgewicht nur bei dauerhafter Bestrahlung mit Licht ein und
- Photostationarität kann sich im Gegensatz zum chemischen (thermodynamischen) Gleichgewicht auch in einem offenen System einstellen und zeitlich aufrechterhalten.

Auch die Halbzelle mit der *Photo-Blue-Bottle*-Lösung in der Versuchsvorrichtung der photogalvanischen Zweitopf-Zelle zur Erzeugung von Wasserstoff ist (anders als die Lösung in der Basisversion mit verschlossenen Probengläschen aus Abschn. 7.8) zu einem *offenen System* umfunktioniert. Es findet Stoffaustausch (Ionenaustausch) über die Elektrolytbrücke mit der zweiten Halbzelle und Elektronenfluss über den äußeren Stromkreis statt. Der Dauerbeschuss mit Photonen des blauen Lichts erzeugt nach den oben diskutierten, in Abb. 7.43 zusammengefassten Elementarprozessen einen konstanten und dauerhaft anhaltenden Elektronendruck des Redoxmediators auf die Graphitelektrode in der bestrahlten Halbzelle. Wegen dieses Elektronendrucks kommt es zu einem Elektronenfluss aus der bestrahlten in die dunkle Halbzelle. Das bewirkt eine konstante Stromstärke in der photogalvanischen Zweitopf-Zelle im photostationären Zustand (Abb. 7.45).

In diesem Punkt ähnelt die Photostationarität in einem offenen System einem Fließgleichgewicht in einer lebenden Zelle und/oder einem Durchflussreaktor in der Technik, die ebenfalls offene Systeme sind.

Das Fazit aus diesen Ergebnissen und Vergleichen lautet: *Photostationarität* in *offenen* Systemen ist ein fundamentales Merkmal bei der Photosynthese von chemischen Langzeitspeichern. Das ist bei dem Modellexperiment aus diesem Kapitel zur Erzeugung von Wasserstoff ebenso der Fall wie beim grünen Blatt im Sonnenlicht. Für die großtechnische Herstellung von Wasserstoff und anderen

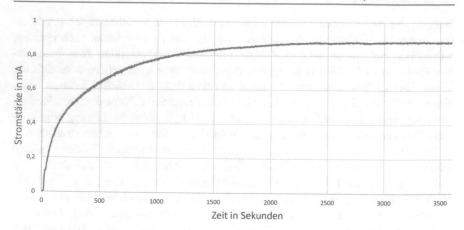

Abb. 7.45 Photostationärer Zustand in der photogalvanischen Zweitopf-Zelle bei der Erzeugung von Wassersstoff

„grünen" Treibstoffen durch künstliche Photosynthesen ist das ein wegweisendes Schlüsselkonzept.

Die *Teilung der Reaktionsräume* in mehrere getrennte, aber stofflich und energetisch kommunizierende Kompartimente ist eine weitere Analogie zwischen dem Modellexperiment zur photokatalytischen Wasserstofferzeugung (Abb. 7.44) und Photosynthese treibenden Thylakoid-Zellen in grünen Pflanzen. Hier wie dort, gibt es einen bestrahlten Reaktionsraum, in dem Photonen absorbiert, Ladungsträger generiert und Redoxmediatoren bzw. Reduktionsäquivalente erzeugt werden, und einen anderen Raum, in dem die endgültige Bildung des reduzierten Langzeitspeichers in Dunkelreaktionen erfolgt.

Im Modellexperiment ist der Reaktionsraum, in dem die Lichtabsorption und die ersten Redoxprozesse ablaufen, ein *homogenes* System in Form der *Photo-Blue-Bottle*-Lösung. Der entsprechende Reaktionsraum in grünen Pflanzen, die Thylakoid-Membran, ist dagegen ein *nanostrukturiertes, heterogenes* System aus Lipiden, Proteinen und Blattpigmenten (Abb. 7.32, Abschn. 7.8). Das Modellexperiment kann auch in diesem Punkt dem Original angenähert werden, indem suspendiertes Nano-Titandioxid als Photokatalysator, gelöstes Ethylviologen als Redoxmediator und Triethanolamin als Opferdonor in die bestrahlte Halbzelle eingesetzt werden (Abb. 7.46). Diese Experimente sind in V4-V8 aus Block Nr. 17 in Tab. 7.1 beschrieben.

Allerdings kann bei den Experimenten mit Titandioxid als Photokatalysator nicht mehr mit blauem Licht bestrahlt werden. Wegen der relativ großen Bandlücke E_g des Halbleiters Titandioxid (Abschn. 6.2.2) müssen Photonen mit $\lambda < 388$ nm, also UV-Licht, eingestrahlt werden. Aus der Sonnenstrahlung reicht nur ein ganz geringer Teil am Rand des violetten Bereiches aus, um die Reaktion anzutreiben.

Abb. 7.46   a Versuchsaufbau zur Erzeugung von Wasserstoff in einer photogalvanischen Zwei-topf-Zelle mit TiO$_2$ als Photokatalysator und einem Modul aus drei UV-LED ($\lambda = 365$ nm) als Lichtquellen); **b** die Serie der Proben zeigt v.l.n.r., dass das Photo-Blue-Bottle Experiment mit TiO$_2$ als Photokatalysator bei Bestrahlung mit UV-Licht funktioniert, nicht aber mit blauem, grü-nem oder rotem Licht

An diesen Modellexperimenten lässt sich noch viel optimieren und weiterent-wickeln. Es können beispielsweise geändert werden:

i) die Platzierung und die Art der Bestrahlungsquelle (Bestrahlung von außen mit LED-Taschenlampen, LED-Modulen oder Sonnenlicht bzw. *In-situ-* Bestrahlung mit LED-Tauchlampenmodulen),

ii) die Form und die Größe des Reaktionsgefäßes mit der photoaktiven Lösung (runde Schnappdeckelgläser oder Küvetten mit Deckel, unterschiedliche Fassungsvermögen von 50 mL bis 500 mL),

iii) die Größe und die Bauweise der Elektrode und der Vorrichtung, an der Wasserstoff-Gas gebildet und aufgefangen wird

iv) der Einsatz von Titandioxid, das durch Aufbringen verschiedener Farbstoffe photosensibilisiert wurde, und

v) der Einsatz anderer anorganischer Photokatalysatoren, die in größeren Teilen des sichtbaren Spektrums absorbieren und selbst robust gegen Photoabbau sind.

In diesem Sinne werden neue Experimente zur photokatalytischen Erzeugung von Wasserstoff, aber auch Modellexperimente zur photokatalytischen Reduktion von Kohlenstoffdioxid in fachdidaktischen Arbeitsgruppen erforscht. Für den digitalen Austausch von Zwischenergebnissen ist die Internetplattform zu diesem Buch ein geeignetes Forum.

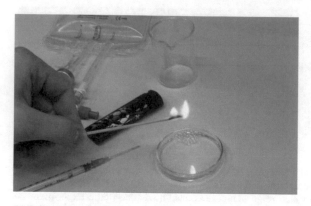

QR 7.22 Photokatalytische Herstellung und Nachweis von Wasserstoff

7.10 Licht für Augen und Haut – Sehprozess, Hautbräunung und mehr

> „Pure electromagnetic waves … from about 370 to 740 nanometers …
> … are the raw material for human vision."

In seinem Buch *„A Beautiful Question – Finding Nature's Deep Design"* [58] bezeichnet FRANK WILCZEK (Nobelpreis für Physik, 2004) die Gesamtheit der Photonen aus dem sichtbaren Bereich der elektromagnetischen Strahlung als „Rohmaterial" für unser Sehen. Es entspricht der Gesamtheit aller Farben des Regenbogens. Zwischen den Wellenlängen der Photonen an den beiden Enden des visuell erfassbaren Bereichs (370 nm und 740 nm) gilt näherungsweise das Verhältnis 1:2. WILCZEK vergleicht das mit den Wellenlängen der Töne bei einer musikalischen *Oktave* und stellt fest, dass auch diese im Verhältnis 1:2 stehen.

Nun hat uns die Natur so „designt", dass wir Töne, also Schallwellen, über mehrere Oktaven hören, wir aber nur Farben innerhalb einer „Oktave" von Lichtwellen sehen. Für den Rest sind wir blind. Und auch innerhalb dieser „Oktave" nutzen wir nicht das ganze „Rohmaterial". Die Farbrezeptoren in unseren Augen sind auf die Farben Rot, Grün und Blau RGB beschränkt.[2] Dass wir dennoch alle anderen Farben wahrnehmen können, liegt an der Zusammenarbeit von Augen, Sehnerven und Gehirn.

Als *Modellexperimente* für die *Auslösung des Sehvorgangs* können die im Abschn. 7.5 diskutierten und in den Blöcken Nr. 9 und Nr. 12 zusammengefassten *Photoisomerisierungen* genutzt werden. Strukturell kommen die Isomerisierungen von *E*- und *Z*-Azobenzol der im Rhodopsin stattfindenden *Z/E-(cis-trans-)*Isomerisierung am nächsten. Wegen des Verwendungsverbots für Azobenzol in Schulen

---

[2]Fangschreckenkrebse *(Stomatopoda)* haben bis zu 12 verschiedene Farbrezeptoren, teilweise im UV-Bereich.

werden im Abschn. 7.5 Ersatzmöglichkeiten als Videos und Modellanimationen angeboten. In der Schule sehr einfach und eindrucksvoll durchführbar sind aber die ebenfalls im Abschn. 7.5 erörterten Photoisomerisierungen im molekularen Schalter Spiropyyran/Merocyanin. In beiden Fällen, bei den *E/Z*-Isomerisierungen von Azobenzolen ebenso wie bei den Isomerisierungen im System Spiropyran/Merocyanin finden auf molekularer Ebene strukturelle Änderungen statt, die in den Modellversuchen zu beobachtbaren Eigenschaftsänderungen, insbesondere Änderungen der Farbe und Löslichkeit, führen.

Beim Sehvorgang ist die Konfigurationsänderung an einer C=C-Doppelbindung der erste Schritt einer Serie von Folgeprozessen (Erregerkaskade), durch die sich zunächst ein *Aktionspotenzial* aufbaut, das über den Sehnerv ins Sehzentrum des Gehirns geleitet wird. Die photochemische Isomerisierung erfolgt im *Rhodopsin,* der photoaktiven Funktionseinheit im menschlichen Auge. Das Rhodopsin ist in den Membranen der intrazellulären Disks der ca. 100 Mio. Stäbchen- und ca. 3 Mio. Zapfen-Zellen von der Netzhaut des Auges lokalisiert. Die Stäbchen-Zellen sind für das Schwarz-Weiß-(Hell-Dunkel-)Sehen verantwortlich, die Zapfen-Zellen für das Farbensehen. In beiden Zelltypen beginnt der Sehvorgang mit einer *Z/E-(cis/trans-)*Isomerisierung im membrandurchdringenden Rhodopsin (Abb. 7.47).

Die *Z/E*-Isomerisierung erfolgt am 11-Z-Retinal-(Vitamin-A-Aldehyd-)Rest des Rhodopsins. Dieses ist ein Proteid aus dem Protein Opsin, das 348 Aminosäure-Bausteine enthält (blaues Band in Abb. 7.47) und dem lichtabsorbierenden Chromophor 11-Z-*(cis-)*Retinal (rotes Gerüst in Abb. 7.47). Wenn sich am 11-Z-Retinal-Rest die Konfiguration an der C=C-Doppelbindung zwischen dem 11. und 12. Kohlenstoff-Atom in die *E-(trans-)*Konfiguration ändert, dann „streckt" sich der im Opsin-Molekül eingebettete Retinal-Rest etwas aus. Das bewirkt, dass sich auch die Tertiärstruktur des Opsin-Makromoleküls geringfügig ändert, insbesondere im Bereich außerhalb der Membran, der in Abb. 7.47 durch die blauen Schleifen dargestellt ist. Die entsprechende Stelle wird damit aktiv für ein bestimmtes Enzym-Molekül (Transducin), das dort andocken kann und dominoartig eine Folge von biochemischen Reaktionen auslöst (Abb. 7.47b). Die bei der Absorption des Photons aufgenommene Energie wird dabei in zwei Stufen um den Faktor 10^5 verstärkt. Die dafür nötige Energie wird in Abbaureaktionen von ATP, der zellulären „Energiewährung", bereitgestellt. Das Ergebnis der Erregerkaskade ist, dass die Polarisierung des Zellinneren von -40 mV auf -80 mV erhöht wird. Das Aktionspotenzial des Sehreizes hat sich aufgebaut. Die neuronale Verarbeitung der in Stäbchen- und Zapfen-Zellen photochemisch induzierten Aktionspotenziale von den Gangliazellen hinter der Retina (Netzhaut) bis zum visuellen Cortex in der hinteren Großhirnrinde ist nur teilweise aufgeklärt. Dies ist ein Forschungsgegenstand der Neurophysiologie.

Mit einem „Modell-Auge" aus einer Kompaktzelle, die im (QR 7.23) Materialienpaket zu den Varianten des *Photo-Blue-Bottle*-Experiments beschrieben ist, kann der Aufbau eines Aktionspotenzials simuliert und beispielsweise in Abhängigkeit von den Farben und der Intensität des eintreffenden Lichts untersucht werden (Abb. 7.48).

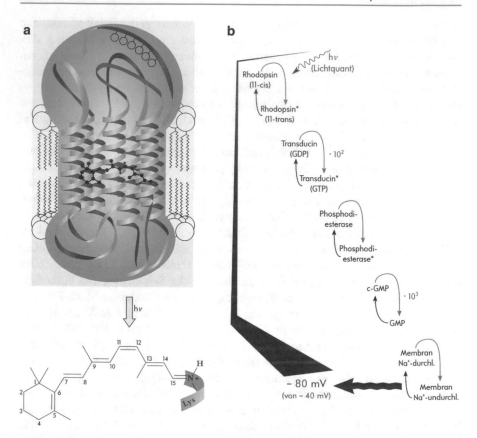

Abb. 7.47 **a** Modell von Rhodopsin mit Hervorhebung des lichtabsorbierenden Retinal-Rests, **b** Erregerkaskade von der Absorption des Photons bis zum Aufbau des Aktionspotenzials

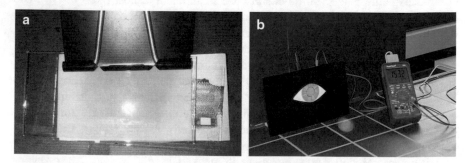

Abb. 7.48 **a** Kompaktzelle mit getränktem Filterpapier, ITO-Glas und platinierter Nickelfolie, **b** Modell-Auge mit Kompaktzelle für den Aufbau eines Aktionspotenzials

Das „Licht für die Augen" muss durch die relativ kleinen Pupillen auf die Netzhäute der beiden Augen gelangen. In den Stäbchen- und Zapfen-Zellen wird das „Rohmaterial" aus Photonen [58] in genialer Weise selektiv eingesammelt, verstärkt und für das Gehirn so vorbereitet, dass es uns räumliches und farbiges Sehen ermöglicht und damit eine exzellente Fähigkeit schafft, unsere natürliche Umgebung wortwörtlich *wahr*zunehmen.

Das „Licht für die Haut" trifft auf das menschliche Organ mit der größten Fläche. In den Proteinen aus der Haut absorbieren die Reste der Aminosäuren Tyrosin Tyr, Phenylalanin Phe und Tryptophan Licht im UV-B- und UV-A-Bereich etwa von 250 nm bis 350 nm (Abb. 7.49).

Die Hautbräunung beim Sonnenbaden beruht auf enzymkatalysierten photochemischen Reaktionen, an denen Sauerstoff beteiligt ist. Ausgehend von der UV-absorbierenden Aminosäure Tyrosin erfolgt zunächst in mehreren Schritten eine

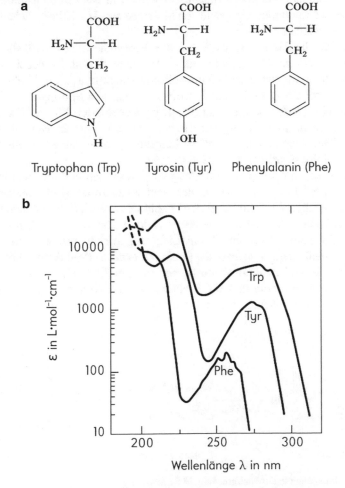

Abb. 7.49 Tyrosin, Phenylalanin und Tryptophan und ihre Absorptionsspektren

Photooxidation zum Zwischenprodukt 5,6-Indoldichinon, das ebenfalls in mehreren Schritten zu *Melaninen* polymerisiert (Abb. 7.50).

Melanine, bekannt unter dem Sammelbegriff Melanin, stellen die schwarz-braunen, gelblichen und rötlichen Pigmente in den Haaren, der Haut und den Augen dar. Es handelt sich um makromolekulare Verbindungen mit ausgedehnten Chromophoren, die als essenziellen Strukturbaustein den Heteroaromaten Indol enthalten. Die bei der Hautbräunung gebildeten Melanine (Abb. 7.50) wirken als körpereigener *Sonnenschutz*, indem sie Licht absorbieren und durch strahlungslose Desaktivierung in Wärme umwandeln.

Modellexperimente zum Sonnenschutz mit künstlichen Sonnenschutzmitteln, sind in V4 aus Block Nr. 5 in Tab. 7.1 sowie auf den Seiten „Knackig braun – immer gesund?" und „Nicht nur Deckweiß" aus der (QR 7.24) Unterrichtssequenz „Naturstoffe und Neue Materialien" enthalten.

Sowohl die organischen Verbindungen aus Abb. 7.51, als auch das (Abschn. 6.2.2, Abb. 6.27) anorganische Nano-Titandioxid wirken in Sonnenschutzmitteln analog wie die bei der Hautbräunung gebildeten Melanine als „UV-Killer", indem sie Licht in Wärme konvertieren.

„Licht für die Haut" ist auch für die Biosynthese des fettlöslichen *Vitamins* (besser: *Hormons*) D_3 notwendig. Der erste Schritt ist dabei eine durch UV-B-Strahlung angetriebene elektrocyclische Ringöffnung, ein ähnlicher Reaktionstyp wie bei der (Abschn. 6.2.2) Isomerisierung von Spiropyran zu Merocyanin. Sie erfolgt an dem körpereigenen 7-Dehydrocholesterol in der Haut. Weitere Schritte folgen in anderen Organen (Leber, Nieren). Vitamin D wird schon seit mehreren Jahrzehnten auch synthetisch hergestellt, wobei auch hier ein photochemischer Reaktionsschritt entscheidend ist [59].

Während die photochemische Bildung von Melaninen und die Vitamin-D-Synthese als *„gute"* Lichtreaktionen in der Haut einzuordnen sind, können im gleichen Organ auch *„böse"* Lichtreaktionen ablaufen. Verblüffend ist dabei, dass sie von den gleichen oder fast den gleichen Edukten starten und auch mit gleichem oder fast gleichem UV-B- und UV-A-Licht angetrieben werden wie die guten, jedoch zu schädlichen, *cancerogenen (krebserregenden)* Produkten führen.

Die Formeln und Reaktionsbedingungen in Abb. 7.52 zeigen dies am Beispiel von Tryptophan, einer der drei UV-B-absorbierenden Aminosäuren und von Cholesterol, einer in tierischen Zellen omnipräsenten Vorstufe der Steroidhormone.

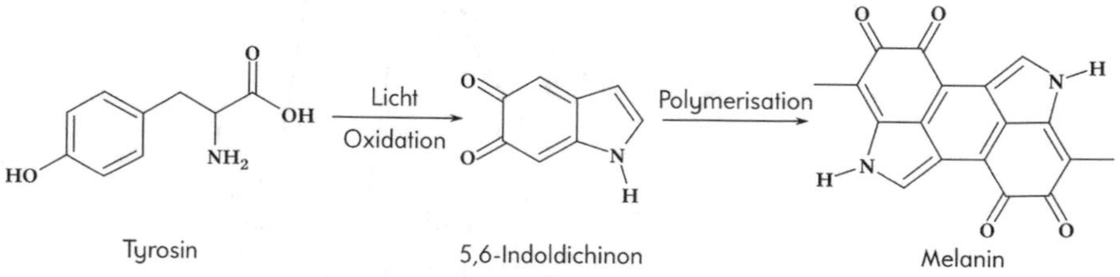

Abb. 7.50 Photochemie der Hautbräunung in Kurzfassung

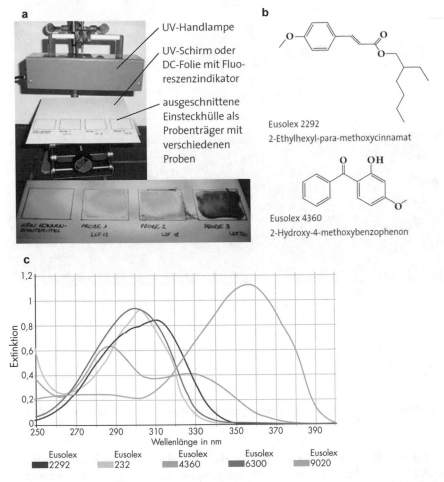

Abb. 7.51 Versuchsaufbau (**a**), Formeln (**b**) und Absorptionsspektren (**c**) von synthetischen UV-Absorbern aus Sonnenschutzcremes (Vgl. QR 7.24)

Im ersten Reaktionsschritt handelt es sich jeweils um photochemische Oxidationen unter Beteiligung von Sauerstoff, der über das Blut in die Zellen gelangt.

DIETER WÖHRLE et al. haben bereits 1999 in einem Basisartikel [60] die Prinzipien der *Photodynamischen Tumorbekämpfung* PDT beschrieben (Abb. 7.53).

Die Behandlung beginnt mit der Injektion eines Photosensibilisators. In der Regel werden *Triplett-Sensibilisatoren* eingesetzt, d. h. Verbindungen, die in der Lage sind, sofort nach der elektronischen Anregung in den S_1-Zustand durch *Intersystem Crossing* in den langlebigen T_1-Zustand zu wechseln. Der Sensibilisator verteilt sich im Körper und reichert sich im Tumor an, weil dort das Zellwachstum schneller erfolgt als im gesunden Gewebe. Die Bestrahlung mit Licht

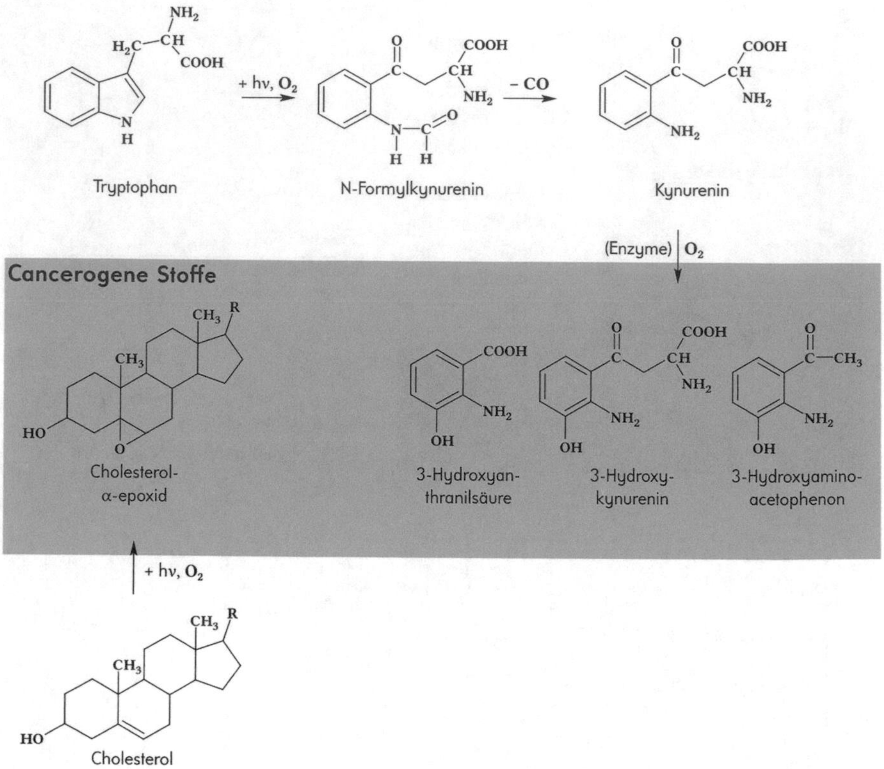

Abb. 7.52 Photooxidative Bildung cancerogener Verbindungen aus Tryptophan und Cholesterol

erfolgt bei Hauttumoren direkt auf die Haut, bei Tumoren im Körper endosko-pisch über optische Lichtfasern. Zunächst wird mit kurzwelligem Licht schwacher Intensität bestrahlt, um die Lage und Ausdehnung des Tumors anhand der Fluo-reszenz festzustellen (Diagnose). Dann wird mit langwelligem, rotem oder infra-rotem Licht bestrahlt, um am Photosensibilisator über die Vorgänge $S_0 \rightarrow S_1 \rightarrow T_1$ den Triplett-Zustand des Photosensibilisators zu generieren. Ein Photosensibi-lisator-Molekül im T_1-Zustand erzeugt durch Energietransfer an ein „normales" Sauerstoff-Molekül $^3O_2$, das ebenfalls im Triplett-Zustand existiert *(Triplett-Tri-plett-Annihilation TTA)*, ein angeregtes Sauerstoff-Molekül $^1O_2$. Es handelt sich dabei um angeregten *Singulett-Sauerstoff*, der als Zellgift auf Biomoleküle (Pro-teine, Lipide Cholesterin) wirkt, indem er sie oxidativ fragmentiert. Tumorzellen werden auf diese Weise „getötet", die Abbauprodukte werden aus dem Körper eli-miniert.

Über weitere photodynamische Diagnose- und Therapiemethoden wird bei-spielsweise in der für das Internationale Jahr des Lichts 2015 von der Fachgruppe Photochemie der Gesellschaft Deutscher Chemiker GDCh zusammengestellten

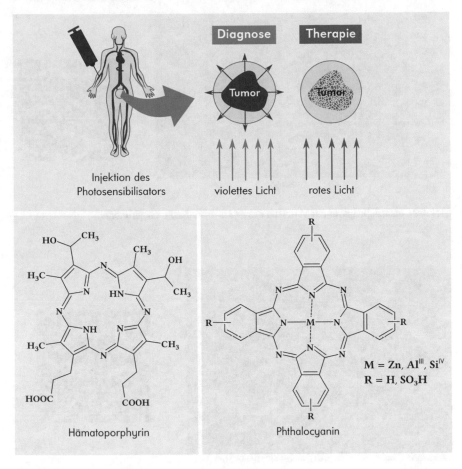

Abb. 7.53 Photodynamische Diagnose und Therapie von Tumoren und Photosensibilisatoren nach [60]

Dokumentation (QR 7.25) „Aktuelle Wochenschau" unter dem Motto „Licht im Dienst der Medizin" berichtet.

Verständlicherweise werden weder für die photochemische Erzeugung von krebserregenden Verbindungen noch für den photochemischen Abbau von Tumoren in diesem Buch Experimente angeboten. Das im Abschn. 7.8, Abb. 7.38 und 7.39, beschriebene *Modellexperiment* eignet sich auch zur Veranschaulichung eines photooxidativen Abbaus organischer Verbindungen mit Licht. Wenn in dem Experiment ohne β-Carotin gearbeitet und nur der Abbau von Chlorophyll untersucht wird, fungiert Chlorophyll gleichzeitig als Modell für den Photosensibilisator bei der PDT und für eine durch Photooxidation fragmentierte organische Verbindung.

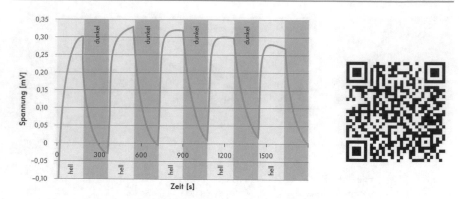

QR 7.23   Materialienpaket mit Varianten des *Photo-Blue-Bottle*-Experiments

QR 7.24   Unterrichtssequenz „Neue Materialien"

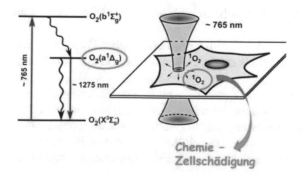

QR 7.25   Singulett-Sauerstoff in der Photodynamischen Krebstherapie; GDCh-Wochenschau
zum Internationalen Jahr des Lichts (Beitrag zur 41. Woche von AXEL GRIESBECK)

7.11   Licht zu Strom und *vice versa* – Solarzellen, LED und OLED

Nachhaltige Experimente, Innovative Konzepte – NEIK für MINT-Fächer

Die theoretischen Grundlagen für die Experimente und Konzepte in diesem Kapitel wurden bereits in den 80er- und 90er-Jahren des 20. Jahrhunderts entwickelt [61–64]. Im Übersichtsartikel [65, 66] sind die wichtigsten Entwicklungen bis 2016 zusammengefasst. Die didaktische Erschließung der Experimente und Konzepte begann um 1997 und folgt dem oben formulierten Leitmotiv. Die Experimente sollen in doppeltem Sinn nachhaltig sein: Erstens sollen sie mit möglichst einfachen, kostengünstigen und geringen Mengen an Chemikalien durchführbar sein und zweitens sollen sie Beobachtungen und Erkenntnisse erzeugen, die sich nachhaltig im Denken derer, die sie durchführen, einprägen. Die dazu entwickelten Konzepte sind innovativ, d. h., sie schließen an etablierte Konzepte an und ebnen den Weg für zukunftsorientierte Forschung und Entwicklung. Zwischenergebnisse dieser Art von „Didaktisierung" wurden in fachdidaktischen Zeitschriften [67–74][3] publiziert, einige sind in dem Lehrwerk *CHEMIE 2000+* [16, 17] curricular eingebunden.

Die Basisversionen der für diesen Abschnitt relevanten Experimente sind in den Blöcken Nr. 7, 13, 14 und 15 aus Tab. 7.1 zu finden. Diese Zuordnung soll andeuten, dass die meisten dieser Experimente zwar eher für die Sekundarstufe II geeignet sind, aber einige bei adäquater didaktischer Reduktion bereits in der Sekundarstufe I durchgeführt werden können. So kann beispielsweise die *photogalvanische Zweitopf-Zelle* (Abschn. 6.3.2, Abb. 6.31) mit einer UV-LED-Taschenlampe ($\lambda = 365$ nm) betrieben und mit dem Daniell-Element verglichen werden. Auf der phänomenologischen Ebene kommt man dabei zu folgenden Erkenntnissen:

- *Gleicher* Zellaufbau: zwei Halbzellen mit unterschiedlichen Lösungen und Elektroden, einer Elektrolytbrücke (Salzbrücke);
- *Unterschied* beim Aufbau der elektrischen Spannung und des Stromflusses: beim Daniell-Element spontan, bei der photogalvanischen Zelle nur unter Lichtbestrahlung der Photoelektrode.

Der Vergleich wird in der Sekundarstufe II auf der Teilchenebene folgendermaßen vertieft:

- *Gleiche* Reaktionstypen (Redoxreaktionen) in den beiden Halbzellen des Daniell-Elements bzw. der photogalvanischen Zweitopf-Zelle, und zwar
Oxidation in der Donator-Halbzelle:
$$Zn(s) \rightarrow Zn^{2+}(aq) + 2\ e^- \text{ bzw. } 2\ Br^-(aq) \rightarrow Br_2(aq) + 2\ e^-$$

---

[3]Die Liste der Literaturzitate ist unvollständig. Sie enthält jeweils die ersten und die aktuellsten Publikationen zu den relevanten Kategorien von Experimenten.

Reduktion in der Akzeptor-Halbzelle:

$Cu^{2+}(aq) + 2\ e^- \rightarrow Cu(s)$ bzw. $2\ H^+(aq) + 2\ e^- \rightarrow H_2(g)$

- *Unterschiedliche* Funktionsweise der Elektrode in der Donator-Halbzelle der beiden Zelltypen: Im Daniell-Element wird die Zink-Anode oxidiert, also verbraucht, in der photogalvanischen Zelle bleibt die Photoelektrode intakt. An ihr laufen Reaktionszyklen ab, bei denen Bromid-Ionen aus der Lösung zu Brom-Molekülen oxidiert werden (Abb. 7.54):

$TiO_2(s) + h \cdot \nu \rightarrow TiO_2^+(s) + e^-$ und $TiO_2^+(s) + Br^-(aq) \rightarrow \frac{1}{2}\ Br_2(aq) + TiO_2(s)$

Die Zweitopf-Zelle liefert Spannungen von bis zu 700 mV, die Stromstärken liegen jedoch nur im Mikroampere-Bereich. Aus didaktischer Sicht ist dieses Experiment dennoch wertvoll, weil sich die oben skizzierten Vergleiche mit dem Daniell-Element ganz offensichtlich anbieten und die Untersuchungen mit diesem Zelltyp Beobachtungen liefern (dazu gehören auch die Nachweise der Produkte Brom in der Donator-Halbzelle sowie Wasserstoff in der Akzeptor-Halbzelle), aus denen die *Elementarschritte* bei der Umwandlung von Licht in elektrische

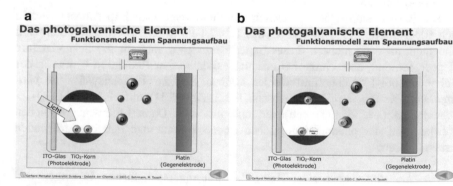

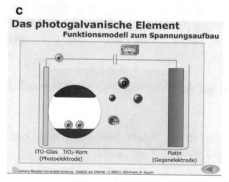

Abb. 7.54 Elementarschritte beim Spannungsaufbau in der photogalvanischen Zweitopf-Zelle. **a** Absorption des Photons, **b** Elektron-Loch-Paar im TiO_2-Korn und Elektronenübergang vom Opferdonor D (Br^-) in das „Loch" im Valenzband des TiO_2-Korns, **c** Bewegung des Elektrons aus dem Leitungsband in den äußeren Stromkreis. (Screenshots aus der Modellanimation (QR 7.26) „Photogalvanisches Element")

Spannung und elektrischen Strom nahe an den Phänomenen erschlossen werden können (Abb. 7.54). Das ist mit keinem anderen Experiment einfacher und überzeugender möglich.

Darüber hinaus regt das Experimentieren mit der Zweitopf-Zelle zu Überlegungen und Hypothesen an, ob und wie mit photogalvanischen Zellen auf der Basis von Photoelektroden aus Titandioxid und leitfähigem Glas (ITO- oder FTO-Glas) bessere Leistungen erzielt werden können. Wünschenswert sind i) höhere Stromstärken, ii) Verzicht auf flüssige Elektrolyte, iii) transparente Zellen und iv) Zellen, die mit sichtbarem Licht betrieben werden können.

Das hat zur Entwicklung der *Eintopf-Zelle,* der *Kompakt-Zelle,* der *Transparent-Zelle* (Abb. 7.55) geführt, in denen die Merkmale i)–iii) einzeln realisiert werden.

Zellen, die mit sichtbarem Licht betrieben werden können, so genannte *farbstoffsensibilisierte Solarzellen (Dye Sensitized Solar Cells),* sind im Abschn. 6.3.2 beschrieben und dort in Abb. 6.32 dargestellt.

Die Experimente zum Bau all dieser Zellen und die Untersuchung ihrer Leistungsparameter können in den eingangs genannten Versuchsblöcken aus Tab. 7.1 und im Materialienpaket (QR 7.27) „Aus Licht wird Strom und *vice versa*" aufgerufen und heruntergeladen werden. Die oben formulierte „Wunschliste" wird zwar in ihrer Gesamtheit von keiner dieser Zellen erfüllt, aber jede erfüllt einen oder mehrere der Wünsche i)–iv). Im Abschn. 6.3.2 werden die konzeptionellen Grundlagen für jede der photogalvanischen Zellen aus Abb. 7.55 und für die farbstoffsensibilisierten Zellen erläutert. Dabei kommen folgende Fachinhalte und Konzepte zur Anwendung (oder Einführung), Vertiefung und Erweiterung:

- das Bändermodell für Metalle, Halbleiter und Isolatoren,
- die charakteristischen Merkmale der Stromleitung in Metallen, Halbleitern und Lösungen bei Energiezufuhr in Form von Wärme und/oder Licht,
- die Redoxreaktionen als Elektronentransferreaktionen,
- die Relation Struktur – Eigenschaften bei Farbstoffen sowie bei anorganischen, nanostrukturierten Halbleitern (Nano-Titandioxid) sowie
- das Konzept vom elektronischen Grundzustand und elektronisch angeregten Zustand mit dem dazu gehörigen Energiestufenmodell.

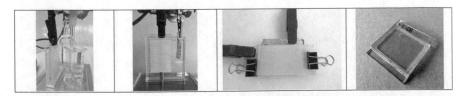

Abb. 7.55 Aktuelle Versionen photogalvanischer Zellen mit Titandioxid. **a** Zweitopf-Zelle, **b** Eintopf-Zelle, **c** Kompakt-Zelle und **d** Transparent-Zelle. (Nach Lit. [70])

CLAUDIA BOHRMANN-LINDE und DIANA ZELLER stellen für den Einsatz von photogalvanischen und photoelektrochemischen Zellen auf der Basis von Titandioxid im Lehramtsstudium, in der Lehrerfortbildung und im Chemieunterricht das ausgereifte (QR 7.27) Materialienpaket „ALSO-TiO$_2$ (Alternative Solarzellen mit Titandioxid)" zur Verfügung.

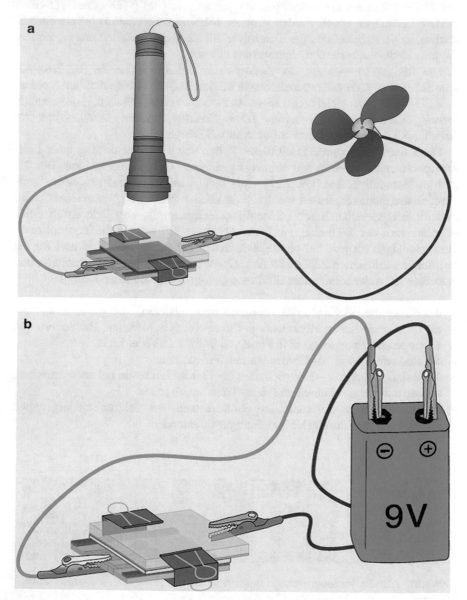

Abb. 7.56 OPV (**a**) und OLED (**b**) aus dem Experimentierkoffer (Link bzw. QR 7.28) „Organic Photo Electronics"; die beiden Geräte mit gegensätzlicher Funktion haben einen sehr ähnlichen Aufbau

Organische Photovoltazellen OPV und *organische lichtemittierende Dioden OLED* sind in den Blöcken Nr. 13 und 14 aus Tab. 7.1 angegeben und können von der Internetplattform zu diesem Buch oder über den (QR 7.28) *Experimentierkoffer* „Organic Photo Electronics" OPE abgerufen werden. Der Koffer wurde zusammen mit AMITABH BANERJI, MELANIE ZEPP und JENNIFER DÖRSCHELLN entwickelt. Die Experimente sind so konzipiert und designt, dass mit weitestgehend den gleichen Materialien, Chemikalien und Geräten sowohl organische Solarzellen OPV als auch organische Leuchtdioden OLED gebaut und untersucht werden können (Abb. 7.56).

Die konzeptionellen Grundlagen zu den dabei eingesetzten leitenden Polymeren und ein allgemeiner, vergleichender Einblick in die Elementarprozesse bei der Umwandlung von Licht in elektrischen Strom und umgekehrt werden im Abschn. 6.3 erläutert. Für die Vermittlung der Funktionsweise von OPV und OLED an Lernende auf unterschiedlichen Abstraktionsstufen werden verschiedene Modellanimationen angeboten.

Darin kommen Teilchen- und Energiestufenmodelle teils separat, aber teils auch kombiniert zum Einsatz. Im Teilchenmodell der OPV aus Abb. 7.57 wird deutlich dargestellt, dass die photoaktive Schicht in einer OPV ein System aus *zwei* Komponenten, dem Polymer P3HT und dem Fulleren-Derivat PCBM (vgl. Formeln in Abb. 7.58) besteht, also aus zwei organischen Stoffen, von denen einer eine makromolekulare Verbindung ist. Man spricht daher auch von „Plastiksolarzellen". Die photoaktive Schicht ist ein nanostrukturiertes System, in dem die beiden Komponenten sehr innig miteinander vermischt sind, sodass die Distanz zwischen einem Punkt in der einen Komponente und der Grenze zur anderen Komponente 10 nm nicht überschreitet. Im Englischen wird dieser Zelltyp als *bulk heterojunction organic solar cells* bezeichnet. Details dazu gibt es über die Internetplattform zu diesem Buch in der Dissertation von M. ZEPP. Im Teilchenmodell aus Abb. 7.57 kann weiterhin die Bildung eines *Exzitons*, seine Aufspaltung in ein Elektron und ein positives Loch sowie deren Wege durch die beiden Komponenten verfolgt werden.

Bei der kombinierten Teilchen- und Modellanimation aus Abb. 7.58 werden die Energiestufen, auf denen die Ladungsträger erzeugt werden und auf denen sie sich bewegen, vordergründig betrachtet. Dabei kommt es insbesondere auf die relativen Lagen der beteiligten Energiestufen an. Sie müssen so sein wie in Abb. 7.58,

Abb. 7.57   Screenshots aus einer Modellanimation zur OPV im Teilchenmodell. (© M. Zepp)

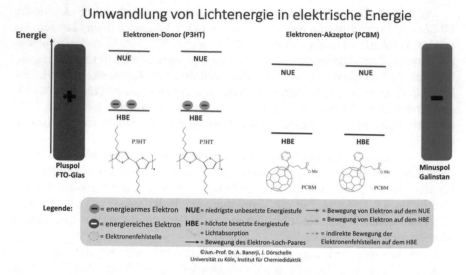

Abb. 7.58 Screenshot aus einer Modellanimation zur OPV im kombinierten Teilchen- und Energiestufenmodell. (© A. BANERJI und J. DÖRSCHELLN)

damit es tatsächlich zur Erzeugung von elektrischer Spannung und Strom in der „Plastiksolarzelle" kommt. Um diese energetischen Details darzustellen, muss die Information über die Struktur der photoaktiven Schicht geopfert werden. An diesem Beispiel wird einmal mehr deutlich, dass es zur Beschreibung komplexer Vorgänge selten *das* einzig gute Modell gibt, sondern dass die Wirklichkeit erst mit mehreren Modellen angemessen erklärt werden kann.

Beim Experimentieren mit organischen Photovoltazellen OPV aus Materialien, die im Experimentierkoffer „Organische Photo-Elektronik" enthalten sind, können in der Sekundarstufe II folgende Fachinhalte, Anwendungen und Konzepte im Chemie- und Physikunterricht eingeführt, angewendet und vertieft werden:

- das Donator-Elektronen-Prinzip bei Redoxreaktionen (Elektronentransfer vom Donor-Polymer P3HT zum Akzeptor-Fulleren PCBM),
- Anwendung eines Nano-Kohlenstoff-Derivats (PCBM) in einem *Hightech*-Produkt,
- das Konzept vom elektronischen Grundzustand und elektronisch angeregten Zustand mit dem dazu gehörigen Energiestufenmodell,
- die Relation Struktur – Eigenschaften bei Makromolekülen (Isolator-Eigenschaften bei herkömmlichen Kunststoffen *vs.* Halbleiter-Eigenschaften bei innovativen Kunststoffen aus Makromolekülen mit durchgängig konjugierten Doppelbindungen in der Hauptkette) und bei nanostrukturierten Mehrkomponentensystemen wie in der OPV,
- der Vergleich der elektrischen Ladungsträger in metallischen Leitern, anorganischen und organischen Halbleitern,

- die Relation: Lichtfarbe – Wellenlänge – Wirkung in der OPV,
- die Leistungsparameter einer OPV: Leerlaufspannung V_{OC} *(open circuit)*, Kurzschlussstromstärke I_{SC} *(short circuit)* und Wirkungsgrad η bzw. PCE *(power conversion efficiency)*,
- die Bedingungen, Elementarschritte und Optimierungsmöglichkeiten bei der Energieumwandlung: Licht $\rightarrow$ elektrische Energie.

Wie bereits erwähnt, können mit dem Experimentierkoffer „Organic Photo Electronics" unter Schulbedingungen auch organische Leuchtdioden OLED gebaut und untersucht werden. Das ist umso bemerkenswerter, als fertige anorganische Leuchtdioden LED zwar äußerst preisgünstig im Elektronikhandel verfügbar sind und damit experimentiert werden kann, es aber nicht möglich ist, eine LED mit schulischen Mitteln selbst zu bauen. Eine OLED zu bauen ist dagegen mithilfe des OPE-Koffers noch einfacher als der Bau einer OPV. Äußerlich sieht die fertige OLED fast so aus wie die OPV (vgl. Abb. 7.56), aber sie erzeugt nicht wie die OPV „Strom aus Licht", sondern „Licht aus Strom". Im Abschn. 6.3.2, Abb. 6.34, wird eine selbst gebaute OLED mit drei Leuchtflächen gezeigt, und die Elementarschritte bei der Umwandlung von „Strom in Licht" werden dort erläutert.

Für die Verwendung im Studium und im Unterricht stehen auch bei der OLED Modellanimationen der beiden Arten wie bei den OPV zur Verfügung. Die Version im Teilchenmodell (Abb. 7.59) gibt Auskunft über die photoaktive Schicht aus *Poly-para-vinylenphenylen* PPV, in die Elektronen vom Minuspol der Batterie über die Metalllegierung Galinstan injiziert und aus der Elektronen vom Pluspol über die ITO-Schicht extrahiert werden. Letzteres kommt einer Injektion von positiven „Löchern" in die Polymerschicht gleich. Die in die Polymerschicht injizierten Elektronen und „Löcher" bewegen sich im elektrischen Feld aufeinander zu. Dabei „wandern" sie durch die konjugierten Makromoleküle und „hüpfen" auch von einem zum anderen Molekül. Wenn sich ein Elektron und ein „Loch" auf einem PPV-Molekül an der gleichen Stelle treffen, erscheint im Modell ein Blitz und ein Photon wird emittiert. Die entspricht der radiativen Desaktivierung eines elektronisch angeregten Zustandes.

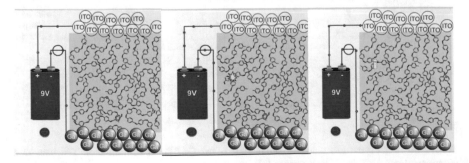

Abb. 7.59   Screenshot aus einer Modellanimation zur OLED im Teilchenmodell. (© A. Banerji)

Die Desaktivierung und die „Wanderung" des injizierten Elektrons über die LUMO (NUE) und des injizierten „Lochs" über die HOMO (HBE) wird in der Modellanimation mit dem Energiestufenmodell aus Abb. 7.60 ersichtlich – allerdings geht auch in diesem Fall ein Teil der Information über die makromolekulare Struktur der photoaktiven Schicht verloren.

Beim Experimentieren mit organischen Leuchtdioden OLED aus Materialien, die im Experimentierkoffer „Organische Photo-Elektronik" enthalten sind, können in der Sekundarstufe II folgende Fachinhalte, Anwendungen und Konzepte in den MINT-Fächern Chemie, Physik, Biologie und Informatik eingeführt, angewendet und vertieft werden:

- der Vergleich der Energieumwandlungen bei verschiedenen Arten von Lumineszenz: Elektrolumineszenz (elektrische Energie → Licht), Photolumineszenz (Licht mit λ_1 → Licht mit λ_2), Chemolumineszenz (chemische Energie → Licht), Biolumineszenz (chemische Energie in Lebewesen → Licht), Triboluminszenz (mechanische Energie → Licht), Elektrochemolumineszenz (elektrische und chemische Energie → Licht),
- der Vergleich der elektrischen Ladungsträger in metallischen Leitern, Elektrolytlösungen und organischen Halbleitern (Elektronen bzw. positive und negative Ionen bzw. Elektronen und positive Löcher),
- der Vergleich der Leitungsmechanismen von elektrischem Strom in metallischen Halbleitern, Elektrolytlösungen und organischen Halbleitern (unidirektional in Metallen bzw. bidirektional in Lösungen und Halbleitern),

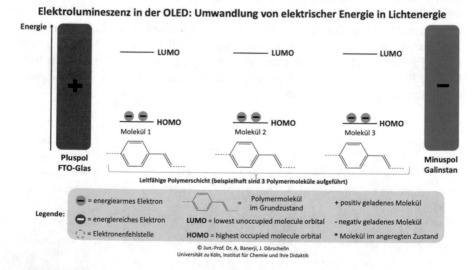

Abb. 7.60 Screenshot aus einer Modellanimation zur OLED im kombinierten Teilchen- und Energiestufenmodell. (© A. Banerji und J. Dörschelln)

- der Vergleich stofflicher Veränderungen bei der Stromleitung in Metallen, Elektrolytlösungen und organischen Halbleitern (Stoffumwandlung durch Elektrolyse bzw. keine Stoffumwandlung),
- das Donator-Elektronen-Prinzip bei erzwungenen Redoxreaktionen an den Elektroden, die mit einer Gleichspannungsquelle verbunden sind (Injektion bzw. Extraktion von Elektronen in bzw. aus dem PPV-Polymer),
- die Relation Struktur – Eigenschaften bei Makromolekülen (Isolator-Eigenschaften bei herkömmlichen Kunststoffen *vs.* Halbleiter-Eigenschaften bei innovativen Kunststoffen aus Makromolekülen mit durchgängig konjugierten Doppelbindungen in der Hauptkette),
- das Konzept vom elektronischen Grundzustand und elektronisch angeregten Zustand mit dem dazu gehörigen Energiestufenmodell,
- die Relation: Farbe des aus der OLED emittierten Lichts – Energiedifferenz zwischen HOMO (HBE) und LUMO (NUE) im organischen Halbleiter,
- die Leistungsparameter einer OLED: Farbe des emittierten Lichts, Wirkungsgrad η, Lebensdauer der OLED (einschließlich der Parameter, die sie beeinflussen),
- die Möglichkeiten der gezielten Veränderung der Leistungsparameter,
- die Verschaltung und Programmierung von OLED zu Modelldisplays.

Das Motivationspotenzial für OLED und OPV ist bei Schülerinnen und Schülern außerordentlich hoch, weil die *Hightec*-Anwendungen dieser optoelektronischen Geräte (brillante Displays, flexible Smartphones, TV-Monitore, Solarzellen etc.) auf Jugendliche eine besondere Faszination ausüben. Auf der Schaltfläche *Kontexte & Anwendungen* der (QR 2.3) Internetplattform zu diesem Buch gibt es Links zu solchen Anwendungen.

Auf der gleichen Plattform finden Studierende des Lehramts Chemie und Lehrende, die bereits in der Unterrichtpraxis stehen, in den *Dissertationen* von A. BANERJI, M. ZEPP und J. DÖRSCHELLN fachliche Hintergrundinformationen, experimentelle Details, didaktische Hinweise und Arbeitsmaterialien für den Unterricht, aber auch Ideen für die weitere didaktische Beforschung dieser Themengebiete.

QR 7.26 Photogalvanisches Element – Bauanleitung und Animation zum Funktionsprinzip (C. BOHRMANN-LINDE)

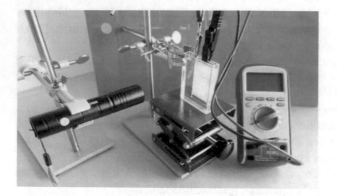

QR 7.27 Materialienpaket ALSO-TiO$_2$ (Alternative Solarzellen mit Titandioxid)

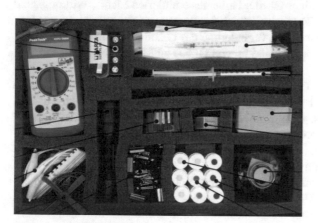

QR 7.28 Experimentierkoffer „Organic Photo Electronics" mit Modellanimationen zu OPV und OLED

Literatur

1. Schmidkunz, H., Lindemann, H.: Das forschend-entwickelnde Unterrichtsverfahren, Westarp Verlage mehrere Auflagen von 1994 bis 2003
2. Barke, H.-D., Harsch, G.: Chemiedidaktik kompakt. Springer, Heidelberg (2011)
3. Sommer, K., Wambach-Laicher, J., Pfeifer, P. (Hrsg.): Konkrete Fachdidaktik Chemie. Aulis bei Friedrich, Seelze (2018)
4. Anton, M.: Kompendium Fachdidaktik. Klinkhardt, Bad Heilbrunn (2008)
5. Kranz, J., Schorn, J. (Hrsg.): Chemie Methodik – Handbuch für die Sekundarstufe I und II. Cornelsen Scriptor, Berlin (2008)
6. Reiners, C.S.: Chemie vermitteln – Fachdidaktische Grundlagen und Implikationen. Springer, Berlin (2017)
7. Albrecht, S., Brandl, H., Zimmermann, T.: Chemolumineszenz. Hüthig, Heidelberg (1996)
8. Roesky, H.: Chemie en miniature. VCI, Weinheim (1997)

9. Barthel, H., Duvinage, B.: Der Stoff Ozon im Chemieunterricht. Aulis Verlag Deubner & Co. KG, Köln (2001)
10. Glöckner, W., Weißenhorn, R., Jansen, W. (Hrsg.): Handbuch der Experimentellen Chemie. Aulis, Köln (1994–2008)
11. Roesky, H.: Glanzlichter chemischer Experimentierkunst. Wiley-VCH, Weinheim (2005)
12. Ducci, M., Oetken, M.: Nerven wie Drahtseile. Aulis, Köln (2007)
13. Schwedt, G.: Experimente mit Supermarktprodukten. Wiley-VCH, Weinheim (2008)
14. Schmidkunz, H., Rentzsch, W.: Chemische Freihandversuche, Bd. 2. Aulis-Stark, Halbergmoos (2011)
15. Kickuth, R., Stephani, R. (Hrsg.): Viktor Obendraufs schöne Experimente, Bd. 2. Rubikon, Gaiberg (2016)
16. Tausch, M.W., Wachtendonk, M.V. (Hrsg.): CHEMIE 2000+, Gesamtband und Länderausgaben für Nordrhein-Westfalen, Bayern, Baden-Württemberg, Niedersachsen und Berlin-Brandenburg. C. C. Buchner, Bamberg (2007–2012)
17. Bohrmann-Linde, C., Krees, S., Tausch, M.W., Wachtendonk, M.V. (Hrsg.): CHEMIE 2000+, Einführungsphase und Qualifikationsphase. C. C. Buchner, Bamberg (2012–2015)
18. Tausch, M.W., Gärtner, F.: Fluoreszenzkollektoren. Prax. Naturwissenschaften – Chem. Sch. 53(3), 20 (2004)
19. Bohrmann-Linde, C., Wachtendonk, M.V.: Kunststoffe und Farbstoffe – Unterrichtsreihe für ein Inhaltsfeld der Qualifikationsstufe. Prax. Naturwissenschaften – Chem. Sch. 65(1), 8 (2016)
20. Vitzthum, D.: Hochdrucksynthese und Charakterisierung neuer Borate des Galliums und Indiums sowie didaktisch-konzeptionelle Erschließung der Themengebiete Licht, Lumineszenz und LED aus dem Blickwinkel der anorganischen Chemie. Dissertation, Universität Innsbruck (2018)
21. Hell, S.: Nanoskopie mit fokussiertem Licht (Nobel-Aufsatz). Angew. Chem. 127(28), 8167 (2015)
22. Wöll, D., et al.: Nanoscopic visualization of soft matter using fluorescent diarylethene photoswitches. Angew. Chem. Int. Ed. 55, 12698 (2016)
23. Wöll, D.: Farbstoffe als Nanosonden für Einzelmolekül-Fluoreszenzmikroskopie. Prax. Naturwissenschaften – Chem. Sch. 65(1), 15 (2016)
24. König, B. (Hrsg.): Chemical Photocatalysis. De Gruyter, Berlin (2013)
25. König, B., Hilgers, P.: Werkzeuge für Reaktionen: Funktionelle Farbstoffe als Photosensibilisatoren und Photokatalysatoren für Reaktionen mit sichtbarem Licht. Prax. Naturwissenschaften – Chem. Sch. 65(1), 25 (2016)
26. Schmitt, S.: Funktionalisierte Fluoreszenzfarbstoffe für Biologie und Medizin. Prax. Naturwissenschaften – Chem. Sch. 65(1), 10 (2016)
27. Pischel, U.: Molekulare Logik mit Speicherfunktion. Angew. Chem. 122(8), 1396 (2010)
28. Pischel, U., Morilla, M.E.: Molekulare Logik mit Einsen und Nullen Boolesche Algebra mit lichtabsorbierenden und -emittierenden Molekülen. Prax. Naturwissenschaften – Chem. Sch. 65(1), 22 (2016)
29. Feringa, B., et al.: Cold snapshot of a molecular rotary motor captured by high-resolution rotational spectroscopy. Angew. Chem. Int. Ed. 56, 11209 (2017)
30. Ye, C., Wang, X.: Photo upconversion: from two-photon absorption (TPA) to triplet-triplet annihilation (TTA). Phys. Chem. Chem. Phys. 18, 10818 (2016)
31. Pawlicki, M., Collins, Hazel A., Denning, R.G., Anderson, H.L.: Zweiphotonenabsorption und das Design von Zweiphotonenfarbstoffen. Angew. Chem. 121(18), 3292 (2009)
32. Tsuji, Y., Yamamot, K., Yamauchi, K., Sakai, K.: Near infrared light driven hydrogen evolution from water using a polypyridyl triruthenium photosensitizer. Angew. Chem. Int. Ed. 57, 208 (2018)
33. Müllen, K., Scherf, U.: Organic Light-Emitting Devices Synthesis, Properties and Applications. Wiley-VCH, Weinheim (2006)

34. Rendon-Enruquez, I.N., Scherf, U., Tausch, M.W.: Elektrochrome Fenster mit leitenden Polymeren. ChiuZ **50**, 400 (2016)
35. Hammerich, M., Schütt, C., Stähler, C., Lentes, P., Röhricht, F., Höppner, R., Herges*, R.: Heterodiazocines: synthesis and photochromic properties, trans to cis switching within the bio-optical window. J. Am. Chem. Soc. **138**(40), 13111 (2016)
36. Wilcken, R., Schildhauer, M., Rott, F., Huber, L.A., Guentner, M., Thumser, S., Hoffmann, K., Oesterling, S., de Vivie-Riedle, R., Riedle, E., Dube*, H.: Complete mechanism of hemithioindigo motor rotation. J. Am. Chem. Soc. **140**(15), 5311 (2018)
37. Herder, M., Schmidt, B.M., Grubert, L., Pätzel, M., Schwarz, J., Hecht*, S.: Improving the fatigue resistance of diarylethene switches. J. Am. Chem. Soc. **137**(7), 2738 (2015)
38. Garg, S., Schwartz, H., Kozlowska, M., Kanj, A.B., Müller, K., Wenzel, W., Ruschewitz, U., Heinke*, L.: Lichtinduziertes Schalten der Leitfähigkeit von MOFs mit eingelagertem Spiropyran. Angew. Chem. **131**(4), 1205 (2019)
39. Feringa, B.L., Brown, W.R.: Molecular switches, 2. Aufl. Wiley-VCH, Weinheim (2011)
40. Reichardt, C., Welton, T.: Solvents and Solvent Effects in Organic Chemistry. Wiley-VCH Verlag GmbH & Co. KGaA, Weinheim (2010)
41. Pischel, U., Schiller, A.: Mit Molekülen schalten. Nachr. aus der Chem. **62**, 31 (2014)
42. Spinnen, S., Tausch, M.W.: Chem4 Digit - Chemie für digitale Logik. CHEMKON **25**(2), 69 (2018)
43. Mei, J., Hong, Y., Lam, J.W.Y., Qin, A., Tang, Y., Tang, B.Z.: Aggregation-induced emission: the whole is more brilliant than the parts. Adv. Mat. **26**(31), 5429 (2014)
44. Meuter, N., Spinnen, S., Yurdanur, Y., Tausch, M.W.: Photonen und Moleküle - Innovation trifft Tradition. CHEMKON **24**(4), 265 (2017)
45. Mégie, G.: Ozon - Atmosphäre aus dem Gleichgewicht. Springer, Berlin (1991)
46. Wöhrle, D., Tausch, M.W., Stohrer, W.-D.: Photochemie, Konzepte, Methoden, Experimente. Wiley-VCH, Weinheim (1998)
47. Yurdanur, Y., Tausch, M.W.: Metamorphosen eines Experiments - Vom hightech UV-Tauchlampenreaktor zur lowcost TicTac®-Zelle. CHEMKON **26**(3), 125–129 (2019). https://doi.org/10.1002/ckon.201800095
48. Tausch, M.W.: Photo-Blue-Bottle Modellversuche zur Photosynthese und zur Atmung. Prax. Naturwissenschaften (Chem.) **43**(3), 13 (1994)
49. Schmitz, R.-P., Meuter, N., Tausch, M.W.: Ein Fall für 2 - Interaktion von Chorophyll und β-Carotin bei der Photosynthese. Prax. Naturwissenschaften – Chem. Sch. **62**(8), 15 (2013)
50. Ciamician, G.: The photochemistry of the future. Science **36**(926), 385–394 (1912)
51. Sakimoto, K.K., Yang, P., Kim, D.: Künstliche Photosynthese für die Produktion von nachhaltigen Kraftstoffen und chemischen Produkten. Angew. Chem. **127**(11), 3309 (2015)
52. Liu, X., Inagaki, S., Gong, J.: Heterogene molekulare Systeme für eine photokatalytische CO_2-Reduktion mit Wasseroxidation. Angew. Chem. **128**, 15146 (2016)
53. ChemPhotoChem: Artificial photosynthesis. **3** (2018) (special issue)
54. Yamamoto, K., Call, A., Sakai, K.: Photocatalytic H_2 evolution using a Ru chromophore tethered to six viologen acceptors. Chem. Eur. J. **24**, 16620 (2018)
55. Chang, X., Wang, T., Zhao, Z.-J., Yang, P., Greeley, J., Mu, R., Zhang, G., Gong, Z., Luo, Z., Chen, J., Cui, Y., Ozin, G.A., Gong, J.: Tuning Cu/Cu_2O interfaces for the reduction of carbon dioxide to methanol in aqueous solutions. Angew. Chem. **130**, 15641 (2018)
56. Kuk, S.K., Singh, R.K., Nam, D.H., Singh, R., Lee, J.-K., Park, C.B.: Photoelectrochemical reduction of carbon dioxide to methanol through a highly efficient enzyme cascade. Angew. Chem. **129**, 3885 (2017)
57. Lee, J.-S., Won, D.-I., Jung, W.-J., Son, H.-J., Pac, C., Kang, S.O.: Hybrid system with Re^I and Co^{III} catalysts under visible-light irradiation. Angew. Chem. **129**, 996 (2017)
58. Wilczek, F.A.: A Beautiful Question – Finding Natur's Deep Design. Penguin Press, New York (2015)
59. Zhu, G.-D., Okamura, W.H.: Synthesis of vitamin D (calciferol). Chem. Rev. **95**, 1877 (1995)

60. Hirth, A., Michelsen, U., Wöhrle, D.: Photodynamische Tumortherapie. Chem. Unserer Zeit **33**(2), 84–94 (1999)
61. O-Reagan, B., Grätzel, M.: A low-cost, high-efficiency solar cell based on dye-sensitized colloidal TiO_2 films. Nature **353**, 737–740 (1991)
62. Grätzel, M.: Photoelectrochemical cells. Nature **414**, 338–344 (2001)
63. Brédas, J.L., Heeger, A.J., Wudl, F.: Towards organic polymers with very small intrinsic band gaps.I. Electronic structure of polyisothianaphthene and derivatives. J. Phys. Chem. **85**(8), 4673–4680 (1986)
64. Yu, G., Gao, J., Hummelen, J.C., Wudl, F., Heeger, A.J.: Polymer photovoltaic cells: enhanced efficiencies via a network of internal donor-acceptor heterojunctions. Science **270**, 1789–1791 (1995)
65. Wöhrle, D.: Photonen, Licht, Stoff- und Energieumwandlungen (Teil1). Chem. Unserer Zeit **49**, 386–401 (2015)
66. Wöhrle, D.: Photonen, Licht, Stoff- und Energieumwandlungen (Teil 2). Chem. Unserer Zeit **50**, 244–259 (2016)
67. Tausch, M.W., Bohrmann, C.: Hypermedia-Baustein: Elektrochemische Zelle. Prax. Naturwissenschaften – Chem. Sch. **50**(7), 37 (2001)
68. Tausch, M.W., Bohrmann, C.: Vom galvanischen Element zur Solarzelle - lichtgetriebene elektrochemische Prozesse im Chemieunterricht. Naturwissenschaften Unterr. – Chem. Heft **66**, 12 (2001)
69. Tausch, M.W., Bohrmann, C.: Das leuchtende Scherblatt - Elektrochemolumineszenz mit unbedenklichen Chemikalien. Chem. Unserer Zeit **36**(3), 2 (2002)
70. Bohrmann-Linde, C., Zeller, D.: Photosensitizers for photogalvanic cells in the chemistry classroom. World J. Chem. Educ. **6**(1), 36–42 (2018)
71. Tausch, M.W., Banerji, A.: Elektrolumineszenz in organischen Leuchtdioden. Prax. Naturwissenschaften – Chem. Sch. **59**(4), 42 (2010)
72. Banerji, A., Tausch, M.W., Scherf, U.: Fantastic Plastic - Von der Cola-Flasche zur organischen Leuchtdiode. CHEMKON **19**(1), 7 (2012)
73. Tausch, M.W., Zepp, M.: Organische Photovoltaik. Prax. Naturwissenschaften – Chem. Sch. **64**(1), 18 (2015)
74. Banerji, A., Schönbein, A.-K., Wolff, J.: OLED Reloaded: Die Synthese des Halbleiterpolymers MEH-PPV als Schulversuch. CHEMKON **24**(4), 251–256 (2017)

Stichwortverzeichnis

Springer

Willkommen zu den Springer Alerts

- Unser Neuerscheinungs-Service für Sie:
  aktuell *** kostenlos *** passgenau *** flexibel

Springer veröffentlicht mehr als 5.500 wissenschaftliche Bücher jährlich in gedruckter Form. Mehr als 2.200 englischsprachige Zeitschriften und mehr als 120.000 eBooks und Referenzwerke sind auf unserer Online Plattform SpringerLink verfügbar. Seit seiner Gründung 1842 arbeitet Springer weltweit mit den hervorragendsten und anerkanntesten Wissenschaftlern zusammen, eine Partnerschaft, die auf Offenheit und gegenseitigem Vertrauen beruht.

Die SpringerAlerts sind der beste Weg, um über Neuentwicklungen im eigenen Fachgebiet auf dem Laufenden zu sein. Sie sind der/die Erste, der/die über neu erschienene Bücher informiert ist oder das Inhalts-verzeichnis des neuesten Zeitschriftenheftes erhält. Unser Service ist kostenlos, schnell und vor allem flexibel. Passen Sie die SpringerAlerts genau an Ihre Interessen und Ihren Bedarf an, um nur diejenigen Informa-tion zu erhalten, die Sie wirklich benötigen.

Mehr Infos unter: springer.com/alert

Printed in the United States
By Bookmasters